iOS × BLE
Core Bluetooth
プログラミング

◎サンプルプログラムについて

本書に掲載したすべてのサンプルプログラムのソースコード、
画像などのリソースは、以下のウェブページよりダウンロードできます。

http://www.socym.co.jp/book/973

※サンプルプログラムの実行にあたって事前の準備が必要な場合があります。
　必ず、本文の該当ページをご確認の上、ご利用ください。
※本書に掲載したサンプルプログラムは、プログラミングの学習のための参照用のものであり、
　実用を保証するものではありません。あらかじめご了承ください。
　また、本書に掲載したサンプルプログラムの著作権は、著者に帰属します。

●本書はソシム株式会社が出版したもので、本書に関する権利、責任はソシム株式会社が保有します。
●本書に記載されている情報は、2014年2月現在のものであり、URLなどの各種の情報や内容は、
　ご利用時には変更されている可能性があります。
●本書の内容は参照用としてのみ使用されるべきものであり、予告なしに変更されることがあります。
　また、ソシム株式会社がその内容を保証するものではありません。
　本書の内容に誤りや不正確な記述がある場合も、ソシム株式会社はその一切の責任を負いません。
●本書に記載されている内容の運用によって、いかなる損害が生じても、
　ソシム株式会社および著者は責任を負いかねますので、あらかじめご了承ください。
●本書のいかなる部分についても、ソシム株式会社との書面による事前の同意なしに、
　電気、機械、複写、録音、その他のいかなる形式や手段によっても、複製、および検索システムへの
　保存や転送は禁止されています。

まえがき

「BLEって何?」という質問に答えようとすると

・2.4GHz帯の電波を用いた……
・超低消費電力を特徴とし……

などなど、いろいろと説明すべきことがあるのですが、筆者(堤)のようなアプリ開発者の視点から端的にいうと、**「スマホアプリと外部デバイスをワイヤレスでつなげられる通信方式」**ということになります。

BLEという通信規格自体への興味はさておき、「スマホアプリと外部デバイスを連携させる」という分野に興味のあるアプリエンジニアの方は結構多いのではないでしょうか。

筆者も例外ではなく、そもそもBLEとの馴れ初めを振り返ると、**「BLE」自体は意識せず、ただただ「iOSアプリと外部デバイスを連携させて何かやるのって楽しそう」**という動機でkonashiを購入したのが始まりでした。

その後、次世代パーソナルモビリティ「WHILL」、ウェアラブルなおもちゃ「Moff」など、さまざまな案件にiOSアプリエンジニアとして関わらせていただくうちにBLEに関する知識も深まっていき、こうして書籍まで執筆させていただいているわけですが、ずっとベースにあったのは「スマホアプリと外部デバイスと連携させるのは楽しい」これに尽きます。

私個人のそういった経験もあり、**「楽しそう」「つくってみたい」から入って、だんだんBLEのしっかりした知識もつくように構成**したのが本書です。

たとえば、私は当初「セントラル」「ペリフェラル」「キャラクタリスティック」「アドバタイズ」という専門用語を難しく感じた経験があったので、4章「Core Bluetooth入門」の序盤では、「周辺のBLEデバイスを探索する」「接続する」といったようになるべく専門用語を使わず説明するようにしています。

また、たとえば最初は「周辺のBLEデバイスを探索したい」だけなのに、そこでオプションの解説まで含めてしまうと、イベントディスパッチでどのキューを使用するか、サービスによる絞り込みを行うかどうか、その場合バックグラウンドではどういった挙動になるか……といきなり**新しい事柄や用語が一度にたくさん出てきてしまい混乱のもとになる**ので、**各項では新しく学ぶ事項を必要最小限にとどめ**、後からより詳細を知りたくなったときに関連ページに飛べるよう、各項に「関連項目」の欄を設けています。

本書では、こういった「楽しそう」「つくってみたい」という気持ちを削がないための工夫を随所にしています。

松村・堤という**実際にBLEプロダクトを開発した執筆陣**がその経験に基いて書いているので、実践的な内容になっているのも本書のポイントです。

たとえば、10章「開発ツール・ユーティリティ」で紹介しているツール群は、どれも筆者が日々の開発で使用しているものですし、11章「ハマりどころ逆引き辞典」は、筆者が実際に開発現場においてハマって大量の時間を食いつぶした汗と涙が凝縮されています。また本書の随所で、リファレンスなどからは汲み取りづらい注意点やポイントについて触れています。

そして松村の執筆した3章「BLEを理解する」では、超濃厚なBLE仕様に関する解説が展開されています。実案件においてBLEの特色を活かしたプロダクト設計をする際に、あるいはアプリエンジニアがハードウェアエンジニアと意思疎通する際に、これらの知識が役立ちます。

筆者はBLEと出会い、アプリ開発の楽しみがiOSデバイスの制約を越えて一気に広がったような感覚を得ました。読者のみなさまも、ぜひ、本書を片手に、iOS×BLEの広大な可能性を楽しんでいただければ幸いです。

2015年3月　著者代表　堤修一

謝辞

最初から最後まで一緒に本書をつくり上げることに尽力してくださった大内孝子さん、数々の無理なお願いにも真摯に答えてくださったソシムの制作スタッフの皆様、本書を査読し、多くの示唆をくださったIAMASの小林茂先生、リインフォース・ラボの上原昭宏さん、IRKit開発者の大塚雅和さん、ダウンロードサンプルの素材を提供してくださったデザイナーの橋本和宏さん、対談に参加してくださったエンジニアの衣袋宏輝さんへ。この場を借りて、お礼を申し上げます。

松村・堤

本書の読み方

本書の構成

本書は大きく2つのパートで構成されています。

Part1. BLE編

最初のパート、1章から3章は、konashiの開発者である松村による執筆で、**BLEという通信規格そのものについての解説**となります。

1. はじめに
2. BLEをとりあえず体験する
3. BLEを理解する

Part2. iOSプログラミング編

第2のパート、4章から12章は、iOSエンジニアである堤による執筆で、Core Bluetoothを中心に、**BLEを用いたiOSアプリ開発の解説**です。

4. Core Bluetooth入門
5. ペリフェラルの実装
6. 電力消費量、パフォーマンスの改善
7. バックグラウンド実行モード
8. Core Bluetoothその他の機能
9. Core Bluetooth以外のBLE関連機能
10. 開発ツール・ユーティリティ
11. ハマりどころ逆引き辞典
12. BLEを使用するiOSアプリレシピ集

対象読者

本書は、**iOSアプリ開発には慣れている**ことを前提としています。

したがって、Objective-CやSwiftの言語そのものについてや、Xcodeの一般的な操作方法に

ついては解説を省略しています。Gitやターミナルの基本的な扱いについてもiOSアプリ開発において基本事項であるため、本書では説明していません。

また4章、5章ではObjective-CとSwiftのコードを併記し、ダウンロードサンプルも両言語のものを用意していますが、6章以降は基本的にObjective-Cで解説しています。UIKitやNSFoundationといったiOS SDKの一般的なフレームワークについても、前提知識として取り扱っています。

逆に、**BLEについては、知識ゼロからでOK**です。「BLEって何?」「何がうれしいの?」という状態から読み進められるよう配慮し、構成してあります。

ゼロから入れるようにしつつも、かなり詳細な内容までカバーしているので、本書の内容をマスターすれば、実際にハードウェア開発プロジェクトにiOSエンジニアとして入り、活躍することも可能でしょう。また本書はiOS×BLEに特化し、網羅的に、かつ実践面にも配慮して解説してあるので、**すでに現場で活躍されている方にも**十分にお役に立てるはずです。

状況別、おすすめの読み方

BLEは未経験

1章から順番に読んでいくのがおすすめです。わからないところがあれば、とりあえず飛ばして前に進むのも手です。

新しい項目の学習に入る際に、まずその項目に関連するサンプルを動かしてみるのもおすすめです。BLEは聞き慣れない用語こそたくさんあるものの、「通信」という挙動自体は慣れ親しんだものであるはずなので、**まず動かしてみることで理解が進む**可能性が大いにあります。

BLEはなんとなくわかるが、Core Bluetoothは未経験

4章「Core Bluetooth入門」から読み始め、適宜3章（BLEの規格についての解説）を振り返る、という読み方がおすすめです。

Core Bluetoothでアプリを実装したことがある

3章「BLEを理解する」をじっくり読み、BLEの規格の知らない部分について勉強すると、さらなる世界が拓ける可能性があります。

また、後半の章（6章〜11章）にさらっと目を通し、知らなかった事項があればじっくり読んでみるとよいかもしれません。「ペリフェラルへの再接続」「状態の保存と復元」など、Core Bluetoothでは「**知らなくても大抵の実装ケースにおいて問題ないが、知らないと損**」なこと

が多くあります。

とにかく何かつくってみたい

　いきなり12章のレシピからはじめてみるのも手です。「心拍数モニタアプリ」「活動量計デバイスとアプリ」「ジェスチャ認識ウェアラブルデバイス＆アプリ」「すれちがい通信」と、iOS×BLEの分野において人気のある題材を集めつつ、**本書の内容がまんべんなく復習できる**ようなサンプルにしてあります。関連項目もまとめてあるので、**つくりながら必要に応じて戻って学習する**、という学習スタイルも可能です。

動作環境

　本書は以下の環境に準拠しています。

　・iOS 8
　・Xcode 6
　・OS X 10.10
　・konashi 2　（一部、1.xを利用。その場合は注釈を入れています）

コード表記について

　用語の表記は、Part1はBluetooth SIGの仕様に則り、一方Part2はAppleのドキュメントやAPIをベースとしています。そのため、Part1では「Scannning」、Part2では「スキャン」といったように一部表記が違う場合があります。

　4章、5章ではObjective-CとSwiftのコードを併記していますが、解説文中にインラインで入るコードについては、基本的にObjective-Cをベースに表記しています。たとえば、真偽値については文中ではYESやNOとだけ表記してあります。ここで「Swiftの場合はtrue」といった注釈を加えることで説明が冗長になってしまうのを避けるためです。

　またSwiftのコードを併記する場合、Objective-Cのコードを「objc」、Swiftのコードを「swift」と区別しますが、特に何の断りもない場合はObjective-Cのコードになります。

7

目次

・まえがき　　3
・本書の読み方　　5

◎ Part1. BLE編

1. はじめに　　15

1-1.	BLEとは何か	17
1-1-1.	従来のBluetoothとBLE	17
1-1-2.	BLEを活用したサービス	19
1-1-3.	iOSエンジニアにとってのBLEの魅力（そして難しさ）	21
1-1-4.	Part1「BLE編」で目指すもの	22

2. BLEをとりあえず体験する　　23

2-1.	konashiでBLEを体験する	24
2-2.	初級編：konashiをとりあえず体験する	25
2-2-1.	用意するもの	25
2-2-2.	konashiとiOS端末をBLEで接続する	28
2-2-3.	デジタル入出力を体験する	29
2-2-4.	受信信号強度（RSSI）を計測する	30
2-2-5.	Webサービスと連動させる	31
2-3.	中級編：konashiをiOS-SDKを利用して制御する	32
2-3-1.	周辺のkonashiを検索する	32
2-3-2	接続完了時にLEDを点灯させてみる	34
2-3-3.	受信信号強度（RSSI）を計測する	38

3. BLEを理解する

45

3-1.	**BLE の概要**	**47**
3-2.	**BLE の構造**	**49**
3-2-1.	BLE のプロトコルスタック（アーキテクチャ）	50
3-2-2.	ATT（Attribute Protocol）	51
3-2-3.	GAP（Generic Access Profile）	52
3-2-4.	GATT（Generic Attribute Profile）	53
3-3.	**BLE のネットワークトポロジー**	**57**
3-3-1.	ブロードキャスト型トポロジー	57
3-3-2.	接続型トポロジー	58
3-4.	**BLE でのネットワークと通信の制御**	**59**
3-4-1.	Bluetooth の無線仕様と PHY 層（LE Physical）	59
3-4-2.	LL 層（Link Layer）	63
3-4-3.	LL 層における注意点	65
3-4-4.	Bluetooth Device Address	66
3-4-5.	Advertising と Scanning	68
3-4-6.	Connection	75
3-5.	**L2CAP（Logical Link Control and Adaption Protocol）によるパケットの制御**	**78**
3-5-1.	L2CAP 層（Logical Link Control and Adaption Protocol）	78
3-6.	**BLE のパケットフォーマット**	**81**
3-6-1.	Basic Packet Format	81
3-6-2.	Advertising Channel PDU	83
3-6-3.	Advertising PDU	84
3-6-4.	Scanning PDU	87
3-6-5.	Initiating PDU	88
3-6-6.	Data Channel PDU	91
3-6-7.	CRC（Cyclic Redundancy Check）	104
3-6-8.	L2CAP 層でのパケットフォーマット	104
3-7.	**LL 層における通信のやり取り**	**105**
3-7-1.	Bluetooth Device Address によるフィルタリング	105
3-7-2.	Advertising Channel における通信	105

9

目次

| 3-7-3. | Data Channelにおける通信 | 109 |

3-8. GAP（Generic Access Profile）の詳細を知る 112

3-8-1. GAPとは何か 112

3-8-2. GAPによる「役割」の管理 113

3-8-3. ModeとProcedure 115

3-8-4. GAPによる「動作」の管理 115

3-8-5. GAPによる「セキュリティ」の管理 118

3-9. ATT（Attribute Protocol）とGATT（Generic Attribute Profile）の詳細を知る 119

3-9-1. ATTとは何か 119

3-9-2. Attributeの構造 119

3-9-3. ATTサーバ/クライアントの対応するメソッドとPDU 123

3-10. GATTとService 145

3-10-1. Serviceの構造 145

3-10-2. Characteristicの定義 148

3-10-3. GATTによるService Changed、Characteristic 155

3-10-4. GAPによるService、Characteristic 157

3-10-5. GATTプロファイルのAttribute Typeの一覧 161

3-10-6. GATTプロファイルで利用できる機能 162

3-11. iOSエンジニアのBLEあんちょこ 181

3-11-1. Bluetooth Accessory Design Guidelines for Apple Products 181

3-11.2. BLEはなぜ低消費電力なのか 187

3-11.3. Core Bluetoothにおける20octetが何を示すのか 189

Part2. iOSプログラミング編

4. Core Bluetooth入門 193

4-1. 周辺のBLEデバイスを検索する 195

4-2. BLEデバイスに接続する 203

4-3. 接続したBLEデバイスのサービス・キャラクタリスティックを検索する 207

4-4. 接続したBLEデバイスからデータを読み出す（Read） 215

4-5. 接続したBLEデバイスへデータを書き込む（Write） 222

| 4-6. | 接続したBLEデバイスからデータの更新通知を受け取る（Notify） | 231 |

5. ペリフェラルの実装

237

5-1.	セントラルから発見されるようにする（アドバタイズの開始）	240
5-2.	サービスを追加する	242
5-3.	サービスをアドバタイズする	254
5-4.	セントラルからのReadリクエストに応答する	256
5-5.	セントラルからのWriteリクエストに応答する	264
5-6.	セントラルへデータの更新を通知する（Notify）	271

6. 電力消費量、パフォーマンスの改善

279

6-1.	スキャンの最適化	280
6-1-1.	スキャンを明示的に停止する	280
6-1-2.	特定のサービスを指定してスキャンする	281
6-1-3.	できるだけスキャンの検出イベントをまとめる	282
6-2.	ペリフェラルとの通信の最適化	283
6-2-1.	必要なサービスのみ探索する	283
6-2-2.	必要なキャラクタリスティックのみ探索する	284
6-3.	ペリフェラルとの接続の最適化	285
6-3-1.	接続の必要がなくなり次第すぐに切断する／ペンディングされている接続要求をキャンセルする	285
6-3-2.	ペリフェラルに再接続する	286
6-4.	イベントディスパッチ用のキューを変更する（セントラル）	287
6-5.	アドバタイズの最適化	289
6-6.	イベントディスパッチ用のキューを変更する（ペリフェラル）	290

11

7. バックグラウンド実行モード 291

7-1. バックグラウンド実行モードへの対応方法 292
7-1-1. 対応方法1：Capalities パネルを利用 292
7-1-2. 対応方法2：info.plist を直接編集 294

7-2. バックグラウンド実行モードの挙動 297
7-2-1. バックグラウンド実行モードでできること 297
7-2-2. バックグラウンドにおける制約（ペリフェラル・セントラル共通） 298
7-2-3. バックグラウンドにおける制約（セントラル） 298
7-2-4. バックグラウンドにおける制約（ペリフェラル） 299

7-3. アプリが停止しても、代わりにタスクを実行するようシステムに要求する（状態の保存と復元） 301
7-3-1. バックグラウンド実行モードだけでは問題となるケース 301
7-3-2. 「状態の保存と復元」機能でできること 301
7-3-3. 実装にあたっての注意点 302
7-3-4. セントラルにおける「状態の保存と復元」機能の実装方法 303
7-3-5. ペリフェラルにおける「状態の保存と復元」機能の実装方法 310

7-4. バックグラウンド実行モードを使用せず、バックグラウンドでのイベント発生をアラート表示する 315

8. Core Bluetooth その他の機能 317

8-1. ペリフェラルに再接続する 318
8-1-1. 既知のペリフェラルへの再接続 319
8-1-2. 接続済みのペリフェラルに再接続する 322
8-1-3. 再接続処理のフロー 324

8-2. Bluetooth がオフの場合にユーザーにアラートを表示する 326

8-3. UUID 詳解 329
8-3-1. CBUUID の生成 329
8-3-2. 16ビット短縮表現 330
8-3-3. CBUUID の比較 331
8-3-4. ペリフェラルの UUID について 331

8-4.	アドバタイズメントデータ詳解	333
	8-4-1. アドバタイズメント・データの辞書で使用されるキー	334
	8-4-2. アドバタイズメントデータの制約	335
8-5.	CBPeripheral の name が示す「デバイス名」について	336
8-6.	静的な値を持つキャラクタリスティック	337
8-7.	サービスに他のサービスを組み込む〜「プライマリサービス」と「セカンダリサービス」	339
	8-7-1. セカンダリサービスとは?	339
8-8.	サービスの変更を検知する	343

9. Core Bluetooth 以外の BLE 関連機能

347

9-1.	iOS の電話着信やメール受信の通知を外部デバイスから取得する（ANCS）	348
	9-1-1. ANCS とは?	348
	9-1-2. ANCS の GATT	349
	9-1-3. ANCS の実装方法	350
9-2.	iBeacon と BLE	357
	9-2-1. ビーコン＝アドバタイズ専用デバイス	357
	9-2-2. iBeacon のアドバタイズメントパケット	359
	9-2-3. Core Bluetooth に対する iBeacon のアドバンテージ	361
	9-2-4. BLE の知見を iBeacon 利用アプリの開発に活かす	363
9-3.	MIDI 信号を BLE で送受信する（MIDI over Bluetooth LE）	364
	9-3-1. CoreAudioKit	364
9-4.	BLE が利用可能な iOS デバイスのみインストールできるようにする	370
	9-4-1. Required device capabilities	370
	9-4-2. これまでに販売された iOS デバイスの BLE 対応状況一覧	370

10. 開発ツール・ユーティリティ

373

10-1.	128 ビット UUID を生成するコマンド「uuidgen」	374
10-2.	開発に便利な iOS アプリ「LightBlue」	375

目次

| 10-3. | Apple 製開発用ツール「Bluetooth Explorer」 | 380 |
| 10-4. | 「PacketLogger」で BLE のパケットを見る | 384 |

11. ハマりどころ逆引き辞典
389

トラブル1：スキャンに失敗する	390
トラブル2：接続に失敗する	393
トラブル3：サービスまたはキャラクタリスティックが見つからない	395
トラブル4：Write で失敗する	398
トラブル5：キャラクタリスティックの値がおかしい	399
トラブル6：バックグラウンドでのスキャンが動作しない	402
トラブル7：バックグラウンドのペリフェラルが見つからない	404
トラブル8：セントラルの「状態の保存と復元」に失敗する	406
トラブル9：ペリフェラルの「状態の保存と復元」に失敗する	408
トラブル10：iBeacon が見つからない	411

12. BLE を使用する iOS アプリレシピ集
415

レシピ1：心拍数モニタアプリ	416
レシピ2：活動量計デバイスとアプリ	426
レシピ3：ジェスチャ認識ウェアラブルデバイス＆アプリ	438
レシピ4：すれちがい通信アプリ	448

| ・Appendix. BLE を使ったサービスを開発するということ | 461 |
| ・索引 | 476 |

14

Part1. BLE編 ｜ 1章
はじめに

BLE（Bluetooth Low Enery）は、
従来のBluetoothとはどう異なるのでしょうか？
本章ではBLEのイメージをざっくりつかんでいきます。

（松村礼央）

1. はじめに

「ガラケー」と呼ばれたフィーチャーフォンからスマートフォン・タブレット端末へ。この変
化は、2010年代の携帯端末市場を表す代表的なトピックの1つといって過言ではありません。[※1]
スマートフォン・タブレット端末が従来の端末と異なる点として**アプリによるさまざまなサー
ビスの提供**と**Webサービスとの連携の強化**が挙げられます。ゲームアプリで日々見知らぬ誰か
と競い合う、フォトアプリで撮影した写真を見知らぬ誰かと共有し合う、そして、チャットア
プリで友達と何気ない連絡事項を逐次やり取りし合う。これらは、待ち合わせの予定を駅に設
置された黒板でやり取りしていた80年代では考えられませんでした。つまり、我々は意識する、
しないにかかわらず、たえず誰かとつながっている、そしてそのつながりが日々強まっている
世界を生きています。そして、現在。その中心にいるのは、間違いなくスマートフォン・タブ
レット端末です。
　このインターネットと端末によってつながる世界。その次の流れとしてあるのが**ハードウェ
アと個人をつなげることでさまざまなサービスが実現する世界**です。このような世界を目指し、
多くの研究者や技術者によっていくつもの無線技術が提案されてきました。そのうちの1つが
本書の題である近距離の無線通信技術**Bluetooth Low Energy（BLE）**です。

BLEとは何か

　「BLEとは何か」を本書の読者にむけて答えるなら、冒頭で筆者 堤が述べたように、「iOSと
ハードウェアをワイヤレスで手軽につなげてサービスを実現する仕組み」ということに尽きま
す。そして、このBLEをiOSアプリから扱うフレームワーク。それが本書で取上げる、もう1
つのキーワード**Core Bluetoothフレームワーク**なのです。iOS端末/アプリにハードウェアを
絡めたサービスを開発したいエンジニアにとって、「Bluetooth Low Energy（BLE）」と「Core
Bluetoothフレームワーク」は、今後、避けては通れないトピックの1つとなるでしょう。
　そこで本書では、BLEとそれを活用したハードウェアのハンズオンを通し、実用的な解説書
となるよう執筆を行いました。本書が、iOSアプリとBLEデバイスを絡めた、読者のみなさん
の新しいサービスの実現の一助となれば幸いです。

※1　国内のスマートフォン・タブレット端末の販売台数は2011年の2,566万台から、2016年には4,910万台までに成長すると予測されて
います（「スマートフォン/タブレット端末の周辺機器、アクセサリー市場と新ビジネス」, シード・プランニング, 2012）。

1-1. BLEとは何か

　Bluetooth Low Energy（以下、BLE）は「Bluetooth 4.0」で追加された新しい規格の無線技術です。「Bluetooth」という名称がついているため、従来のBluetooth 3.0（以下、クラシックBT）の進化した形態であると誤解されがちですが、**BLEとクラシックBTとはその役割や振る舞いが明確に異なります**。つまり、クラシックBTからBLEにのみ対応した機器に接続したり、逆にBLEからクラシックBTにのみ対応した機器に接続したりすることはできません。「Bluetooth 4.0」とは、これらクラシックBTとBLEとを統合した規格の名称となります。

　BLEの元となった規格はNokia社の「Wibree」と呼ばれる規格です。2010年に発表されたBluetooth 4.0で採用され、現在の規格となりました。したがって、規格としては比較的若い規格といえます。

　BLEは低消費電力で、通信のチャンネル数を減らし、出力を落とし、そしてパケットのサイズを軽減するなど、あらゆる面で低コストに設計されています。その結果、BLEはクラシックBTとは異なる2つの特徴を備えました。まずLow Energyという名のとおり、コイン電池で年単位の長期間の動作できる通信方式となっている点（**低電力性**）。もう1つが、そのフレームワークの下でWebサービス、アプリ、ハードウェアを連携させることで、開発者がさまざまなサービスを作ることができる点です（**サービス多様性**）。

　この2点はアプリでBLEデバイスを動かす、その先を考える上で重要ですので、本書を読む上で頭の片隅にとどめておいてください。

1-1-1. 従来のBluetoothとBLE

　では、従来のBluetooth（クラシックBT）とBLEはどのように異なるのでしょうか。ここではクラシックBTを「高級レストラン」、BLEを道の駅のような「さまざまな食材を適度な価格で売買できる市場」だとしてたとえて考えてみます。図1-1にそのイラストを示します。

17

1. はじめに

図1-1　クラシックBTとBLEをたとえで考える

図1-2では、我々が最終的に得るサービスを「料理」だとすると、クラシックBTは「高級なレストラン」の役割を、BLEは「さまざまな食材を売買できる市場」の役割を担うものとして考えることができます。ここで、通信でやり取りされるデータは「食材」に、そしてそのデータをやり取りするために消費した消費電力は文字どおり「代金（コスト）」となります。また、データの総量は「代金の総量」に比例する、と考えてみましょう。

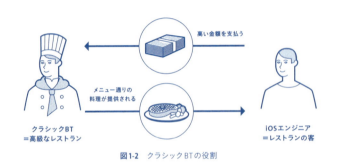

図1-2　クラシックBTの役割

クラシックBTは調理済みの料理を提供する高級なレストランです。代金は高額ですが、得られる料理は明らか。代金を支払うだけで望みどおりの料理を食べることができます。また、食材を持ち込んで料理を作ってもらうこともできます。しかし、高価な食材を扱うことから、持ち込む食材や調理方法については厳格な取り決めがあり、自由に食材を調理することはできません。

これは、クラシックBTが対象としているサービスが音楽、音声、静止画であることに由来します。これらのサービスは、そのデータの実時間性、連続性が非常に重要となります。音声通話がリアルタイムではなかったり、音楽が途切れ途切れになっているようなサービスでは問題です。そのためクラシックBTでは、サービスの質を中心に、通信するデータの送料や消費電力の仕様を厳格に定めています。

他方、**BLEはさまざまな食材を適度な価格で売買できる市場**です。売買される食材の代金はいずれも低額。扱うものに制限が少なく、さまざまな食材を売買できます。ここで取り引きするのは、あくまで「食材」というのがBLEのポイントです。あくまで食材なので、そのまま料

理として出せるものもあれば、組み合せて自分なりの料理を作る必要があります。一方で、自分で料理を行うため、食材は必要なだけ、その日、そのときの料理の献立に合わせて取り引きするだけで問題はありません。

図1-3　BLEの役割

BLEの2つの特徴

　BLEが得意とするのは、このような**必要なデータを、必要なときに、必要な分だけ**を主眼においた通信です。たとえば、体重や血圧のように一日数回計測すればよいような情報や、携帯端末からのメールやSNSの通知のように常に監視するほどでもないけれど知りたい情報などを扱うのに適しています。

　このようなデータを対象とすることで、通信のやり取りをおさえ、結果として電力を抑えています。これが1つ目の特徴である**低電力性**につながっています。また当然、データ単体ではサービスとして必ずしも成立しないため、BLEではデータをアプリ側で加工することでサービスとして成立することを想定しています。つまりBLEでは、サービスの鍵の一端は読者のみなさんが担っており、そのアイデア次第でさまざまなサービスを実現することができるのです。これが2つ目の特徴である**サービス多様性**につながっています。

1-1-2. BLEを活用したサービス

　BLEを活用したサービスで、すでに普及しつつあるのがヘルスケア・フィットネス分野です。たとえば、米NIKEの活動量計「FuelBand」が有名です。

FuelBand

「FuelBand」は腕時計型のウェアラブルデバイスで、内蔵する三軸加速度センサから個人の活動量を計測します。従来の歩数計と異なるのは、BLEを利用してスマートフォンと連携する点です。

FuelBand自体は加速度センサから計測した情報をBLE経由でスマートフォンに通信しているだけですが、スマートフォンのアプリ側で内蔵されているGPSなどの位置情報を統合し、Webを通じて自社のサービスと連携させることで、その履歴から**どのような場所、どのような経路で、どれだけ運動したのか**などの情報を可視化してサービスとして提供しています。腕のセンサとWeb上の情報をiOSで統合することで、単なる加速度の値だった情報に付加価値を与えている点が非常におもしろい製品です。

図1-4　FuelBand（http://www.nike.com/jp/ja_jp/c/nikeplus-fuelband）

ウェアラブルという観点でBLEを活用した製品は、FuelBand以外にも活発に開発が行われています。たとえば、「雰囲気メガネ」もその1つです。

雰囲気メガネ

雰囲気メガネは、スマートフォンから得られる、メール通知、ソーシャルサービス関連の通知、そしてタイマー通知などの各種通知情報を、メガネ型のデバイスにフルカラーのLEDライトと小型スピーカーからの音によって、ハンズフリーで提示します。重さは38.5gと一般的なメガネとほぼ同程度の重さながら、BLEをはじめとして、スピーカー、LED、センサ、そしてバッテリまで備えています。ウェアラブルデバイスかつ、メガネといえば、米Googleの「Google Grass」が有名ですが、雰囲気メガネは通知情報のみにコンテンツを

図1-5　雰囲気メガネ（http://fun-iki.com/）

絞っている点がユニークです。雰囲気メガネでは、通知情報に応じた動作の制御をAPIとして開放しており、他のさまざまなサービスとの連携も想定されており、今後の展開が非常に楽しみなプロジェクトです。

　ウェアラブルを志向する製品は「見ること」「確認すること」を、より自然な形態にすることで、人と機械の相互の操作をより良いものにすることが目的といえます。そのためには「電池交換が少ない」「小型である」など、**その機器を利用してることを意識させないようなシステムが望まれており**、この点でBLEの活用がされています。

　この考えを個人の身体周辺のネットワークに留めず、環境自体にネットワークを埋め込むサービスへ応用したものが、iOS7で実装された「iBeacon」です。

iBeacon

　これはBLEの無線通信機能の一部である近接検出を応用しており、人が身に付けるのではなく、ランドマークとなる標識や建物に設置して利用します。文字どおりBLEを利用した「発信機（ビーコン）」として機能し、たとえば設置された屋内の位置情報とiBeaconの近接検出を応用すれば、店舗内での人の動線や購買行動を把握したうえでクーポンなどの情報を提示したり、特定の目的地に到着した際の目印としても利用することができます。

1-1-3. iOSエンジニアにとってのBLEの魅力（そして難しさ）

　冒頭からの繰り返しになりますが、iOSエンジニアにとってのBLEの魅力は、**サービス多様性と、それを扱うフレームワーク「Core Bluetooth」がAppleから無償で公開されている**ということに尽きます。先ほどの比喩で考えると、Core BluetoothはAppleが無償で提供してくれた「キッチン」といったところでしょう。iOSエンジニアは家で自由に食材を調理できるがごとく、BLEを調理することができるのです。

　しかし一方で、iOSエンジニアにとってBLEには本質的な難しさもあります。それは、**iOSエンジニア自身もハードウェアを絡めたサービスを考える側に立つ必要がある**ということです。これは家で実際に調理するときに「何を」「どうつくるか」までを含めて考えなければ、調理することはおろか、食材を調達する時点で悩んでしまうことと同様です。場合によっては、望みの食材がなければ、その食材の生産者に問い合わせるということも必要になります。

　したがって、BLEを最大限に活用するためには、iOSエンジニアといえども、BLEという規格への理解とハードウェアへの理解、そして「BLEによってどのようなサービスを作るのか」という企画について、三位一体で考えることが重要となります。これがBLEの難しい点ともいえます（図1-6）。

1. はじめに

BLE のサービスは、
アプリケーション、サービス、規格・ハードウェアの三位一体

図1-6 BLE を活用したサービスの構成要素

1-1-4. Part1「BLE 編」で目指すもの

　そこで本書の Part1 では「BLE 編」と題して、iOS エンジニアが iOS アプリと BLE デバイスとの連携を体験し、BLE の規格について学ぶということを基本的な軸として、編集しました。図1-6 でいうと規格・ハードウェアの領域に軸をおいています。他方、Part2「iOS プログラミング編」ではアプリケーションの領域を軸に解説しています。さらに本書の末尾では、付録として対談形式でサービスについて議論した内容を掲載しました。アプリケーション、規格・ハードウェア、企画と読者のみなさんが必要とするトピックから読み進めていただければと思います。

　Part1「BLE 編」では、2 章で、BLE を活用したツールキット konashi を用いて、iOS と BLE との連携を " とりあえず " 体験します。ここではプログラミングも最小限におさえ、BLE によるアプリとハードウェアの連携を体験することに焦点をあてました。ここでの内容をもとに、Part 2「iOS プログラミング編」4 章では、konashi を Core Bluetooth によるプログラミングによって制御します。

　3 章では、BLE の規格について学びます。この章については、いきなりすべてを読む必要はありません。これから BLE を学ぶ方は 3 章の冒頭 3.1 〜 3.3 節、そして Apple の BLE に関するガイドラインについて述べた 3.11 のみでも問題ありません。その後、Part2「iOS プログラミング編」以降で Core Bluetooth を学ぶにあたり、実例をベースに BLE の詳細にも踏み込むので、その際に辞書的に 3 章を適宜、参照していただければと思います。

　それでは、さっそく iOS と BLE の世界を体験してみましょう。

22

Part1. BLE編 | 2章

BLEをとりあえず体験する

BLEを使ったiPhoneとデバイスの通信を体験してみましょう。
本章ではツールキット「konashi」を使って、
まず用意されたアプリからkonashiを操作してみましょう。
後半では、konashi SDKを使って、自作アプリも作ってみます。

（松村礼央）

2-1. konashiでBLEを体験する

　小難しい話はさておき、とりあえずiOSデバイスからBLEデバイスを操作して、アプリによるハードウェアの制御を体験してみましょう。本章では、BLEデバイスとして**konashi**（こなし）と呼ばれるツールキットを使用して解説していきます（図2-1）。konsahiは4,2980円（税込み）でスイッチサイエンス[※1]、マクニカオンラインストア[※2]などで購入することができます。

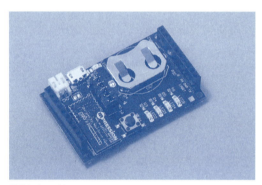

図2-1　konashi

　konashiはBLEでの通信が可能なモジュールを搭載した基板とiOS端末で利用できるSDKで構成されており、アプリ開発者がアプリをプログラミングする感覚でハードウェアを制御できるように設計されています。「操作してみよう」といっても、いきなりプログラミングからでは構えてしまいます。そこで本章ではまず「初級編」としてコードを1行も書かずにkonashiを操作できるアプリ「konashi.js」での操作を体験し、次に「中級編」としてkonashiのSDKを用いて自作アプリからBLEの操作を体験する、という構成で解説を行います。

　なお、本章ではBLEを「とりあえず体験する」という点に焦点を当てています。konashiの詳細については、konashiの公式サイトを参照ください。[※3]

※1　https://www.switch-science.com/catalog/2102/
※2　http://www.macnicaonline.com/SHOP/YEWPC002.html
※3　http://konashi.ux-xu.com/

2-2. 初級編：konashiをとりあえず体験する

初級編で学ぶこと

初級編では、konashiを動かす上での環境の準備とiOS端末からの制御を体験します。ここではプログラムは1行も書きません。

- konashiをすでに触った経験がある
- 電子工作についての知識がある
- とにかく自作のアプリからBLEを体験したい

という方は、迷わず中級編、あるいは3章、4章まで読み飛ばしてください。それ以外の方は早速はじめてみましょう。

2-2-1. 用意するもの

まず、利用するiOSデバイスがkonashiに対応しているかを確認しましょう。執筆現在でのkonashiに対応したiOSデバイスは表2-1に示すとおりです。

シリーズ名	機種	使用OS
iPhone	iPhone 4S, iPhone 5, iPhone 5S, iPhone 5C, iPhone 6, iPhone 6 Plus	iOS7.1 〜
iPad	iPad Air,iPad mini,iPad（第4世代）,iPad（第3世代）	iOS7.1 〜
iPod touch	iPod touch（第5世代）	iOS7.1 〜

表2-1 konashiが対応するiOSデバイス

次に、操作用のアプリ「konashi.js」をAppStoreからダウンロードします。キーワード「konashi」で検索すると見つかります。ダウンロードが完了したら、iOSデバイス側の準備は完了です。

konashiの準備に移ります。konashi側では「電源を供給する方法の確認」と「konashiの個体番号の確認」を行います。

konashiの電源を供給する

電源を供給する方法は「CR2032型のコイン電池」、もしくは「USB-microBケーブルによるUSB給電」のいずれかです。コイン電池はコンビニや家電量販店などで購入が可能です。購入の際は型が**CR2032であるかどうか注意しましょう**。他の型ではサイズが合わないため利用できません。USB-microBケーブルは、デジタル一眼やAndoridスマートフォンの充電やデータ転送に用いられるものです。こちらもコンビニや家電量販店で購入できます。

図2-2に電源供給の方法を示します。コイン電池の場合は同図（a）、USB-microBの場合は同図（b）のように電源を供給します。

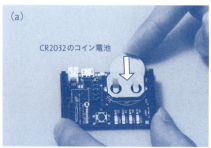
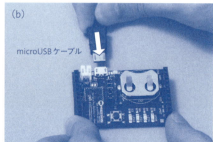

図2-2 konashiの電源供給

正常に電源が供給できていれば、基板上のLED1が緑色に点灯します。点灯ができているかを確認してください（図2-3）。

図2-3 電源が供給されると基板上のLED1が緑色に点灯する

konashiの個体番号を確認する

電源が投入できたらkonashiの個体番号を確認しましょう。konashiはBLEを利用して無線で接続するため、自分の手元にあるkonashi以外、たとえば離れた場所にあるkonashiにも簡単に接続できてしまいます。意図しないkonashiとの接続を避けるために、自分のkonashiの個体番号をあらかじめ確認しておきましょう。

個体番号の確認方法はkonashi.jsを利用して行います。konashi.jsを起動すると図2-4（a）が立ち上がります。画面上の検索で「iosxble」で検索し、登録されている「[iOSxBLE]00-個体番号を確認する」を選択します。選択すると図2-4（b）の画面に遷移するので、遷移後「▶」の再生ボタンを押すと、プログラムが実行されます。

プログラムを実行すると図2-4（c）の画面に遷移します。この画面上で「Name Checking」をタップすると、konashiの個体番号を確認することができます。

図2-4 konashiの個体番号を確認する

konsahiに関連する個体番号は「konashi**-****」と表示されます。この番号がお持ちのkonashiの個体番号なので、メモをとっておきましょう。メモを取り終えたら、「Cancel」をタップして終了します。

konashi 2.0 の仕様

　konsahiが備える機能の一覧を表2-2に示します。konsahiはデジタル入出力を5ポート、アナログ入力を3ポート備えており、外部機器との通信機能としてUART、I2C通信用のポートを各1ポート備えています。また、デジタルI/Oが出力モードの際はPWMモード（パルス幅変調信号モード）を最大3出力分利用することが可能です。さらにkonashiとスマートフォン・タブレット型端末間の受信信号強度（RSSI）を計測する機能も備わっており、これらをBLE経由で無線にて利用することができます。また、最大定格は表2-3のとおりです。

機能	搭載数	備考
デジタル入出力	6pin	
アナログ出力	3pin	リファレンス電圧(1.30V)
UART通信	1port	2400bps, 9600bpsをサポート
I2C通信	1port	デジタルI/Oと兼用
PWM出力	3pin	デジタルI/Oと兼用
RSSI計測機能		

表2-2　konashiの機能一覧

最大定格値	Min.	Typ.	Max.	単位
動作温度	-30	-	85	℃
外部供給電圧[4]	3.2	-	12	V
内部供給電圧[5]	1.8	-	3.6	
I/O 供給電圧	1.2	-	3.6	V

表2-3　最大定格

[4]　外部からの電圧供給はバッテリ端子およびUSB-microB端子より可能です。逆流防止機能付。外部供給を行った場合、内部供給から外部供給へ自動で切り替わります。また、バッテリ端子とUSB-microBを同時に利用している場合、より電圧の高い供給源に自動で切り替わります。

[5]　コイン電池により供給される電圧です。

2-2-2. konsahiとiOSデバイスをBLEで接続する

　電源が投入できたところでkonashiとiOSデバイスをBLEで接続してみましょう。

　konashi.jsの起動画面（図2-4（a）参照）で「iosxble」を検索し、登録されている「[iOSxBLE]01-konashiとiOS端末をBLEで接続する」を選択します。遷移後「▶」の再生ボタンを押すとサンプルプログラムが実行され、「Find konashi」ボタンをタップすると周辺のBLEデバイスの検索が開始されます。konashiの電源が正常に投入されていればリスト上に番号が表示されま

す。接続リストに自身のkonashiの個体番号を見つけたら、その番号を選択して「完了」をタップします。タップ後、自動的に接続処理が開始されます。接続が完了するとLED2が1秒間隔で点滅します（図2-5）。これでkonashiとiOSデバイスがBLEで接続されました。

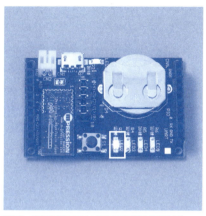

図2-5 接続が完了するとLED2が1秒間隔で点滅する

2-2-3. デジタル入出力を体験する

　次のサンプルでは基板上のスイッチとLEDを制御してみましょう。先ほどと同様に「iosxble」を検索し、登録されている「[iOSxBLE] 02-デジタル入出力を体験する」を選択し、「▶」ボタンを押してプログラムを実行します。

　konashiと接続後、基板上のスイッチ「SW1」を押してみましょう（図2-6）。「SW1」の押下に合わせて画面上の「ON」「OFF」の文字が変化します（図2-7）。今度は画面上に表示された「LED2」と表示されたボタンをホールドしてみましょう。ホールドに連動して基板上の「LED2」が点灯・消灯します。

　このように、点灯/消灯などの0/1の値を扱うハードウェアの機能を「デジタル入出力」と呼びます。konashiには、デジタル入出力が6ポート（PIO0~PIO5）実装されており、その動作を確認しやすいようにPIO1~PIO4の4ポートがLED（LED2~LED5）に、PIO0がスイッチ（SW1）に接続されています。

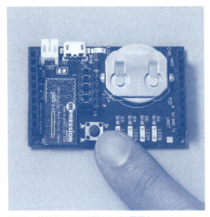

図 2-6 基板上のSW1を押すたびに画面上のOFF/ONの表示が変化

図 2-7 画面上をタップするとLED2が点灯、タップを離すとLED2が消灯

2-2-4. 受信信号強度（RSSI）を計測する

3つ目のサンプルではBLE通信の受信信号強度（RSSI）を計測してみます。このサンプルではkonashiが受信する信号の強度を測定することができます。RSSIを利用することで、iOSデバイスとBLEデバイスのおよその距離を測位したり、いわゆる忘れ物防止タグのようなものを簡単に実装したりすることができます。

それでは実行してみましょう。「iosxble」を検索し、登録されている「[iOSxBLE] 03-受信信号強度（RSSI）を計測する」を選択し、「▶」ボタンを押してプログラムを実行します。接続が完了すると図2-8のような画面が現れます。

画面の赤い部分がバーとしてRSSIの値と連動しており、iOSデバイスがkonashiに近づくほど表示上の数値が小さくなります。実際にiOデバイスを近づけたり、遠くへ離したりして数値がどのように変化するのか試してみましょう。

図 2-8 RSSIが1秒おきにアップデートされ、値の表示とバーの描画が更新

2-2-5. Webサービスと連動させる

　最後のサンプルでは、Webサービスと連携するアプリからBLEを利用してハードウェアを連動させてみます。このサンプルでは、Webサービス「SoundCloud」と連携するアプリとkonashiの基板上のスイッチ「SW1」を連動させることで、スイッチ「SW1」から音楽の再生/一時停止/曲スキップを行います。

　SoundCloudとは、音楽や音声ファイルを共有するWebサービスです。YouTubeの音楽版というイメージで捉えるとわかりやすいかもしれません。多くのプロミュージシャンが自身の作品のリミックスなどを積極的に公開しており、ユーザー登録するだけで、それらの楽曲を簡単に試聴することができます。筆者もこのサービスをよく利用しており、本サンプルはこのSoundCloudをハンズフリーで利用できるように、と考えて作成したものです。

　では、実行してみましょう。「iosxble」を検索し、「[iOSxBLE] 04-Webサービスと連動させる」を選択し、「▶」ボタンを押してプログラムを実行します。まず、これまでのサンプルと同様に [Find konashi] でkonashiを接続します。次に画面上に表示される「Load Music」をタップし、あらかじめ設定されたキーワードを用いてSoundCloudからトラックの情報をロードします。本サンプルでは、検索のキーワードとして「Dead Mou5e」というアーティストを用いています。通信状況によってロードに要する時間は異なりますが、準備が整い次第、再生が開始されます（図2-9）。再生中にスイッチ「SW1」を短く押すと音楽が停止します。逆に音楽が停止中に短く押すと音楽が再生します。また、音楽の再生・停止状態に関わらず長押しすると次の曲にスキップを行います。

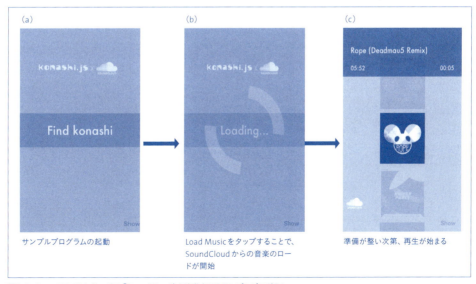

図2-9　konashiとWebサービス「SoundCloud」を連動させるサンプルプログラム

2-3. 中級編：konashiをiOS-SDKを 利用して制御する

中級編で学ぶこと

　中級編では、konashiのiOS-SDK（konashi-ios-sdk）を利用して制御を体験します。　iOS-SDKはCore Bluetoothフレームワークをラップしたライブラリで、Core Bluetoothを意識せずに、iOSからkonashiを制御することができます。中級編では、まずはCore Bluetoothまでは踏み込まずに、iOSプログラミングによるBLEを活用したサンプルを体験します。

　サンプルは次の3つです。

- 2-3-1. 周辺のkonashiを検索する
- 2-3-2. 接続完了時にLEDを点灯させてみる
- 2-3-3. 受信信号強度（RSSI）を計測する

　それでは、さっそくiOS-SDKを利用してkonashiを制御してみましょう。

2-3-1. 周辺のkonashiを検索する

　初級編でのサンプルからわかるように、konashiを制御するにはkonashiを見つけなければ始まりません。というわけで、まずは周辺のkonashiをiOS-SDKから検索してみましょう。

◎ ここで学ぶこと

- ［Konashi initialize］（konashiクラスのインスタンスの生成/初期化）
- ［Konashi find］（konashiの検索/初期化）

実装手順

1: konashi-os-sdk の入手

git から最新版の konashi-ios-sdk を clone しておきます。

```
$ gitclone https://github.com/YUKAI/konashi-ios-sdk.git
```

2: ライブラリの追加とインポート

konashi-ios-sdk の本体は konashi-ios-sdk/Konashi/Konashi にあるので、こちらを import します。

3: konashi を初期化する

konashi を利用するために initialize メソッドからインスタンスを生成し、初期化を行います。以下のように、アプリ全体がインスタンス化された直後に呼ばれる viewDidLoad などの処理中に記述しましょう。

```
[Konashi initialize];
```

メソッドの返り値は

- 初期化した場合：KonashiResultSuccess
- すでに初期化されていた場合：KonashiResultFailure

となります。

4: 周辺の konashi を検索する

次に、iOS 端末周辺の konashi を検索します。konashi の検索は find メソッドを用います。メソッドは initialize の直後に記述します。

2. BLE をとりあえず 体験する

```
[Konashi find];
```

　メソッドが正常に実行されれば、リストに列挙される形で周辺のkonashiのリストが自動的に表示されます。列挙されたkonashiを選択し、タップすると自動的に接続を行います。
　メソッドの返り値は、

- konashiの探索が開始された場合：KonashiResultSuccess
- すでにkonashiとの接続が完了していた場合：KonashiResultFailre

となります。

試してみる

サンプル	KonashiFind

　konashiの電源を入れ、上記の手順で実装したアプリを実行してみましょう。起動後、自動的にfindメソッドが実行され、手元のkonashiが **konashi**-****** という形で検索されたら、該当の番号をタップします。すると無事、接続が完了します。

2-3-2. 接続完了時にLEDを点灯させてみる

　先のサンプルでは、接続はできますが見た目に何の変化もないため、接続したかどうかが一見してわかりません。そこで、konashiへの接続が完了後、基板上に接続されているLEDを点灯させて、接続を確認してみましょう。

◎ ここで学ぶこと

- [Konashi addObserver: (id)notificationObserver
  selector:(SEL)notificationSelector
  name:(NSString*)notificationName]（イベントのオブザーバの生成）
- [Konashi pinMode:(int)pin mode:(int)mode](konashiのデジタル入出力ピンの初期化/設定)
- [Konashi digitalWrite:(int)pin value:(int)value]（konashiデジタル出力）

34

1: konashiの接続の完了通知を受け取る

接続が完了したことをkonashiから通知として受け取ることができます。konashiではこれを**イベント**呼びます。

koanshiはiOSデバイスと無線で接続されています。そのため、「接続が完了した」などの状態を知るためには必ずiOSデバイスとの通信を要します。このとき、たとえば状態が明らかになるまでkonashiのスレッドが待機したとしたらどうなるでしょうか？　答えは簡単で、スレッドがロックしてしまいます。これを回避するために、konashiではイベントという形でiOSアプリに通知を送ることで、非同期に状態を知ることができるように設計されています。

konashiを使うにあたっての基本的なイベントの遷移は図2-10のようになります。図から、konashiの接続の完了を知るにはKonashiEventReadyToUseNotificationイベントをキャッチすればよいことがわかります。

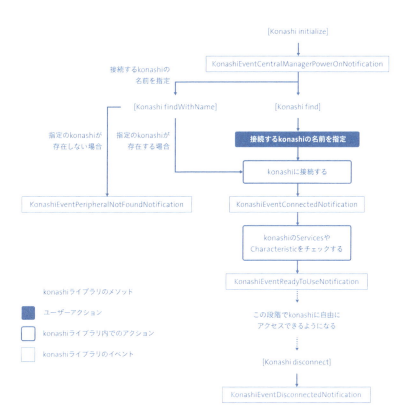

図2-10　konashiの基本的なイベントの遷移

konashiのイベントのキャッチはaddObserverメソッドを利用します。

```
[Konashi addObserver: (id)notificationObserver
         selector:(SEL)notificationSelector
         name:(NSString*)notificationName];
```

　第1引数であるnotificationObserverにはオブザーバを指定します。通常は、konashi自身なのでselfを指定します。第2引数であるnotificationSelectorにはイベント発火時に呼び出されるメソッドを指定します。第3引数であるnotificationNameにはキャッチしたいイベント名を記述します。

　KonashiEventReadyToUseNotificationイベントをキャッチするようなオブザーバを実装すると、次のようになります。イベント発火時に呼び出されるメソッドは、とりあえずreadyとして定義しています。

```
[Konashi addObserver:self selector:@selector(ready) name: KonashiEventReadyToUse
Notification];
```

　なお、addObserverメソッドの実装箇所はどこでもかまいません。ここでviewDidLoad中のinitialize後に記述します。

2: デジタル入出力ピンの初期化 / 設定
　初級編で学んだように、konashiではデジタル入出力ピンが8つ搭載されています。デジタル入出力は入力にも出力にもできるため、どちらで利用するかをまず宣言する必要があります。アプリ「KonashiFind」では「LEDを光らせる ＝ 出力として使う」ということにするため、PIO1を出力に設定します。

　設定にはpinModeメソッドを利用します。 メソッドの第1引数pinにはPIOの番号を、第2引数modeには、

- 入力の場合：KonashiPinModeInput
- 出力の場合：KonashiPinModeOutput

を代入します。ここではPIO1を出力としてLED2を駆動したいのでpinにKonashiDigitalIO1、
modeにKonashiPinModeOutputを渡します。

```
[Konashi pinMode: KonashiDigitalIO1 mode KonashiPinModeOutput];
```

3: デジタル出力でLEDを点灯させる

PIO1を出力に設定できたら満を持して、LED2を点灯させましょう。LED2を点灯させるに
はPIO1をHIGHに出力します。PIOの出力の設定はdigitalWriteメソッドを利用します。

```
[Konashi digitalWrite:(int)pin value:(int)value];
```

メソッドの第1引数pinにはPIOの番号を、第2引数valueにはKonashiLevelHighもしくは
KonashiLevelLowのいずれかを代入します。ここでは、PIO1からKonashiLevelHighを出力し
たいので、次のように記述します。

```
[Konashi digitalWrite:KonashiDigitalIO1 value:KonashiLevelHigh ];
```

4: 接続完了時の挙動を実装する

先のオブザーバの実装で、イベントが発火した際、readyメソッドが呼ばれるように定義し
ました。ここでPIOの初期化/設定を行い、LED2を点灯するように実装すれば、接続完了を
LED2の点灯で知ることができます。readyの実装例を次に示します。

```
- (void)ready
{
  // PIOの初期化/設定を行います
  [Konashi pinMode: KonashiDigitalIO1 mode KonashiPinModeInput];

  // PIO1 をHIGHにしてLEDを駆動
  [Konashi digitalWrite:KonashiDigitalIO1 value:KonashiLevelHigh ]; // PIO1をHIGHに
}
```

2. BLEをとりあえず 体験する

試してみる

サンプル	KonashiPioDrive

　konashiの電源を入れて、アプリを実行してみましょう。誤りなく実装できていれば、konashiへの接続直後、LED2が点灯します。

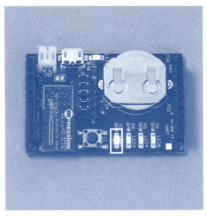

図2-11　接続するとLED2が点灯する

2-3-3. 受信信号強度（RSSI）を計測する

　接続まで確認できたので、本章の最後としてkonashiから受信した信号の強度（RSSI：Receive Signal Strength Indicator）を取得してみましょう。RSSIを取得することで「konashiに対してiOSデバイスがおおよそどの領域に存在するのか」、「konashiとiOSデバイスが離れたかどうか」などを、ある程度の精度で定量的に計測することができます。

◎ ここで学ぶこと

- [Konashi signalStrengthReadRequest]（RSSI取得のリクエストを送信する）
- KonashiEventSignalStrengthDidUpdateNotification（RSSIの値が更新された際に発火するイベント）
- [Konashi signalStrengthRead]（更新されたRSSIの値を取得する）

実装手順

1：一定の周期でRSSI取得のリクエストを送信する

　RSSIを取得するためにRSSIの取得リクエストを送信する必要があります。書き込みの場合とは異なり、読み込みの場合、konashiではkonashiに対して一度、読み込みのリクエストを送信する必要があります。

　RSSIの取得リクエストの送信は以下のメソッドを利用します。

```
[Konashi signalStrengthReadRequest];
```

　周期的にRSSIを取得するためには、NSTimerでタイマを作成し、一定時間おきにsignalStrengthReadRequestメソッドを実行すれば問題ありません。たとえば、signalStrengthReadRequestメソッドを実行する関数をonRSSIと定義し、NSTimerで周期実行するためには、次のように記述します。タイマの作成は前節の「接続完了時にLEDを点灯させてみる」で利用したready関数に記述し、konashiとの接続が確立されたタイミングで実行するようにコーディングしておきます。

```
- (void)ready
{
    NSLog(@"READY");

    // 電波強度タイマ
    NSTimer *tm = [NSTimer
                    scheduledTimerWithTimeInterval:01.0f
                    target:self
                    selector:@selector(onRSSITimer:)
                    userInfo:nil
                    repeats:YES
                    ];
    [tm fire];
}

- (void) onRSSITimer:(NSTimer*)timer
{
    [Konashi signalStrengthReadRequest];
}
```

2：RSSIの取得完了イベントを取得する

リクエスト送信後、RSSIの取得の完了はイベントとして受け取ることができます。RSSIの取得の完了イベントKonashiEventSignalStrengthDidUpdateNotificationで定義されており、addObserverメソッドを利用して取得することができます。今回はイベント発火時に呼び出す関数をupdateRSSIとして定義しています。

```
[Konashi addObserver:self
selector:@selector(updateRSSI)
name:KonashiEventSignalStrengthDidUpdateNotification];
```

3：RSSIの取得時の挙動を実装する

updateRSSIの実装例を次に示します。更新したRSSI値の取得はsignalStrengthReadメソッドを利用します。実行するとログ中に取得されたRSSIの値が記録されます。RSSIの値はkonashiとiOSデバイス間の距離が近ければ-40dBほど、遠ければ-90dBほどになります。

```
- (void) updateRSSI
{
    NSLog(@"READ_STRENGTH: %d", [Konashi signalStrengthRead]);
}
```

試してみる

サンプル	KonashiReadRSSI

konashiの電源を入れてアプリ「KonashiReadRSSI」を実行してみましょう。誤りなく実装できていれば、konashiへの接続直後、ログ中に次のような値が現れるはずです。値が取得できたら、konashiに対してiOSデバイスをさまざまな方向で向けてみて値がどのように変化するかを確認してみましょう。

```
> READ_STRENGTH: -40
> READ_STRENGTH: -45
> READ_STRENGTH: -52
```

iPhoneをkonashiに近づけるとRSSIの値が上昇し、遠ざけると減少します。値の増減が確認できたら、次はkonashiを手で覆ってみて、値がどのように変化するかを確認してみましょう。水分を多く含む人体でkonashiを遮蔽することで、電波が届きにくくなり、RSSIの値も減少します。

図2-12 konashiに近づけるとRSSIの値が変化する

この結果からわかるように、見通しの良い環境であればRSSIの値からある程度の距離は推定することができますが、人が密集している場所などではRSSIの値と距離は必ずしも比例するわけではないことがわかります。ウェアラブルデバイスやビーコンなどでRSSIから距離計測を行う場合はこの点に注意する必要があります。

本章では、BLEを活用したツールキットkonashiを用いて、iOSデバイスとBLEデバイスとの連携を体験しました。BLEではサービスを実現するためには、ある程度ハードウェアを扱える、つまり本章で体験した電源の供給などに関する知識が最低限、必要となります。konashiについては4章でも引き続き利用していくので、不明な点があれば本章を適宜、読み返すと良いでしょう。

次の章では、いよいよBLEの仕様について説明していきたいと思います。

フィジカルコンピューティング・ツールキット「konashi」と その開発の背景

　konashiは、スマートフォンとハードウェアを連携するシステムを簡単にプロトタイプできるツールを実現する、ということを目標に筆者 松村を筆頭に、たけいひでゆき氏（現 beatrobo Inc.）、田所祐一氏（現 東京工業大学）、菊谷侑平氏（現 東京工業大学）、竹元翔太氏（現 iXs Research Corp.）の手によって開発したツールキットです。[※6]

　そもそもの着想は2010年に、筆者 松村とたけい氏が趣味で開発した1台の小型ロボット「monaka」にさかのぼります。スマートフォン黎明期の当時、monakaはスマートフォンと連携する携帯型の小型ロボットとして開発しました。[※7] その際、開発していたスマートフォン側のアプリケーションとハードウェアの連携を行うクラシックBTを利用したBluetoothによるロボット制御ボードがkonashiの原型となっています。

　この3年後、筆者 松村とたけいひでゆき氏が当時在籍していたユカイ工学にてBLEモジュールをベースに、iOSとハードウェア連携のボードとして再設計したことでkonashiが生まれました。

図2-13　Androidスマートフォン連携型小型ロボット「monaka」　　**図2-14**　konashiの原型となったmonakaのボード

　筆者と菊谷氏によってBLEを活用したiOS連携のボードとして再設計するのと併行し、konashiはスマートフォンを中心としたシステムのためのツールとして活用できるようObjective-C（iOS-SDK）やJavascript（konashi.js[※8]）用の開発環境の実装が、たけい氏、田所氏を中心になされました。このとき、我々が参考にしたのがフィジカル・コンピューティングと呼ばれる概念です。

いわゆる一般的なコンピュータの入出力はマウス、キーボードなどの入力とディスプレイなどの出力で構成されています。我々はマウスやキーボードを介して処理したい情報をデータとして入力し、コンピュータで処理した情報をディスプレイに出力することで、コンピュータとインタラクションを行い、日々デジタルコンテンツを体験し、消費し、そして創造しています。しかし、このデジタルコンテンツはそれら入出力系によって大きく制約を受けているのではないか。つまり、これら既存の入出力系に加え、我々の身の回りの物理的な世界と入出力系をより多様に接続することができれば、人とコンピュータとの新しいインタラクションが生まれ、デジタルコンテンツに新しい広がりが生まれるのではないか……。このような考えをもとにして、ニューヨーク大学のTom Igoe氏、Dan'O'Sullivan氏によって提案された概念が「フィジカルコンピューティング」です。

このフィジカルコンピューティングの提案の背景には「物理的な世界とデジタルコンテンツを結びつける」という考えがみてとれ、2000年頃にMITの石井裕氏が提唱したタンジブルビットとの関連をみてとることができます。このような思想的背景からうかがえるように、フィジカルコンピューティングにおいては、コンピュータに関してハードウェア、ソフトウェアの知識、デジタルコンテンツやコンピュータと人とのインタラクションに関する哲学的な思想を、横断的に扱うことが必要であることがわかります。実際、Tom Igoe氏、Dan 'O'Sullivan氏の教育プログラムにおいても、ソフトウェア、ハードウェアの基礎から学ぶ内容となっていました。ここにフィジカルコンピューティングの困難さがあります。しかしこの困難さが、その後、フィジカルコンピューティングのためのツールキット登場のキッカケとなります。

小林茂氏（現 情報科学芸術大学院大学（IAMAS）教授）が中心となって開発したフィジカル・コンピューティングのためのツールキット「Gainer」[※9]と、イタリアのデザインの専門学校IDI Ivrea (Interaction Design Institute Ivrea)において、Massimo Banzi氏が中心となって開発したツールキット「Arduino」[※10]は、同じ2005年に発表されました。2007年に登場した「Arduino Fio」は、IAMAS 小林茂氏が2007年「未踏ソフトウェア創造事業」においてSparkFun Electroronicsと協力して開発したArduinoの正式な互換機種です。フィジカルコンピューティングのためのフレームワーク「Funnel I/O」に対応しているほか、XBeeと呼ばれる無線通信規格への対応、電源の充電機能などを備えており、ArduinoやGAINERにおいて課題として残っていた点を克服しています。

GAINER、Arduino、Arduino Fio、これらのツールキットが2000年代後半にMIT

メディアラボ Neil Gershenfeld 氏が提唱したパーソナルファブリケーションの運動の一翼を担い、Chris Anderson 氏の提唱するメイカームーブメントへとつながります。

　それらのムーブメントが盛り上がりをみせるのと並行し、冒頭でも述べたように2010年代以降、小規模なパソコン並の処理性能を備えたスマートフォン・タブレットが台頭することとなります。これに伴いスマートフォン・タブレットと連携するツールキットの要求が高まってきました。これに monaka をベースとして応え、設計したものが konashi なのです。

※6　konashi 2.0 以降の開発はユカイ工学株式会社によります。
※7　Android-Robo Controlled by Android Mobile Phone http://youtu.be/N1Kpc-qgtbQ
※8　konashi.js の jsdo.it 連携機能については株式会社カヤックの協力によります。
※9　http://gainer.cc/
※10　http://www.arduino.cc/

Part1. BLE編 | 3章

BLEを理解する

本章では、BLEの規格をわかりやすく解説していきます。
iOSデベロッパーとしてどう仕様を読み解けばいいかも随所に明記していますので、
実装に役立てることができます。

（松村礼央）

BLE（Bluetooth Low Energy）はBluetooth 4.0において新しく組み込まれた無線規格です。その「低電力性」と「サービス多様性」が読者であるiOS開発者の方々にとって魅力であること、そして従来のBluetooth 3.0の規格と異なるものであることは、1章で解説したとおりです。本章ではiOSアプリケーションからBLEを扱うにあたり、知識と用語について解説するとともにその仕組みについて概説します。

本章の対象とするBluetoothのバージョンおよび定義

バージョン

本章で解説の対象とするBluetoothのバージョンはv4.1とし、Core Specification v4.1、Supplement to the Bluetooth Core Specification v4に従うものとします。なお、2015年1月の執筆時点で、Bluetooth ver.4.2が公開されており、最新の情報はBluetooth Technology Special Interest Groupのサイトで確認することができます。[※1]

Bluetooth固有の用語について

本章で紹介する用語のうち、Core Specificationsで扱うBluetooth固有の英語の用語については、そのまま英語にて表記を行います。他方、固有でない英語の用語についてはカタカナもしくは日本語訳で記述しています。

パケットサイズの単位「octet」

本章では、BluetoothのCore Specificationsの表記に則り、パケットサイズの単位として **octet**（**= 8 bit**）**表記**で解説します。8bitは通常「byte」で表現されることが多いのですが、処理系によっては8bitではない場合があり、標準化が十分とはいえません。そのため、通信分野ではその曖昧さを除外する目的で、8bit = 1octetであると標準化されたoctetを単位として利用する傾向があり、Bluetooth Core Specificationもこれに則っています。

対象外の項目

本章では、SMP（Security Manager Protocol）およびHCI（Host Controler Interface）に関しては解説の対象外とします。SMPについてはペアリング、セキュリティ関連の項目が該当し、HCIについてはBLEに用いる半導体やシステム構成などの項目が該当します。SMPおよびHCIについては、『Bluetooth Low Energy: The Developer's Handbook』（Robin Heydon著）の一読を推奨します。

※1　https://www.bluetooth.org/ja-jp/specification/adopted-specifications

3-1. BLEの概要

　BLEの仕組みの要となるのは、**GATT（Generic Attribute Profile）と呼ばれるプロファイル**です（「プロファイル」については3-2節で解説します。ここでは、とりあえず**機能**や**振る舞い**であると理解していただければ問題ありません）。

　1章では、BLEを「さまざまな食材を適度な価格で売買できる市場」に、通信でやり取りされるデータは「食材」に、そのデータをやり取りするために消費した消費電力は文字どおり「代金（コスト）」にたとえました。GATTを同様に表現すると「食材の陳列するブースと店員」です。食材の並べ方、分類の仕方、そして、そこでの売買の仕方、これらの機能を市場において提供するのがGATTの役割となります。

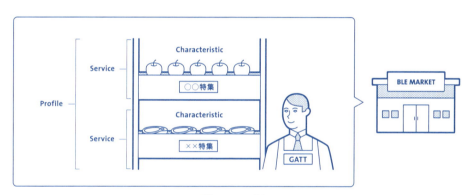

図3-1　BLEの仕組み

　市場の中ではBLEデバイス側、iOSデバイス側のどちらでも売り手もしくは買い手になることができます。では、それらの役割はどうやって決められているのでしょうか。当然、好き勝手に役割を申請してなれるわけではありません。BLEでは、市場の中での役割を決め調整する「市場の管理人」といえる機能が存在します。この機能を担っているのが**GAP（Generic Access Profile）**です。**BLEで何らかの通信を行う場合は、GAPによってその振る舞いを調整してもらうことで周囲のデバイスとの通信が可能**になります。

　そして「陳列棚の利用方法」や「役割の申請の仕方」などの一連の手続きやフォーマットが**プロトコル**と呼ばれています。BLEでは、ATT、SM、L2CAP、LL、PHYという形で階層化さ

れた状態で、さまざまなプロトコルが決められていますが、一般的に、アプリケーション側からこのプロトコルを直接扱うことはありません。しかし、プロトコルの勘所をある程度理解していれば、市場で何が扱えるのか、流通の仕組みがどうなっているのか、どうやればより低コストで食材を陳列できるのか、などが理解できるようになり、iOSでのBLEがより楽しくなるはずです。

BluetoothとMFiプログラム

　クラシックBTでは音楽、音声など実時間性、連続性が重要となるサービスを主体に扱い、そのプロファイルはサービスの品質を保つためペアリングを必須とし、その機能はプロファイルとしてiOSに組み込まれています。したがって通常、iOSアプリケーションがクラシックBTと直接やりとりすることはできません。たとえば、クラシックBTのBluetoothヘッドセットをiOSと接続した場合を考えます。ペアリングされたヘッドセットは各種アプリからの音が鳴りますが、iOSアプリケーションはあくまでオーディオファイルの再生を行っているのみで、クラシックBT側のデバイスを操作・制御しているわけではありません。そしてiOSアプリケーション側からこのようなクラシックBTの操作を直接行う場合、必要となるのがMFi（Made for iPhone）プログラムです。MFiプログラムに参加することで独自のクラシックBTの開発ができるようになります。しかしながら、この契約には多額の費用が必要であり、必ずしも大きな組織に属しているとは限らないiOSエンジニアにとっては非常に大きい壁となっています。

　他方、BLEで外部のデバイスと接続するiOSアプリケーションを開発・ストアで頒布する場合、MFiは必須ではありません（ただし、ペアリングが必要なデバイスとBLEでiOSアプリケーションを連携させる場合やMFiのロゴをデバイスに掲載する場合などはMFiプログラムへの参加は必須となります）。

3-2. BLEの構造

　BLEの構造について説明する前に、冒頭でも登場した**プロトコル**と**プロファイル**という用語について整理しておきます。

プロトコル

　プロトコルは、デバイス間での情報をやり取りする際の手順、ルール、データ構造を定めたものです。たとえば、某バラエティ番組の「英語禁止ボーリング」と呼ばれる企画をご存知でしょうか。これはボーリングを行う際の会話の中で英単語を口にすると、その回数に応じて罰金が課せられるという企画ですが、この「英単語を口にした回数に比例して罰金を払う」という取り決めがこの企画に対するプロトコルとなります。

　さて、一般的に機器の通信では、そのデバイスがあらゆるデバイスで成立するように、アプリケーション・ソフトウェア・ハードウェアを横断する形で階層的にプロトコルが定められています。Bluetooth（クラシックBTおよびBLE）においても同様で、階層的にプロトコルが定められています。このように階層化されたプロトコルの総称を**プロトコルスタック**もしくは**アーキテクチャ**と呼び、これを確認すれば通信規格の仕組みの概要を知ることができます。

プロファイル

　通信があらゆるデバイスで成立するように…ということで取り決められているプロトコルですが、Bluetoothでは少々複雑です。たとえば、クラシックBTが扱う通信のアプリケーションはプリンタの印刷、ヒューマンインターフェース（マウスやキーボードなど）、オーディオインターフェース（ヘッドセットやスピーカーなど）など、多岐に渡ります。さまざまなアプリケーションに対応する一方で、アプリケーションごとにどのプロトコルがどのように必要なのかがわかりづらいという難点があります。

　そのため、Bluetoothではアプリケーションごとにプロトコルをまとめ、どのように振る

舞うかを定義し、標準化しました。これが**プロファイル**です。つまり、通信を行う機器間で同じBluetoothのプロファイルに対応できていれば、そのプロファイルが提供する機能とアプリケーションを無線通信で利用できるようになります。これをBluetoothでは**相互運用性**（interoperability）と呼びます。

Bluetoothではさまざまなプロファイルが定められています。HID、A2DP、HFPなどのプロファイルは、パソコンの周辺機器としてよく利用するため、Bluetooth機器を利用する際によく聞くのではないでしょうか。逆に、GAPなどのように、Bluetoothの動作に深く関与していて非常に重要なプロファイルであっても、その動作がアプリケーションよりも下位の階層で行われているため、その存在がiOS開発者などのアプリケーション側に対して表だっていないものも多くあります。

3-2-1. BLEのプロトコルスタック（アーキテクチャ）

それでは、BLEのプロトコルスタックを見ていきましょう。BLEのプロトコルスタックを図3-1に示します。

図からわかるように、BLEのプロトコルスタックは下位から順に**Controller**層、**Host**層そして、**Application**層という3つの大きな階層によって構成されています。

まず、Controller層は**LE Physical**（**PHY**）、**Link Layer**（**LL**）の2つのプロトコルによって構成されています。この2つは無線接続に関する制御を司る回路、およびそのソフトウェア群によって実装されています。

Controller層の上位に位置するのが、Host層です。Host層は3種類のプロトコル**L2CAP**（Logic Link Control & Adaptation Protocol）、**SMP**（Security Manage Protocol）、**ATT**（Attribute Protocol）と、2種類のプロファイル**GATT**（Generic Attribute Profile）、**GAP**（Generic Access Profile）によって構成されています。

Host層のプロトコルとプロファイルはすべてソフトウェアであり、上位のApplication層に対するAPIとして働き、内部の処理を制御します。

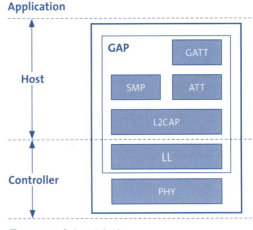

図3-2　BLEのプロトコルスタック

プロトコルスタックにおいて最上位に位置するのがApplication層です。Application層は、その文字のとおり、ユーザーの作成するアプリケーション、つまり本書においてはiOSアプリが相当します。この層は、BLEでどのようなサービスを実現するかによって実装内容が異なるため、その設計はiOSエンジニアやハードウェアエンジニアに委ねられます。

BLEの構造を理解するにあたり、iOSエンジニアがとりあえず押さえておくべきプロトコル、プロファイルは次の3つです。

- ATT（Attribute Protocol）
- GAP（Generic Access Profile）
- GATT（Generic Attribute Profile）

以降では、まずこの3つのプロトコル、プロファイルを簡単に紹介します。

3-2-2. ATT（Attribute Protocol）

ATT（Attribute Protocol）は、Attributeと呼ばれる独自の単位をベースにデータのやり取りを行うサーバ/クライアント型のプロトコルです。BLEを市場とたとえると「食材のやり取りに関する最小単位の取り決め」と理解すればよいでしょう。

クライアントとして振る舞うATT（ATTクライアント）は、L2CAP層を経由してサーバとして振る舞うATT（ATTサーバ）に対して通信を行います。基本的には、ATTクライアントから通信の対となったデバイスのATTサーバ上に展開されたAttributeベースのデータベースに対し、リード/ライトを行うのが、BLEにおけるデータのやり取りの基本となります。そして、このやり取りにおけるデータベースの構造や役割（サーバ/クライアント）についてその振る舞いを管理しているのが、後述するGATT（Generic Attribute Profile）となります。

iOSエンジニアから見た場合、この**GATTを通してATTで規定されたAttribute単位のデータベースのやり取りを行うことが、iOSデバイスとBLEとの通信における核**といえます。

図3-3　Attributeのデータ構造

Attribute

では、ATTが規定するAttributeと呼ぶデータ単位とはどういうものでしょうか。Attributeは、ATT上でやり取りするデータの最小単位であり、データの値の他に**Attribute**、**Type**、**Attribute Handle**、**Permission**の3つのプロパティを持つデータの構造体として定義されています。Attributeのデータ構造を図3-3に示します。Attributeの詳細については3-2-8項で紹介します。

3-2-3. GAP（Generic Access Profile）

GAP（Generic Access Profile）は、3.1節でも解説したように、BLEという市場の中でデバイスがどのような役割（Role）で振る舞うのかを管理する「市場の管理人」となるプロファイルです。「管理人」として機能するだけあり、すべてのBluetoothに実装されている基盤となるプロファイルです。つまりクラシックBTにおいてもGAPは実装されています。

BLEにおいては、管理人として**Broadcaster**、**Observer**、**Peripheral**、**Central**の合計4種類の役割を管理しており、Host層のL2CAP、SMP、ATT、Controller層のLL、PHYの各プロトコルの機能を、デバイスが実現するサービスに沿って一気通貫に結びつけることで提供しています。この役割については3-8節で詳細を紹介します。

図 3-4　GAPの役割

プロファイルの階層構造

GAPはすべてのBluetoothデバイスに実装される基盤となるプロファイルです。したがって、他の追加実装されるプロファイルはすべて、必ずGAPの上位集合となるプロファイルとなります。つまり、あらゆるBluetoothデバイスのサービスにおいて、あるプロファイルは必ずGAPを内包したプロファイルとなります。このプロファイルの階層構造を図3-5に示します。

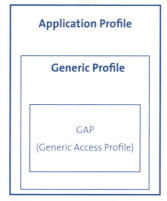

図3-5　プロファイルの階層構造

3-2-4. GATT（Generic Attribute Profile）

　GATT（Generic Attribute Profile）はATT（Attribute Protocol）を基盤としたプロファイルで、Application側もしくはそれ以外のプロファイルから利用されます。GATTでは、ATTが提供するAttributeを最小単位とした階層的なデータベースの構築と、そのデータベース上のやり取り（ATTによるサーバ/クライアント動作）の制御を行います。BLEを市場だとすると、GATTのデータベースは「食材を陳列するブース」、振る舞い

図3-6　GATTの役割

を制御する様は「ブースを管理する店員」と考えることができます。つまるところ、GATTはiOSとの実質的な通信の窓口となるわけです。
　ここで一点、注意するべきは、GATTが制御する振る舞いにおける役割（サーバもしくはクライアント）はGAPによって制御されるのではなく、GATTをベースとしたプロファイルの設計者、すなわちより上位のApplicationである、ということです。GAPが管理するのはあくまでBLEという市場全体としてどのような役割を担うかであり、GATTが提供する市場と外部とのやり取りにおける役割については上位のApplicationに委ねられます。

Attributeを用いた階層的なデータベース

GATTでは「食材を陳列するブース」を、Attributeを最小単位とする階層的なデータベースで実現します。データベースの構造を図3-9に示します。図からもわかるように**Service**と**Characteristic**という新しい概念が登場します。Serviceは、Characteristicやその他のServiceへの参照子（Reference）により構成される構造体です。Characteristicは値（Value）、値の属性（Property）、そして値のディスクリプタ（Descriptor）による構造体となります。

図3-7のとおり、構造的にはServiceにCharacteristicが、Characteristicに値、属性、ディスクリプタが包含される形となり、この値、属性、ディスクリプタそれぞれがAttribute単位で管理・格納されています。

このデータ構造を「食材の陳列するブース」と考えると、「食材」となるのがCharacteristicです。その食材の実態を表すのが値、販売元に関する情報や食材がどのようなカテゴリのものなのかを示したのが属性、そして、その成分や含有物を示したものがディスクリプタといえます。

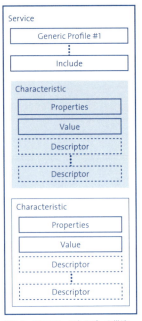

図3-7　GATTサーバ上のデータ構造

ここでServiceはさしずめ「カレーセット（じゃがいも、にんじん、たまねぎのパック）」や「カレールー（調合済みのスパイスの固まり）」といったお料理パックというところでしょう。いくつかのCharacteristicをパッケージ化してコンテンツをもたせたものがServiceとして定義されています。したがって、Serviceは必ず1つ以上のCharacteristicで構成されます。

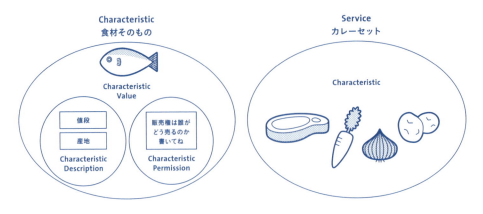

図3-8　CharacteristicとService

GATTをベースとしたプロファイル

「食材を陳列するブース」がGATTによるデータベースで提供されることがわかりました。あとは「何を売買するか」つまり「市場でどのようなサービスを提供するか」が問題となります。BLEでは、この「何を売買するか」を、GATTプロファイルをベースとしたプロファイルを作成することで実現します。このプロファイルは図3-12のように、Serviceを含むさらに上位の構造体として定義されます。したがって、GATTをベースとしたプロファイルは必ず1つ以上のService、もしくはServiceへの参照子（これをIncludeと呼びます）によって構成されます。

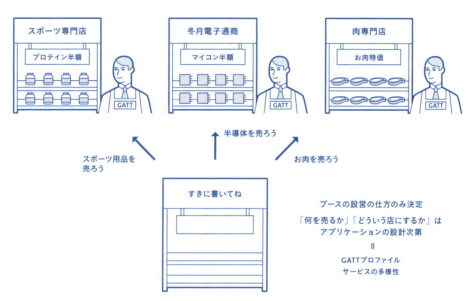

図3-9 GATTベースのプロファイルによって何を提供するかが決定する

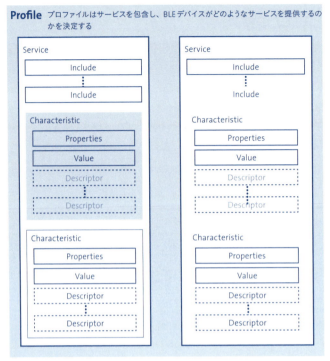

図 3-10　GATT ベースのプロファイル

Bluetooth における GATT

　ちなみに、GATT はクラシック BT でも利用可能なプロファイルです。したがって、クラシック BT においても、BLE と同様に GATT をベースとしてプロファイルを設計することが可能です。クラシック BT と BLE で異なるのは GATT に対する立場です。BLE においては、BLE は GATT が必須である一方、クラシック BT においては必ずしも必要ではありません。

　それでは、少しずつ BLE について踏み込んでいきましょう。

3-3. BLEのネットワークトポロジー

3-3節では、BLEデバイス同士がどのように接続・通信するのか、その形態（ネットワークトポロジー）を解説します。BLEネットワークトポロジーの形は、大きく**ブロードキャスト型**、**接続型**の2つに分けることができます。本節では、この2つは何が異なるのか、その違いを順に解説していきます。

3-3-1. ブロードキャスト型トポロジー

ブロードキャスト型のトポロジーを図3-11に示します。ブロードキャスト型は、あるデバイスが周囲の他のデバイスに自身の存在や情報を伝えるために利用するもので、片方向、かつ1対多数の形をとります。1章で「BLEとは市場である」とたとえましたが、同様にたとえるとブロードキャスト型は「試供品や広告の配布」といえます。

ここで配布される「試供品や広告」に相当するデータをBLEでは**Advertising Packet**（もしくは**Advertising Data**）と呼び、その名のとおり自身の情報を周囲に伝達する広告として機能します。なお、このブロードキャスト型のトポロジーにおいてAdvertising Packetを周囲に配布するイベントをBLEでは**Advertising**、Advertising Packetを受信するイベントを**Scanning**と呼びます。

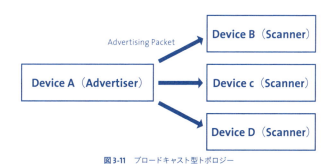

図3-11　ブロードキャスト型トポロジー

3. BLEを理解する

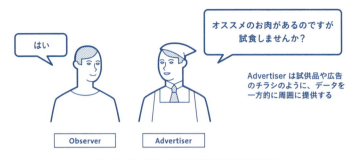

図3-12　ブロードキャスト型は「試供品や広告の配布」

3-3-2. 接続型トポロジー

　接続型のトポロジーを図3-13に示します。接続型は、通信する相手を特定して双方向での通信を行うものです。接続型は通信の形態として当初（Bluetooth ver4.0）は1対1と規定されていましたが、Bluetooth ver.4.1以降では複数のデバイスと接続型トポロジーを持つことが可能となり、1対多数の通信が可能になりました。1章と同様にたとえると、接続型のトポロジーは、店員と顧客が代金のやり取りをする双方向の通信モデルといえます。

図3-13　接続型トポロジー

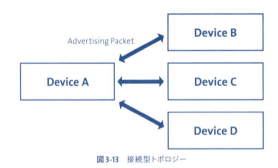

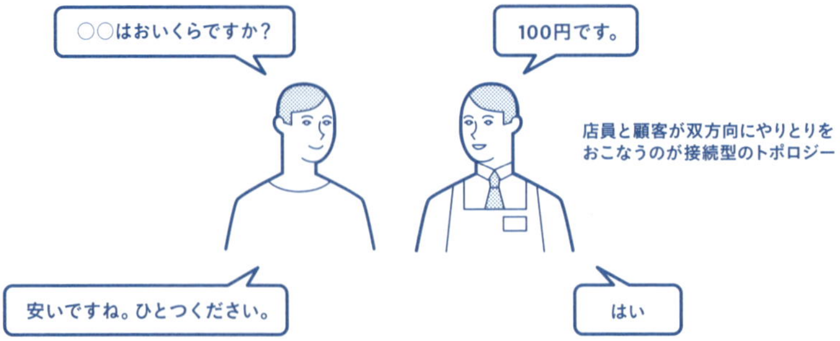

図3-14　接続型トポロジーは店員と顧客のやり取り

3-4. BLEでのネットワークと通信の制御

3-3節ではBLEデバイスがどのようにネットワークを形成し、通信するのかを概説しました。本節では**BLEでネットワークと通信がどのように実現されているか**を、プロトコルスタックのControllerに属するLL層（LinkLayer）とPHY層（LE Physical）に焦点を当てて解説し、ネットワークの基本となるAdvertsingについても解説します。

3-4-1. Bluetoothの無線仕様とPHY層（LE Physical）

Bluetoothは無免許で利用できる2.4GHz ISM帯域を利用した無線通信規格です。Bluetoothの PHY層での鍵となるのが「周波数シフト・キーイング」という通信の変調の方式と「周波数ホッピング・スペクトル拡散」と呼ばれる通信方式の2つです。PHY層について述べる本項では、この2つの方式を足がかりにBLEの無線仕様について解説します。BLEの無線仕様について、概略を表3-1に示します。

周波数帯域	2.4GHz（2.400〜2.4835GHz）
変調方式	GHSK（ガウシアン周波数シフト・キーイング）
データレート	1Mbps
チャンネル数	40ch（Advertising Chanel =3ch. / Data Chanel=37ch.）
最大出力	10.00mW（+10dBm）
最小出力	0.01mW（-20dBm）

表3-1 BLEの無線仕様

周波数シフト・キーイング（FSK：Frequency-Shift Keying）

無線通信ではデータのやり取りを電波で行います。いくつかある電波のやり取り方法のうち、Bluetoothが採用しているのが、周波数シフト・キーイング（FSK：Frequency-Shift Keying）という方法です。FSKという手法では、データのやり取り、つまり「1/0」の情報のやり取りを、電波の周波数の「高い/低い」によって行います。図3-15に、FSKによるデータのやり取りの概要を示します。この「1/0」の情報を周波数の「高い/低い」に変換して通信を行うことを**周波数変調**と呼びます。特に、変調において1/0のデジタル信号を変調して通信を行うことを**キーイング**（keying）と呼び、デジタル信号を周波数で変調（Shifted）するキーイングということで**周波数シフト・キーイング**という名称となっています。なお、BLEでのFSKの変調速度は1Mbpsと規定されており、これがBLEにおける通信速度の理論限界となります。

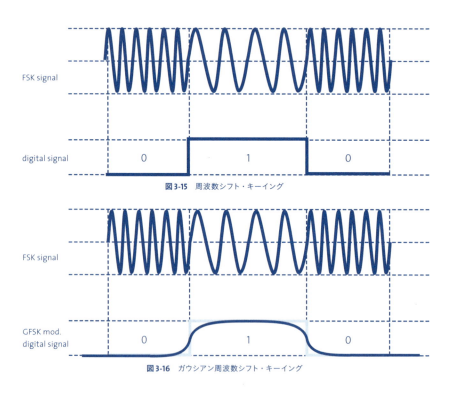

図3-15　周波数シフト・キーイング

図3-16　ガウシアン周波数シフト・キーイング

Bluetoothで利用されているFSKは、これにさらに工夫を加えた**ガウシアン周波数シフトキーイング**（GFSK：Gaussian Frequency-Shifted Keying）という方法です。この方法では、やり取りする信号にガウシアンフィルタでフィルタ処理をかけることで、高周波成分を除去し、その除去後の信号で周波数変調を行うというものです。元の信号の高周波成分が除去されているので、

通常のFSKによる通信よりも通信中に高周波成分の除去分だけ、通信で占有する周波数の領域が狭くなっている点が特徴です。なぜ、占有する周波数を狭くするのかという点は、Bluetoothの通信におけるもう1つのトピックである、**周波数ホッピング・スペクトル拡散**が関係しています。

周波数ホッピング・スペクトル拡散
（FHSS：Frequency Hopping Spread Spectrum）

　FSKで無線通信を行う場合、同一の周波数を利用する他のFSK通信の無線デバイスがいると原理的に通信の干渉を避けることはできません。Bluetoothの場合、IEEE802.11b、IEEE802.11g、IEEE802.11nなどが2.4GHz帯を利用するため、これらの機器に対して何らかの干渉対策が必要となります。これ以外にも信号自身による干渉（やまびこが重なって聞こえる現象が無線通信にも起こり得ます）への対策や無線通信の信号の盗聴への対策の必要性があります。これらの対策として利用されているのが、**周波数ホッピング・スペクトラム拡散**（**FHSS：Frequency Hopping Spread Spectrum**）と呼ばれる技術です。

　FHSSの技術のアイデアは非常にシンプルです。たとえば、他の機器との通信の干渉問題についてのFHSSのアイデアは「同一の周波数で変調された信号が干渉するのであれば、**その周波数を互いに逐次切り替えながら通信を行えば、干渉のリスクが抑えられるのではないか**」というものです。

　これは厳密には異なりますが「渋滞している道路」を考えるとわかりやすいかもしれません。同じスタート地点から目的地を目指す車があるとして、1つの道路しかないとします。すると渋滞を起こしてしまい、最悪、目的地に所定の日時に到着できなくなるでしょう。このとき、「車」が無線通信で送受信するデータ、「道路」がFSKの変調周波数となり、「渋滞」が通信の干渉といえます。そしてこの問題に対して、同じ目的地に到達する複数の道路を作り、適宜、別の道に車を誘導することで道路の混雑をなくすという解決方法をとっているのが、FHSSという技術になります。さらに、この「交通の整理などの管理を行って車を目的地に届ける」という役割を担っているのがPHY層といえます。

　さてFHSSにおいて、切り替えられるいくつかの「道路」すなわち変調周波数をそれぞれ物理チャンネルと呼びます。また、この物理チャンネルを切り替える動作を**ホップ**（**Hop**）と呼びます。Bluetoothでは、2台のデバイス間でこのHopをそれぞれ示し合わせながら、同じ物理チャンネルで常に通信をすることで、干渉に対して頑健な無線通信を実現しています。

BLEの無線通信の物理チャンネル

冒頭でも述べたように、Bluetoothでは2.4 GHz ISM帯で動作します。その際の周波数帯、およびチャンネルと中心周波数の関係は次のようになります。

Bluetoothの周波数帯	RFチャンネルとRF中心周波数の関係式
2400.0 〜 2483.5 MHz	f = 2402.0 + k MHz（k = 0,1,2,…N）

表3-2 BLEの周波数帯、およびチャンネルと中心周波数

BLEではFHSSで利用する**物理チャンネルを40本と定義**しています。この40本の物理チャンネルのうち、3本はブロードキャスト型のネットワークでの通信、すなわちAdvertising専用に確保しています。そして、残りの37本を接続型のネットワークでのデータ通信専用に利用しています。

BLEにおける各チャンネルの中心周波数とチャンネルIDについて表3-3に示します。ちなみに、この表でならぶ「RF」とは「Radio Frequency」の略で「無線周波数」を意味しています。無線周波数という表現は若干直訳的にはなりますが、理解する上では問題はありません。

RFチャンネル	RF中心周波数	チャンネルタイプ	Data チャンネルID	Advertising チャンネルID
0	2402MHz	Advertisingチャンネル	×	37
1	2404MHz	Dataチャンネル	0	×
2	2406MHz	Dataチャンネル	1	×
…	…	Dataチャンネル	…	×
11	2424MHz	Dataチャンネル	10	×
12	2426MHz	Advertisingチャンネル	×	38
13	2428MHz	Dataチャンネル	11	×
…	…	Dataチャンネル	…	×
37	2422MHz	Dataチャンネル	35	×
38	2424MHz	Dataチャンネル	36	×
39	2426MHz	Advertisingチャンネル	×	39

表3-3 FHSSで利用する物理チャンネル

データ通信専用チャンネルのホップ

データ通信専用チャンネルでは37本のチャンネルを逐次ホップさせながら、通信を行うこととなります。BLEではデータ通信専用チャンネルのホップは以下の式に従います。ここでunmappedChannelはホップ後のチャンネルID、lastUnmappedChannelはホップ前のチャンネルID、hpIncrementはホップ数を表します。

```
unmappedChannel = (lastUnmappedChannel + hpIncrement) mod 37
```

hpIncrementは、デバイス間でConnectionが確立した際に生成される値です。したがって、新しいConnectionが確立するたびに新しい値が割当てられます。

3-4-2. LL層（Link Layer）

LL層（Link Layer）は、3-3節で示したネットワーク中でのデバイスの状態（State）を制御し、PHY層を通じて無線通信を実現することが目的となります。LL層は、表3-4に示す5種類の状態をシーケンス制御によって管理するステートマシンです。

LL層では内部に少なくとも1台のAdvetising StateかScanning Stateのいずれかをサポートするステートマシンを持ち、場合に応じて複数のステートマシンのインスタンスを内部に持つことができます。ただし、複数のステートマシンを実装する場合は特定の状態の組み合せついて制限があり、ハードウェアエンジニアは実装時に配慮する必要があります。状態の組み合せについての注意事項は後述する3-4-3項を参照してください。

状態	内容
Standby State	休止状態
Advertising State	Advertising に関するイベントを扱う状態
Scanning State	Scanning に関するイベントを扱う状態
Initiating State	接続の開始状態を扱う状態
Connecting State	BLE デバイス同士の接続に関する状態

表3-4 FLL層の5種類の状態

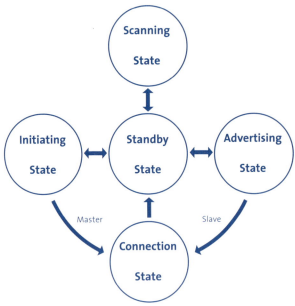

図3-17　LL層（Link Layer）のステートマシンの概略

Stanby State

　Standby Stateは、いかなるデータの送信も受信も行わない、いわゆる休止状態です。図3-12に示すとおり、Standby Stateへは他のいずれの状態からでも遷移することができるように設計されており、**いかなる状態でも休止状態に移行できるように配慮**されています。

Advertising State

　Advertising StateではAdvertising Packetの送信や、そのレスポンスに対してリクエスト/レスポンスなどの対応を行います。ここでのレスポンスは、接続型ネットワークにおけるデバイス間での接続要求なども含まれます。図3-17に示すとおりAdvertising StateはStandby Stateから遷移することができます。また、Advertising State状態のデバイスを指して**Advertiser**と呼びます。

Scanning State

　Scanning Stateでは、Advertising Stateのデバイスからの Advertising を受信し、その情報を収集します。図 3-17 に示すとおり、Scanning State は Standby State から遷移できます。また、Scannning State 状態のデバイスを指して **Scanner** と呼びます。

Initiating State

　Initiating Stateでは、周辺の BLE デバイスから Advertising を受信し、他のデバイスとの接続を確立します。図 3-20 に示すとおり、Initiating State は Standby State から遷移できます。また、Initiating State のデバイスを指して **Initiator** と呼びます。

Connection State

　Connection State は、Initiating State もしくは Advertising State から遷移できる状態で、2つのデバイスの接続が確立されている状態です。この Connection State では Master そして Slave の 2 つの役割が定義されています。デバイスが Connection State においていずれの役割となるかは、直前の状態で決定します。
　Initiating State から遷移した場合は **Master**、一方、Advertising State から遷移した場合は **Slave** になります。Connection State に遷移後は、Master であるデバイスは Slave のデバイスと通信を行うとともにデータ送信のタイミングを管理します。他方、Slave のデバイスは Master のデバイスのリクエストに応じて信通を行います。

3-4-3. LL 層における注意点

　上述したとおり、LL 層では、場合に応じて複数のステートマシンのインスタンスを内部に持つことができます。ただし、複数のステートマシンが実装される場合、状態の組合せについて、次のようにいくつかの注意事項があります。

① Connection State においてデバイスが Master かつ Slave に同時になることはない

② Connection State で Slave であるデバイスは、他の複数のデバイスと接続することができる

③ Connection State で Master であるデバイスは、他の複数のデバイスと接続することができる

④ 上記の①~③を満たす他のすべての状態と役割の組み合せは、仕様上、すべてサポートが許可される

　②、③については、Bluetooth 4.1 で追加・修正された注意事項で、Bluetooth4.0 までは接続型のトポロジーにおいて 1 台のデバイスが複数のデバイスと接続することが許されていませんでした。したがって、BLE デバイスを設計する際、通信モジュールが Bluetooth4.1 以降か否かで可能な接続のトポロジーが変化するため注意が必要です。なお、LL 層の実装において必ずしもすべての状態を実装する必要はありません。つまり Advertising State のみ、Scannning State のみという実装も、仕様上は許可されています。

3-4-4. Bluetooth Device Address

　LL 層でデバイス間の接続を行う Connection State について述べました。本項では、接続の際にデバイスを同定するために用いる Bluetooth Device Address（BD_ADDR）を解説します。BD_ADDR は Public device address と Random device address の 2 種類があり、デバイスのアドレスにはいずれか一方が利用されます。いずれのアドレスも 48bit 長で定義されます。この BD_ADDR は、イーサネットにおける MAC アドレスと捉えるとわかりやすいでしょう。

Public Device Address

　Public device address は、IEEE Registration Authority から与えられた組織固有識別子（OUI）を利用し、IEEE 802-2001 Standard Section9.2"48 bit universal LAN MAC addresses" にしたがって生成されます。Public device address は以下の 2 つの領域で構成されています。bit の構成を図 3-21 に示します。48 bit のうち、LSB からの 24bit は company_assined 値が、その後の 24 bit には company_id 値が並びます。

Public device address	
LSB	MSB
company_assined (24 bit)	company_id (24 bit)

図 3-18　Public Device Address

Random Device Address

Random Device Addressは、Static addressとPrivate addressの2種類に分かれます。またPrivate addressは、さらにNon-resolvable addressとResolvable private addressの2種類に分かれます。

Static address

Static Addressは48bitでランダムに生成されるアドレスで、以下の要件を満たすアドレスです。Static Addressの構成を図3-19に示します。

- MSBから見て最初の2桁は必ず1となる
- Static Addressの乱数部分がすべて1になることはない
- Static Addressの乱数部分がすべて0になることはない

Public device address（48bit）			
LSB			MSB
Static Addressの乱数部分（46bit）		1	1

図 3-19　Static address

Static Addressは起動ごとに新しいアドレスを生成します。したがって、デバイスの電源投入後、デバイスはこのStatic Addressを変更することはできません。

Non-Resolvable Private Address

Private Addressのうち、以下の要件を満たすアドレスをNon-Resolvable Private Addressと呼びます。Non-Resolvable Private Addressの構成を図3-20に示します。なお、このAddressはデバイスとの接続においてプライバシーに配慮するモードを利用する際に利用されます。本書では詳細は追いません。詳細についてはCore Specification v4.1を参照ください。

- MSBからみて最初の2桁は必ず0となる
- Static Addressの乱数部分がすべて1になることはない
- Static Addressの乱数部分がすべて0になることはない
- このAddressがStatic Addressと同値になることはない
- このAddressがPublic Addressと同値になることはない

Public device address（48bit）		
LSB		MSB
Static Addressの乱数部分（46bit）	0	0

図3-20 Non-Resolvable Private Address

Resolvable Private Address

Private Addressのうち、以下の要件を満たすアドレスをResolvable Private Addressと呼びます。Resolvable Private Addressの構成を図3-21に示します。このAddressはデバイスとの接続においてセキュリティに配慮するモードを利用する際に利用されます。本書では詳細は追いません。詳細についてはCore Specification v4.1を参照ください。

Public device address（48 bit）			
LSB			MSB
hash（24bit）	Static Addressの乱数部分（22bit）	1	0

図3-21 Resolvable Private Address

3-4-5. AdvertisingとScanning

3-3節では、BLEがサポートするブロードキャスト型、接続型の2つのネットワークトポロジーを紹介しました。BLEの動作はこれら2つのネットワークに従う通信が基本となりますが、この中でも重要となるのが**Advertising**と**Scanning**です。本項ではAdvertisingとScanningについて、その概要を解説します。

ブロードキャスト型のネットワークでの通信では周辺のBLEデバイスに対して接続することなく、自身が保有する情報をAdvertising Packetで配信/受信します。一方で接続型のネットワークでも、あるデバイスが周囲のデバイスとの接続を確立する前、つまり通信先の相手が未

知の状態で相手先に自身を通知する、もしくは相手先を検出するために利用します。

　なぜ、双方向の通信で単方向のAdvertisingを利用するのか、という疑問がわくかもしれませんが、これは無線通信であることに起因しています。無線通信では、接続が確立していない状態のデバイスでは、通信対象がどこにいるのか、どれだけいるのか、そして誰なのかがわかりません。これはたとえば、読者のみなさんが目隠しをしている状態で、同様に周囲の目隠しをした人とコミュニケーションを図ることを考えるとわかりやすいと思います。目隠しをしているので、当然、最初の段階ではどこに誰がいるのか皆目検討がつかないはずです。この状況を打破するには、自分が声を発するか、相手から声を発してもらうしかありません。この点はBLEを理解する上で非常に重要な要素なので、以降も念頭においておきましょう。

AdvertisingとAdvertisingチャンネル

　上述したとおり、Advertisingイベントでは物理チャンネル40本のうちの3本(Ch.37、Ch.38、Ch.39)を利用し、これをAdvertisingチャンネルと呼びます。では、この3本をどのように利用してBLEではAdvertisingを行っているのでしょうか。本項では3-3節でも少し触れたAdvertisingについて掘り下げていきたいと思います。

Advertising Intreval

　Advertisingは、ブロードキャスト型のネットワーク通信での周囲への情報発信、接続型のネットワーク通信でのデバイスの発見など、いずれのトポロジーでも利用している通信イベントです。BLEでは、このイベントの周期（T_advEvent）を次のように定めています。

T_advEvent = advInterval + advDelay

　ここで、advIntervalをAdvertising Intervalと呼び、デバイスのAdvertising Packetの発信周期を表します。このインターバルはデバイスの設計者が仕様で定められた範囲の中で自由に設定することができます。仕様では、0.625ms刻みで20msから10.24sまでの範囲と規定されています。しかしながら、3-6節で後述するAdvertisingイベントの4種のうち、非接続・スキャン禁止型Advertisingイベント（ADV_NONCONN_IND）と非接続・スキャン可能型イベント（ADV_SCAN_IND）のいずれか一方である場合、advIntervalは100ms未満にすることは禁止されています。

　また、ここでadvDelayは、Advertisingに埋め込む遅延で0msから10msの範囲をとります。

69

このadvDelayはLL層によってイベントごとに生成される擬似乱数値となります。

AdvertisingイベントとT_advEvent、advInterval、advDelayとの関係を図3-22に示します。このとき、Advertisingイベントで消費する時間とadvIntervalが異なる点に注意が必要です。また、advDelayはイベント毎に異なる値にも注意が必要です。

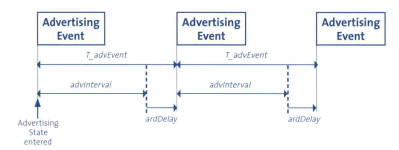

図3-22 AdvertisingイベントとT_advEvent、advInterval、advDelayとの関係

AdvertisingイベントとAdvertisingチャンネル

Advertisingイベント中、デバイスは3本のAdvertisingチャンネルを逐次切り替えながら（Hopしながら）通信を行っています。仕様では各チャンネルの通信のうち、最初の連続した2つのチャンネルの通信が10ms以下と定められています。

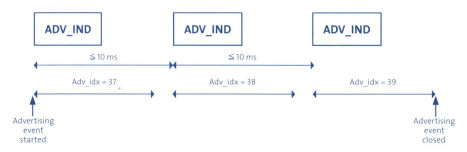

図3-23 AdvertisingイベントとAdvertisingチャンネル

Scannning

ScanningはScanning Stateであるデバイスが Advertising Pcketを受信するために利用する動作です。デバイスはScanningを行うことで、周囲に存在するデバイスの存在を知ることができます。Scanningにおいては、タイミングや物理チャンネルの選択に対して厳格なルールは設け

られていません。以下に示す設定値に従ってデバイス、アプリケーション、そしてサービスの設計者が仕様の範囲で任意に決定することができます。本項では、Scanningの概要やどのようなパラメータがあるのかを見ていきましょう。

　Scanning状態に入ったデバイスのLL層は一定の期間、物理チャンネルからのAdvertising Packetの受信を待ちます。この期間をscanWindowと呼びます。つぎにデバイスは、この受信待ちの期間（scanWindow）を一定の周期で繰り返します。この繰り返しの周期、すなわちscanWindows間の待ち時間をscanIntervalと呼びます。scanWindowとscanIntervalに関する概略を図で示すと図3-24のようになります。このscanWindowとscanIntervalは10.24s以下の値をとります。また、図3-24の関係からもわかるように、必ずscanWindowはscanInteval以下の値をとることとなります。仮にscanWindowとscanIntervalがHost側から同じ値にセットされた場合、LL層はScanning動作を連続して常に行うこととなります。

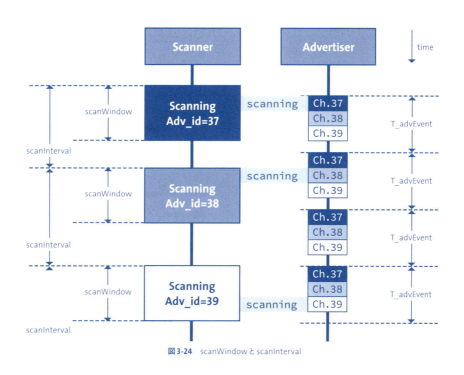

図3-24　scanWindowとscanInterval

　BLEではScaningとして2種類のモード、Passive ScanningとActive Scanningを定めています。以降では、その振る舞いの違いについて見ていきます。

Passive Scanning

　Passive ScanningではScannerとして動作するデバイスは、Scanning時においてAdvertising

Packetを常に受信するのみで、いかなるPacketもAdvertiserに対して返信を行いません。Passive Scanningの概略を図3-25に示します。

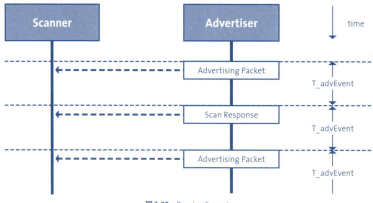

図3-25　Passive Scanning

Active Scanning

　Active ScanningではPassive Scanningとは一部挙動が異なります。Scanning時にAdvertising Packetを受信する振る舞いはPassive Scanningと同様ですが、Active Scanningの場合は受信の後、さらにAdvertiserに対して情報の提供を求めるパケットを送出します。Scannerからパケットを送出し、さらなる情報をAdvertserから引き出すことから、このScanning方式をPassive Scanningと区別してActive Scanningと呼びます。Active Scanningの概略を図3-26に示します。

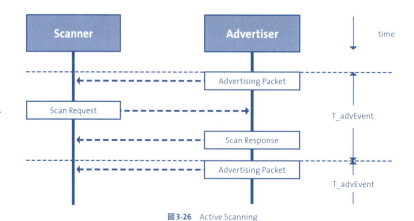

図3-26　Active Scanning

　ここで注意するべきは、Active ScanningでScannerがAdvertiserに対して何らかのビーコンを発信して**Advertsing**の要求をするわけではないという点です。これはBLEの省電力化に起因

します。仮に、ScannerがAdvertiserに対してビーコンを発してAdvertising Packetを要求するとすると、GAPによってPeripheralやObserverの役割として振る舞う周辺デバイスは、常にそのビーコンに対して待機状態を維持しなければなりません。こうなると、周辺デバイスは常に待機状態を強いられることとなり、電力の管理という観点で主導権を失うこととなります。

このため、ネットワーク上でハブとなるデバイスは周辺に対して常に待機状態を強いられることになります。BLEにおいては、そのようなデバイスはiOSデバイスなどであるとの想定がされており、ハブとなるデバイスは周辺のデバイスに比して充分な動作時間が確保できるバッテリを持つはずという仮定のもと、周辺のデバイスの低消費電力化が優先されています。

なお、BLEではこのような2種類のScanningによって周辺のデバイスの情報を獲得し、周辺のデバイスを発見しますが、周辺のデバイスの存在が既知の場合は直接そのデバイスに接続することも可能です。この機能については、「3-6-2. ADV_DIRECT_IND」で詳細に述べます。

Advertising PacketとScan Response Packet

Advertising/Scanningでやり取りされるデータをAdvertising Packet（もしくはAdvertising Data）とScan Response Packet（もしくはScan Response Data）と呼びます。BLEのパケットフォーマットについては3-6節で詳しく解説しますが、この項では、Advertising Packet/Scan Response Packetの概要について先に簡単に解説します。

Advertising Pacaket/Scan Response Packetの概要を図3-27に示します。これらPacketはおおまかに分けてAdvertsingに関する有意なデータを送信する部分（Significant part）と0で埋められたダミーデータを送信する部分（Non-significant part）の2つの領域に分けられ、全体で31octetのデータサイズが与えられています。Significant partのAdvertsingに関する有意なデータはいくつかのデータブロックに分かれており、このブロックを各々AD structureと呼びます。

AD structutueはLengthとDataの2つの領域で構成されており、Data領域にAdvertising/Scanningに関係するデータが含まれています。Length領域は1octetで続くData領域のデータ長を示しています。Data領域はLengthで指定されたデータ長となっており、さらにAD TypeとAD Dataの2つの領域に分かれています。AD TypeとAD Dataには、Advertising/Scanningのモードや動作に応じて、適切な値が与えられます。

AD Typeは、Bluetooth SIGのSpecifications/Assigned Numbers[※2]にて掲載されています。iOSで利用頻度が高いと思われるAD Typeの一例を表3-5に示します。FlagsやLE Roleなどの詳細

※2　https://www.bluetooth.org/ja-jp/specification/assigned-numbers/generic-access-profile

については Supplement to the Bluetooth Core Specification（コア仕様補完（CSS））[※3] にて詳細な仕様が与えられているのでそちらも参照ください。

AD Type	値	内容
Flag	0x01	Bluetooth の PHY 層のチャンネルのサポート情報
Incomplete List of 16-bit Service Class UUIDs	0x02	Service UUID とそのフォーマット内容
Complete List of 16-bit Service Class UUIDs	0x03	
Incomplete List of 32-bit Service Class UUIDs	0x04	
Complete List of 32-bit Service Class UUIDs	0x05	
Incomplete List of 128-bit Service Class UUIDs	0x06	
Complete List of 128-bit Service Class UUIDs	0x07	
Shorted Local Name	0x08	Local Name を示す
Complete Local Name	0x09	
Tx Power Level	0x0A	送信出力に関する値。Tx Power Level から RSSI の値を引いた値が損失を意味する
Device ID	0x10	Device の ID を示す
LE Role	0x1C	GAP の役割（Role）のサポート情報

表 3-5　AD Type の一例

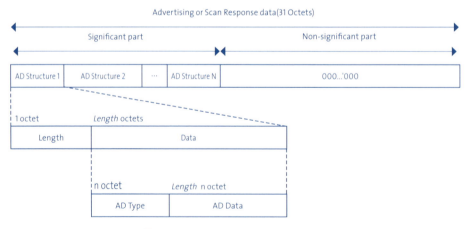

図 3-27　Advertising Packet/Scan Response Packet

※3　https://www.bluetooth.org/ja-jp/specification/adopted-specifications

Non-significant partはSignificant part以後に現れるデータで、Advertising Packet/Scan Response Pcaketが全体で31octetとなるように0でデータを埋められています。なお、Significant partとNon-significant partの領域の境界は、AD StructureでLengthの値が0になる点で生まれます。

　このAdvertising packet/Scan Response Packetは送信することでデバイス間に特定のAdvertisingイベントを発生させることができます。AdvertisingについてはADV_IND、ADV_NONCONN_IND、ADV_SCAN_INDが、Scan Response PacketについてはSCAN_RSPがそれぞれ発生します。

3-4-6. Connection

　3-4-1項でも述べたように、Advertisingによって発見されたデバイスに対して接続を行う処理をConnectionと呼びます。Connectionは、Initiation StateであるデバイスがリクエストをAdvertising Stateのデバイスに送信するか、またはその逆で、Advetising Stateのデバイスが送信されたリクエストを受信するかで発生します。このリクエストを送信したパケットをCONNECTION_REQ_PDUと呼びます。CONNECTION_REQ_PDUについての詳細は3-3-4項に譲るとして、本項ではこのConnectionについて概説します。

　LL層でも説明したように、Conectionを行ったデバイスのペアは互いにConnection Stateに移行しますが、そこで与えられる役割は異なります。InitiatorからConnection Stateに遷移したデバイス、すなわちCONNECTION_REQ_PDUを送信した側をMaster、CONNECTION_REQ_PDUを受信した側、つまりAdvertiserからConnection Stateに遷移したデバイスをSlaveと呼び、区別します。以降の説明でのMaster、Slaveもこれに従う用語だと理解してください。

Connectionイベントでの通信タイミングに関するパラメータ

　Advertising/Scaningでもそれぞれの状態にイベントが定義されていたように、Connectionにおいてもイベントが定義されています。このConnectionイベントでは、AdvertisingにおけるAdvertising Channel PDU/Advertising Packetとは異なり、Data Channel PDUを利用します。Connectionイベントが保持されている間はMasetrおよびSlaveの両者から、Data Channel PDUを利用してパケットのやり取りをすることができます。ただしConnectionに起因するイベントでは、少なくとも一度はMasterからの送信が行われます。つまり、Slaveからのパケッ

ト送信のみで完結するConnectionでの通信は存在しません。

　ConnectionイベントLでの通信タイミングはconnIntervalとconnSlaveLatencyの2つのパラメータで決定します。ここでconnIntervalはConnectionイベントのインターバル（間隔）を決定するパラメータで、1.25msの整数倍の値で定義され、7.5ms～4.0sの範囲をとります。connIntervalの設定については3-3-4項のCONNECTION_REQ_PDUで行います。一方、connSlaveLatencyはSlave側のデバイスの通信頻度を表す整数値で、slaveのデバイスはconnSlaveLatencyの回数分だけ、MasterからのConectionイベントを放棄します。これにより接続が維持できなかった場合におけるリスクを軽減しています。connIntervalとconnSlaveLatencyの関係を図3-28に示します。

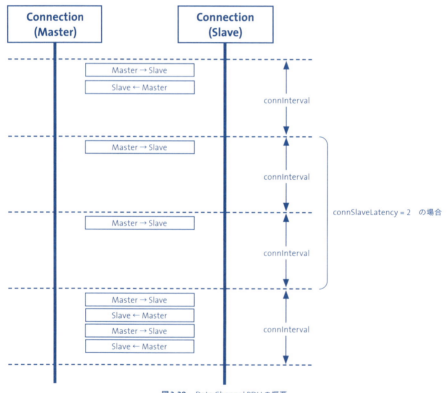

図3-28　Data Channel PDUの概要

Connectionイベントでの接続確認

connSlaveLatencyで、Slaveがイベントに対して応答する回数を定義していましたが、そもそもConnectionイベントが途中で瞬断することも十分に考えられます。これに対応するために接続を監視します。BLEではこれをSupervision Timeoutと呼び、所定の時間TLLconnSupervisionの間に接続が確認できなければ、接続が切断されたと認識します。

TLLconnSupervision = connSupervisionTimeoutで定義され、Data Channel PDUを2度受信するのに要した最大時間として計算されます。connSupervisionTimeoutは10.0msの整数倍となっており、100.0msから32.0sまでの値をとり、（1+connSlaveLatency）× connInrterval × 2以上の値をとります。

Connectionイベントの終了

Connectionを終了するか否かを決定するのがData Channel PDU中のヘッダ中のMD bitです（3-6-5項を参照）。MD bitがMasterとSlave双方で1にセットされている場合、MasterとSlaveは接続を継続します。逆に、Master/Slaveの両者でMD=0の場合であるとすると接続を解除し、イベントを終了します。

		Master	
		MD=0	MD=1
Slave	MD=0	Masterはパケット送信を行わず、Connectionイベントを終了。Slaveもパケット送信後の応答を求めない	MasterはConnectionイベントを継続。Slaveはパケット送信後、Masterに応答を求めなければばらない
	MD=1	MasterはConnectionイベントを継続。Slaveはパケット送信後、Masterに応答を求めなければばらない	MasterはConnectionイベントを継続。Slaveはパケット送信後、Masterに応答を求めなければばらない

表3-6 Data Channel PDUのMD bitの値

3-5. L2CAP（Logical Link Control and Adaption Protocol）による パケットの制御

　物理的な通信を制御する層として、3-4節ではLL層とPHY層をとりあげてきました。本項では、LL層やPHY層の通信によって得られたパケットの流れを制御し、ApplicationとController間のデータを分解・再構築する役割を担っているL2CAP層（Logical Link Control and Adaption Protocol）について解説します。

3-5-1. L2CAP層 （Logical Link Control and Adaption Protocol）

　Controller層とHos層では、さまざまな形式のパケットをやり取りすることでBLEの機能を実現させています。このパケットを受け取り、分解・再構築する役割、すなわち一種のマルチプレクサのような役割を担っているのがL2CAP層です。L2CAP層が制御しているController〜Application間のパケットの流れを図3-29に示します。　図3-29中の最下部にあるBasic Packet Formatが、BLEデバイス間でやり取りされるパケットになります。Basic Packet Formatの長さは47octetで、Preamble、Access Address大きく6つの領域で構成されています（図3-3- Basic Packet Format）。この各領域が段階的にPHY層、LL層、L2CAP層と、それぞれの層でパケットの内容を解釈していき、最終的にPDUのペイロードに含まれるInformation Payloadの23octetが、Applicationで実際にやり取りを行う値となります。これを図で表したものが図3-30となります。

　具体的には、図3-30に示すとおり、受信したBasic Packet Formatは、まずPHY層でPreambleが取り除かれAccess Addressが解釈されます。この時点で残る42 octet分のデータが上位のLL層へ送信します。続くLL層では、この42octet文のデータをPDU Header、Header、CRCから判断した上でPayloadが取り出され、上位のL2CAPへ送信します。

　最後のL2CAP層ではLL層から送られたPayloadから、パケットの内容をL2CAP HeaderとMICから判断し、Applicationが利用するInformation Payload（23octet）を取り出します。こ

のわずか23octetのデータを通信内容やプロトコルに沿って再構築するのがL2CAPの大きな役割の一つで、これが本項の冒頭で述べたマルチプレクサ的な機能の所以です。

なおBasic Packet Formatについては3-6-1節、LL層で利用するPayloadについては、「3-6-2. Advertising Channel PDU」、またL2CAP層のInformation Payloadについては3-6-7節で解説します。

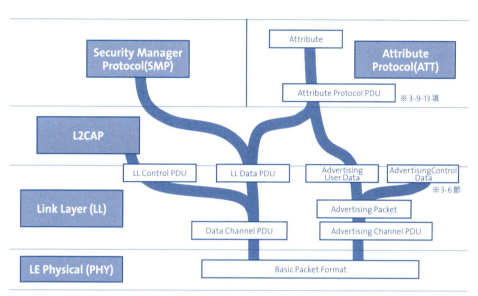

図3-29 L2CAP層が制御するController～Application間のパケットの流れ

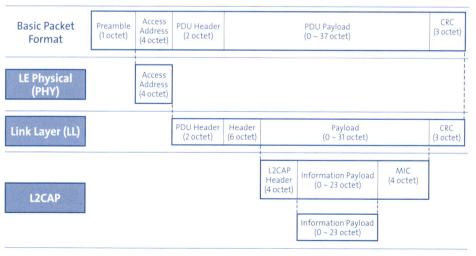

図3-30 BLEのパケットフォーマット

L2CAPがマルチプレクサ的に動作するにあたって定めているのが、データの通信路となるChannnelで、このChannelの識別に利用するIDをChannel Identifier（CID）と呼びます。L2CAPでは、LL層から上がってきたデータが「どのようなデータなのか」をこのCIDにもとづいて分類し、各ChannelでのデータをChannelごとに再構築し、Applicationへと流します。これは仕入れた食材を市場に陳列する前に、一度、仕分け、物品管理を行うことだと理解すればわかりやすいと思います。

BLEにおいてL2CAPでサポートされているCIDの内訳を表3-8に示します。CID = 0x0004でATT（Attribute Protocol）、CID = 0x0006でSMP（Security Manage Protocol）などがあるように、Host層の各プロトコルへの伝送用のChannelが定義されています。また、CID = 0x0005のLow Energy L2CAP signaling ChannelはL2CAPの制御・管理に関する情報を伝送するChannelとなります。なお、CID0x0040〜0x007Fまでの領域で確保されているChannelはLE Credit Based Connectionと呼ばれるBluetooth v4.1で新規に搭載された機能のために利用されます。LE Credit Based Connectionでは、大容量のファイルの転送などでの利用を想定した機能[※4]です。L2CAPで利用されるパケットについては、後述する3-3-4節に概要を記載しています。Assigned Numbersについては、現状でどのような用途なのか言及はされていません。

Channel Identifier(CID)	伝送先	内容 / 用途
0x0001〜0x0003	NULL Identifier	×
0x0001〜0x0003	予約領域	×
0x0004	ATT（Attribute Protocol）	ATTへのデータ伝送
0x0005	LE L2CAP Signaling Channel	L2CAPの制御・管理
0x0006	SMP（Security Manager Protocol）	SMPへのデータ伝送
0x0007〜0x001F	予約領域	×
0x0020〜0x003E	Assigned Numbers	×
0x003F	予約領域	×
0x0040〜0x007F	動的割当て領域	LE Credit Based Connection
0x0080〜0xFFFF	予約領域	×

表3-7 BLEにおいてL2CAPでサポートされているCIDの内訳

※4　この機能は、BLEにおいて実時間性を必要とはしないが容量が大きいファイルを転送したいという用途に利用されるものだと考えます。今後の展開が非常に興味深い機能の1つです。

3-6. BLE のパケットフォーマット

3-4節では、BLEデバイスがどのように接続・通信するのかを概説し、その中でAdvertising/Scanningが通信の基本となっていると述べました。このAdvertising/Scanningでやり取りされる情報がAdvertising Packetと述べましたが、そもそもBLEでパケット構造はどうなっているのでしょうか。

本節ではBLEにおけるパケットの基本構造について解説し、3-3節で触れたAdvertising Packetとそのやり取りについても解説します。

3-6-1. Basic Packet Format

BLEのBasic Packet Formatを図3-31に示します。BLEでは、このフォーマットをベースにAdvertising に利用するAdvertising Channel PDUと、その他のデータ通信全般で利用するData Channel PDUの2種類が定義されています。

ここでPDUはProtocol Data Unitの略で、通信に送信されるデータ列を指します。PDUは通信内容に関わる情報を含んだヘッダ（Header）と通信内容そのものであるペイロード（Payload）で構成されています。これが基本のパケットフォーマットとなります。LL層を経由してデバイス間で通信を行い、LL層を通過後にパケットを分解し、PDUから通信内容を各プロトコル、レイヤで解釈することでBLEによる通信がデバイス間で成立します。

Basic Packet Formatは合計で4つのデータ領域 **Preamble**、**Access Address**、**PDU**、**CRC**で構成されています。Preambleは1octetでAccess Addressは4octetとなります。PDUの範囲は2〜39octets、CRCは3octetです。Preambleを除くと、パケットのサイズは最小で10octet（80bit）、最大でも46octet（368bit）で、クラシックBTと比較すると非常にコンパクトに設計されています。

それではBasic Packet Formatの内容を順にひも解いていきましょう。

81

Basic Packet Format (47 octet)				
Preamble (1 octet)	Access Address (4octet)	PDU Header (2octet)	PDU Payload (0~37octet)	CRC (3octet)

図3-31　Basic Packet Format

Preamble

　Basic Packet Formatの先頭には必ず1octetのPreambleが配置されます。Preambleはメッセージの序文や前置きという意味であり、送信側と受信側の通信周波数の同調、通信タイミングの推定、そしてAGC（Auto Gain Control）の調整に利用します。無線でやり取りする場合、受信したデータのどこが開始地点かはそのままではわかりません。そこで、決まった一定のフォーマットの序文、すなわちPreambleを送信することで、通信に関わる調整を行う仕組みになっています。

　Advertisingに利用するAdvertising Channel PDUの場合，$10101010_{(2)}$を利用するように定義されています。他方、Data Channel Packetは、その後送信されるAccess AddressのLSBに依存して$10101010_{(2)}$もしくは$01010101_{(2)}$のいずれかの一方を利用するように定義されています。たとえば、もしAccess AddressのLSBが1の場合、Preambleは$01010101_{(2)}$、他方、0の場合は$10101010_{(2)}$となります。

Access Address

　Access Addressはデータの接続に関する関係性を定義するパケットです。Advertising Channel PDUについては、$10001110100010011011111011010110_{(2)}$ (0x8E89BED6) の固定値を常に利用します。他方、Data channel PDUでは、定義された規定を満たす32bitの整数値を利用します。

PDU（Protocol Data Unit）

　Preamble、Access Addressに続くのがPDU（Protocol Data Unit）となります。Advertisingの場合はAdvertising Channel PDUが、その他データ通信の場合はData Channel PDUがそれぞれPDUとして出力されます。

3-6-2. Advertising Channel PDU

Advertising Channel PDUは2octet（16bit）のHeaderとデータの実態となる可変長のペイロードAdvertising PDU（最大37octet）からなります。Headerはさらに6つのデータ領域、PDU_TYPE（4bit）、RFU（2bit）、TxAdd（1bit）、RxAdd（1bit）、Length（6bit）、RFU（2bit）で構成されています。Advertising Channel PDUの構成を図3-32に示します。

Advertising Channel PDU	
Header （2octet）	Payload （イベントによって可変）

Advertising Channel PDU Header					
PDU Type （4bit）	RFU （2bit）	TxAdd （1bit）	RxAdd （1bit）	Length （6bit）	RFU （2bit）

図3-32 Advertising Channel PDU

PDU_TYPE

Advertising Channel PDUのPDU_TYPEの値と対応するパケット名、PDU名、その内容を表3-8に示します。

PDU_TYPE	パケット名	PDU	PDUの利用シーン
$0000_{(2)}$	ADV_IND	Advertising PDU	接続型・無指向性のAdvetisingイベントで利用
$0001_{(2)}$	ADV_DIRECT_IND		接続型・有指向性のAdvertisingイベントで利用
$0010_{(2)}$	ADV_NONCONN_IND		非接続型・無指向性のAdvertisingイベントで利用
$0011_{(2)}$	SCAN_REQ	Scanning PDU	LL層（Scanning State）→LL層（Advertising State）のScaningで利用
$0100_{(2)}$	SCAN_RSP		LL層（Advertising State）→LL層（Scanning State）のScaningで利用
$0101_{(2)}$	CONNECT_REQ	Initiating PDU	LL層（Initiating State）→LL層（Advertising State）のScaningで利用
$0110_{(2)}$	ADV_SCAN_IND	Advertising PDU	スキャン可能な無指向性のAdvetisingイベントで利用
$0111_{(2)}$〜$1111_{(2)}$	Reserved	×	×

表3-8 Advertising Channel PDUのPDU_TYPE

PDU_TYPEはAdvertising Channel PDUのPDUとしての種別を宣言するビットフィールドです。各種別に対して、ADV_IND、ADV_DIRECT_IND、ADV_NONCONN_IND、ADV_SCAN_INDの4つの種別のPDUをまとめてAdvertising PDUと呼びます。また、SCAN_REQ、SCAN_RSPの2つの種別のPDUをまとめてScanning PDU、CONNECT_REQをInitiating PDUと呼び、PDUを区別します。以降で、各PDUについて解説していきます。

3-6-3. Advertising PDU

ADV_IND、ADV_DIRECT_IND、ADV_NONCONN_IND、ADV_SCAN_INDの4つの種別のAdvertising Channel PDUをまとめてAdvertising PDUと呼びます。表3-9に示すとおり、Advertising PDUのいずれのPDUもAdvertisingイベントで利用され、Advertising Stateのデバイスから周辺のScanning State、もしくはInitiating Stateのデバイスに対して送信されます。

各PDU_TYPEの違いは、AdvertisingイベントにおいてAdvertising PDUのどのようなレスポンスを求めるかという点にあります。このときレスポンスとして想定されているのは、SCAN_REQ、CONNECT_REQの2種類です。つまり、Advertising PDUを出力するAdvertising Stateであるデバイスが、周辺のデバイスに対してどのようなネットワークトポロジーを許可するかという情報が、このPDU_TYPEには含まれています。各イベントにおいて、レスポンス（SCAN_REQ、CONNECT_REQ）の有無がどのように対応しているのかを表3-9に示します。

PDU TYPE	周辺の機器からのレスポンス	
	SCAN_REQ	CONNECT_REQ
ADV_IND	○	○
ADV_DIRECT_IND	×	○
ADV_NONCONN_IND	×	×
ADV_SCAN_IND	○	×

表3-9 Advertising PDU が対応するレスポンス

ADV_INDの場合は、Advertising PDUのレスポンスとしてSCAN_REQ、CONNECT_REQを受け付けます。この場合は、周辺のデバイスに対して自身の発見を許可するとともに、接続についても受け入れることを意味しています。ADV_DIRECT_INDの場合も接続を受け入れますが、スキャンについて受け入れません。したがって、ADV_DIRECT_INDを発信するデバイスは、事前に接続相手が自明な相手からの接続要求のみを受け入れます。

他方、ADV_NONCONN_INDはスキャンや接続のいずれの要求に対しても受け入れませ

ん。したがって、特定の相手に対してのみAdvertisingをする状態を意味します。残るADV_
SCAN_INDは、スキャン要求のみを受け入れます。したがって、ブロードキャスト型のネット
ワークでのみ動作するデバイスということになります。

それでは、次に各PDU_TYPEでのPDUの詳細について順に見ていきましょう。

ADV_IND

AD_IND PDUのPDU構成を図3-33に示します。ADV_IND PDUはAdvA（6octets）と
AdvData（0～31octets）の2つの領域で構成されます。AdvA領域にはTxAddの値に応じて
（TxAdd=0の場合はpublic address、TxAdd=1の場合はrandom address）AdvertiserのPublic
AddressもしくはRamdom Addressが入力されます。また、AdvData領域にはAdvertising
Packetが入ります。

ペイロード（ADV_IND）	
AdvA （6octet） TxAdd=0：public address TxAdd=1：random address	AdvData （0～31octet）

図3-33 ADV_INDのペイロード

ADV_DIRECT_IND

ADV_DIRECT_INDの持つペイロードの構成は図3-34のとおりです。このPDUは、AdvA
（6octet）とInitA（6octet）の2つの領域で構成されます。AdvA領域はTxAddの値に応じ
て、TxAdd=0の場合はAdvertiserのpublic address、TxAdd=1の場合はAdvertiserのrandom
addressが入力されます。InitA領域にはAdvertiserの相手先、すなわちInitiatorが入力されま
す。InitA領域の値はRxaddの値に応じて、RxAdd=0の場合はInitiatorのpublic addressが、
RxAdd=1の場合はInitiatorのrandom addressが入力されます。

ペイロード（ADV_DIRECT_IND）	
AdvA （6octet） TxAdd=0：public address TxAdd=1：random address	InitA （6octet） RxAdd=0：public address RxAdd=1：random address

図3-34 ADV_DIRECT_INDのペイロード

ADV_NONCONN_IND

ADV_NONCONN_IND PDUの持つペイロードの構成は図3-35のとおりです。このPDU
は、AdvA（6octet）、AdvData（0〜31octet）の2つの領域で構成されます。AdvAとAdvData
の値はADV_INDの場合と同様、AdvA領域はTxAddの値に応じて（TxAdd=0の場合はpublic
address、TxAdd=1の場合はrandom address）、AdvserのPublic Addressもしくはramdom
addressが入力されます。また、AdvData領域にはAdvertising Packetが入ります。

ペイロード（ADV_NONCONN_IND）	
AdvA （6octet） TxAdd=0：public address TxAdd=1：random address	AdvData （0〜31octet）

図3-35 ADV_NONCONN_INDのペイロード

ADV_SCAN_IND

ADV_SCAN_IND PDUの持つペイロードの構成は図3-36のとおりです。このPDUは、AdvA
（6octet）、AdvData（0〜31octet）の2つの領域で構成されます。AdvAとAdvDataの値はADV_
INDの場合と同様、AdvA領域はTxAddの値に応じて（TxAdd=0の場合はpublic address、
TxAdd=1の場合はrandom address）、Advserのpublic Addressもしくはramdom Address
が入力されます。また、AdvData領域にはAdvertising Packetが入力されます。

ペイロード（ADV_SCAN_IND）	
AdvA （6octet） TxAdd=0：public address TxAdd=1：random address	AdvData （0〜31octet）

図3-36　ADV_SCAN_INDのペイロード

3-6-4. Scanning PDU

　SCAN_REQ、SCAN_RSPの2つの種別のAdvertising Chanel PDUをまとめてScanning PDUと呼びます。いずれのPDUもScanningイベントで利用されます。Scanning Stateのデバイスから周辺のAdvertising Stateのデバイスに対して送信されます。

SCAN_REQ

　SCAN_REQ PDUの持つペイロードの構成は図3-37のとおりです。このPDUはScanA（6octet）、AdvA（6octet）の2つの領域で構成されます。SacnAはTxAddの値に応じてTxAdd=0の場合はScannerのpublic addressが、TxAdd=1の場合はScannerのramdom addressが入力されます。AdvA領域には、このPDUの送信先のデバイス（Advertiser）のアドレスが入力されます。Rxaddの値に応じてRxAdd=0の場合はpublic addressが、RxAdd=1の場合はrandom addressが入力されます。

ペイロード（SCAN_REQ）	
ScanA （6octet） TxAdd=0：public address TxAdd=1：random address	AdvA （6octet） RxAdd=0：public address RxAdd=1：random address

図3-37　SCAN_REQのペイロード

SCAN_RSP

SCAN_RSP PDUの持つペイロードの構成は図3-38のとおりです。このPDUはScanA（6octet）、ScanRspData（0〜31octet）の2つの領域で構成されます。SacnAはTxAddの値に応じてTxAdd=0の場合はScannerのpublic addressが、TxAdd=1の場合はScannerのramdom addressが入力されます。ScanRspData領域にはAdvertising Packetが入力されます。

ペイロード（SCAN_RSP）	
ScanA （6octet） TxAdd=0：public address TxAdd=1：random address	ScanRspData （0~31octet）

図3-38 SCAN_RSPのペイロード

3-6-5. Initiating PDU

CONNECT_REQであるAdvertising Channel PDUをInitiating PDUと呼びます。Initiating PDUはInitiating Stateであるデバイスから、Advertising Stateである他の周辺のデバイスに送信されます。

CONNECT_REQ

CONNECT_REQの持つペイロードの構成は図3-39のとおりです。このPDUはInitA（6octet）、AdvA（6octet）、LLData（22octet）の3つの領域で構成されています。InitA領域にはTxAddの値に応じてTxAdd=0の場合はInitiatorのpublic addressが、TxAdd=1の場合はInitiatorのrandom addressが入力されます。AdvA領域には、RxAddの値に応じて、RxAdd=0の場合はAdvertiserのpublic addressが、RxAdd=1の場合はAdvertiserのrandom addressが入力されます。

ペイロード（CONNECT_REQ）		
ScanA （6octet） TxAdd=0：public address TxAdd=1：random address	AdvA （6octet） RxAdd=0：public address RxAdd=1：random address	LLData （22octet）

LLData									
AA （4octet）	CRCInit （3octet）	WinSize （2octet）	WinOffset （1octet）	Interval （5octet）	Latency （5octet）	Timout （5octet）	ChM （5octet）	Hop （5bit）	SCA （3bit）

図3-39 CONNECT_REQのペイロードとLLDataの内容

LLDataは図3-39のとおり、さらに10個のフィールドで構成されています。

AA（**Access Address**）

AA領域は3-6-1項で示した規則に基づいたLL層のAccess Addressが記述されています。

CRCInit（**CRC Initial value**）

CRCInit領域にはLinkLayerの接続に利用されるCRCの計算における初期値が入力されています。

WinSize

WinSize領域はtransmitWindowSizeの値が入力されています。このtransmitWindowSizeの値は、transmitWindowSize = WinSize × 1.25msで定義されます。

WinOffset

WinOffset領域はtransmitWindowOffsetの値が入力されています。このtransmitWindowOffsetの値は、transmitWindowOffset = WinOffset × 1.25msで定義されます。

Interval

Interval領域にはconInterval値が入力されています。このconIntervalの値はconInterval = Interval × 1.25msで定義されます。

Latency

Latency領域にはconnSlaveLatencyの値が入力されます。このconnSlaveLatencyの値はconnSlaveLatency = Latencyで定義されます。

Timeout

Timeout領域にはconnSupervisionTimeoutの値が入力されます。connSuperViusionTimeoutの値はconnSuperViusionTimeout = Timeout × 10msで定義されます。

ChM

ChM領域はデータチャンネルの使用/未使用を示したチャンネルマップを示しています。5octet（40bit分）の領域のうちLSBからbit0から順にチャンネル0〜39までを表しています。つまり、36bit目の値はチャンネル36の使用/未使用を表します。また、各ビットの値は1の場合は使用中、0の場合は未使用を表します。ChM領域の5octet中37、38、そして39bitについては使用が禁止されています（Advertising Channelに相当するため）。

Hop

Hop領域は、hpIncrementの値が入力されます。BLEにおける無線通信中のチャンネル選択に関するアルゴリズムは3-4-1項で簡単に紹介しています。hpIncrementの値は5〜16までのランダムな値となります。

SCA

最後のSCA領域は、最悪の状態を想定したMaster側のsleep clockについて定義したmasterSCAの値が入力されます。各SCAの値に対するクロックの精度範囲については、次の表3-10のとおりです。

SCA	masterSCA
0	251ppm 〜 500ppm
1	151ppm 〜 250ppm
2	101ppm 〜 150ppm
3	76ppm 〜 100ppm
4	51ppm 〜 75ppm
5	31ppm 〜 50ppm
6	21ppm 〜 30ppm
7	0ppm 〜 20ppm

表3-10 SCAの値に対するクロックの精度範囲

3-6-6. Data Channel PDU

Data Channnel PDU は Advertising 以外のデータ通信に利用するパケットです。このPDUは 16bit のヘッダと、可変長のペイロード、そして MIC（Message Integrity Check）と呼ばれる 暗号化に関するデータによって構成されます。Data Channel PDU のパケット構成を図3-40に 示します。

Data Channel PDU		
Header (2octet)	Payload （イベントによって可変長）	MIC (4octet)

Data Channel PDU ヘッダ						
LLID (2bit)	NESN (1bit)	SN (1bit)	MD (1bit)	RFU[※5] (3bit)	Lendgth (5bit)	RFU (3bit)

図3-40 Data Channel PDU の構成

Data Channel PDU のヘッダ

Data Channel PDU のヘッダは、さらに6つの領域、LLID、NESN、SN、MD、Length、RFU で構成されています。ヘッダの構成を表3-12に示します。RFU は予約領域で将来への拡張を考慮して事前に確保されているビット領域で、現状は利用されていません。まずはこのヘッダから Data channel PDU を読み解いていきましょう。

LLID

Data Channel PDU のペイロードのフォーマットは LLID の値に依存します。つまり、LLID は Advertising PDU の PDU_TYPE と同様にペイロードの種別を定めるビット領域といえます。 表3-10に LLID に対応する種別を示します。LLID が $01_{(2)}$、$10_{(2)}$ の場合、Data Channel PDU の ペイロードは LL Data PDU が、$11_{(2)}$ の場合は Data Channel PDU のペイロードは LL Control PDU がそれぞれ入力されます。これらの PDU の詳細については後述します。

※5 Reserved of Future Use（将来的な拡張のための予約領域）

LLID	パケットの種別
00(2)	予約領域。未使用
01(2)	LL Data PDU
10(2)	
11(2)	LL Control PDU

表3-11 LLIDに対応する種別

NESN（**Next Expected Sequence Number**）

NESNはパケットの確認応答に用いられる1bitのパラメータでSNと組合わせて利用します。詳細については、3-7-3項で解説します。

SN（**Sequence Number**）

SNはパケットの確認応答に用いられる1bitのパラメータでNESNと組合わせて利用します。詳細につい	は、3-7-3項で解説します。

MD（**More Data**）

MDはConnectionイベントの継続、終了を決定するための1bitのパラメータです。詳細は3-4-6項で解説します。

Length

Lengthはペイロードのサイズを表します。単位はoctetで、MICを生成する場合はMICとペイロードを含めた長さが計算されます。Lengthが5bit長であることから、その値は0〜31の範囲となります。MICが32bit（＝4octet）であることから、Data Channel PDUのペイロードは最大で27octet（＝31octet−4octet）の長さをとることがわかります。

LL Data PDU

LLIDの値が$01_{(2)}$、$10_{(2)}$であるData Channel PDUのペイロードをまとめてLL Data PDUと呼びます。また、LLIDが$01_{(2)}$であり、かつヘッダのLengthが$00000_{(2)}$である場合を特にEmpty PDUと呼びます。LL層がMasterとして動作するデバイスはこのEmpty PDUを、Empty PDUを含む任意のData Channel PDUに対する応答をスレーブに対して許可するために利用します。なお、LLIDの値が$11_{(2)}$であるLL Data PDUは、Lengthが0になることはありません。

LL Control PDU

LLIDが11$_{(2)}$であるData Channel PDUのペイロードをLL Control PDUと呼び、デバイス間のLL層の接続の操作を行います。LL Control PDUの構成は図3-41のとおりで、Opcode（1octet）とCtrData（0〜26octet）の2つの領域で構成されています。

ペイロード（LL Control PDU）	
Opcode （1 octet）	CtrData （0~26 octet）

図3-41 LL Control PDUの構成

LL Control PDUは前述したLL Data PDUとは異なり、Length領域が00000$_{(2)}$、つまりペイロード長が0になることはありません。Opcodeで指定されるCtrlDataの種別毎に固定長のペイロードが定義されています。

Opcode

Opcodeは前述したLLIDと同様、後に続くペイロードの種別を規定します。さっそく、Opcodeで定義されるLL Control PDUについて見ていきましょう。表3-12にOpcodeの値に対応するLL Control PDUの種別を示します。

Opcode	Control PDU 名
0x00	LL_CONNECTION_UPDATE_REQ
0x01	LL_CHANNEL_MAP_REQ
0x02	LL_TERMINATE_IND
0x03	LL_ENC_REQ
0x04	LL_ENC_RSP
0x05	LL_START_ENC_REQ
0x06	LL_START_ENC_RSP
0x07	LL_UNKNOWN_RSP
0x08	LL_FEATURE_REQ
0x09	LL_FEATURE_RSP
0x0A	LL_PAUSE_ENC_REQ
0x0B	LL_PAUSE_ENC_RSP
0x0C	LL_VERSION_IND
0x0D	LL_REJECT_IND
0x0E	LL_SLAVE_FEATURE_REQ
0x0F	LL_CONNECTION_PARAM_REQ
0x10	LL_CONNECTION_PARAM_RSP
0x11	LL_REJECT_IND_EXT
0x12	LL_PING_REQ
0x13	LL_PING_RSP
0x14〜0xFF	RFU(Reserved for Future Use)

表 3-12 Opcode の値に対応する LL Control PDU の種別

LL_CONNECTION_UPDATE PDU

　LL_CONNECTION_UPDATE PDU（Opcode = 0x00）での CtrData のフォーマットは図 3-42 のとおりです。図からわかるように、CtrData は WinSize（1octet）、WinOffset（2octet）、Interval（2octet）、Latency（2octet）、Timeout（2octet）、Instant（2octet）の 6 つの領域で構成されています。

CtrData (LL_CONNECTION_UPDATE)					
WinSize (1octet)	WinOffset (2octet)	Interval (2octet)	Latency (2octet)	Timeout (2octet)	Instant (2octet)

図 3-42 LL_CONNECTION_UPDATE PDU での CtrData のフォーマット

WinSize

WinSize 領域は transmitWindowSize の値が入力されています。この transmitWindowSize の値は、transmitWindowSize = WinSize × 1.25ms で定義されます。

WinOffset

WinOffset 領域は transmitWindowOffset の値が入力されています。この transmitWindowOffset の値は、transmitWindowOffset = WinOffset × 1.25ms で定義されます。

Interval

Interval 領域には conInterval 値が入力されています。この conInterval の値は conInterval = Interval × 1.25ms で定義されます。

Latency

Latency 領域には connSlaveLatency の値が入力されます。この connSlaveLatency の値は connSlaveLatency = Latency で定義されます。

Timeout

Timeout 領域には connSupervisionTimeout の値が入力されます。connSuperViusionTimeout の値は connSuperViusionTimeout = Timeout × 10ms で定義されます。

Instant

Instant 領域には connInstant value の値が入力されます。connInstant vlue の値は 0 〜 65535 の範囲で定義されています。

LL_CHANNEL_MAP PDU

LL_CHANNEL_MAP PDU（Opcode = 0x01）での CtrData のフォーマットは図 3-43 のとおりです。

CtrData (LL_CHANNEL_MAP)	
ChM (5octet)	Instant (2octet)

図 3-43　LL_CHANNEL_MAP PDU での CtrData のフォーマット

ChM

　ChM 領域はデータチャンネルの使用/未使用を示したチャンネルマップを示しています。5octet（40bit 分）の領域のうち、LSB から bit0 から順にチャンネル 0 〜 39 までを表しています。つまり、36bit 目の値はチャンネル 36 の使用/未使用を表します。また、各ビットの値は 1 の場合は使用中、0 の場合は未使用を表します。

　ChM 領域の 5octet 中 37、38、そして 39bit については利用が禁止されています（Advertising Channel であるため）。この項目は Advertising Channel PDU の Initiating PDU（CONNECT_REQ）中の ChM と同様の定義です。

Instant

　Instant 領域には connInstant value の値が入力されます。connInstant vlue の値は 0 〜 65535 の範囲で定義されています。

LL_TERMINATE_IND PDU

　LL_TERMINATE_IND PDU（Opcode = 0x02）での CtrData のフォーマットは図 3-44 のとおりです。

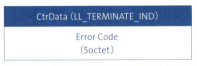

図 3-44　LL_TERMINATE_IND PDU での CtrData のフォーマット

ErrorCode

　ErrorCode 領域は「なぜ接続が終了したのか」という情報を接続していたデバイスに対して送信するために利用します。ErrorCode の詳細は Bluetooth Core Specification vol.2 PartD に記載されています。

LL_ENC_REQ PDU

LL_ENC_REQ PDU（Opcode = 0x03）でのCtrDataのフォーマットは次の図3-45のとおりです。このPDUは暗号化に関する処理を司るPDUであり、本書では解説を割愛します。詳細はBluetooth Core Specification v4.1 vol.3 Part-C section 10を参照してください。

CtrData (LL_ENC_REQ)			
Rand (5octet)	EDIV (2octet)	SKDm (8octet)	IVm (4octet)

図 3-45　LL_ENC_REQ PDUでのCtrDataのフォーマット

Rand

Rand領域は暗号化のためにHostから提供される乱数が代入されます。また、暗号化の際にEDIVとともに利用します。

EDIV

EDIV領域はRandとともに暗号化の際に利用するEDIV（Encryped Diversifier）が代入されます。

SKDm

SKDm領域はMasterのSKD（Session Key Diversifier）の一部が代入されます。

IVm

IVm領域はMasterのIV（Initialization Vector）の一部が代入されます。

LL_ENC_RSP PDU

LL_ENC_RSP PDU（Opcode = 0x04）でのCtrDataのフォーマットは図3-46のとおりです。このPDUは暗号化に関する処理を司るPDUであり、本書では解説を割愛します。詳細はBluetooth Core Specification v4.1 vol.3 Part-C section 10を参照してください。

CtrData (LL_ENC_RSP)	
SKDs （8octet）	IVs （4octet）

図 3-46　LL_ENC_RSP PDU での CtrData のフォーマット

SKDs

SKDs 領域は Slave の SKD（Session Key Diversifier）の一部が代入されます。

IVs

IVs 領域は Slave の IV（Initialization Vector）の一部が代入されます。

LL_START_ENC_REQ PDU と LL_START_ENC_RSP PDU

LL_START_ENC_REQ PDU（Opcode = 0x05）および LL_START_ENC_RSP PDU（Opcode = 0x06）では CtrData 領域を持ちません。この PDU は暗号化に関する処理を司る PDU であり、本書では解説を割愛します。詳細は Bluetooth Core Specification v4.1 vol.3 Part-C section 10 を参照してください。

LL_UNKNOWN_RSP PDU

通信先のデバイスで対応していない（実装されていない）LL Control PDU を送信した場合、受信デバイスの LL 層はレスポンスとして LL_UNKNOWN_RSP PDU（Opcode = 0x07）を返信し、CtrData にそのエラー内容を入力します。

また、LL Control PDU として不適切な値、たとえば予約領域（Opcode = 0x14 〜 0xFF）などが送信された場合、もしくは CtrlData が適切なものではなかった場合、この場合も受信デバイスの LL 層は LL_UNKNOWN_RSP PDU を返信します。

図 3-47　LL_UNKNOWN_RSP PDU での CtrData のフォーマット

Unknown Type

Unknown Type領域は、受信したLL Control PDUのOpcodeが未対応な場合、そのOpcodeの値が代入されます。

LL_FEATURE_REQ PDU

LL_FEATURE_REQ PDU（Opcode = 0x08）でのCtrDataのフォーマットは図3-48のとおりです。

図3-49 LL_FEATURE_REQ PDUでのCtrDataのフォーマット

Feature Set

Feature Set領域は、Master側のLL層が対応している機能についての情報が代入されます。

LL_FEATURE_RSP PDU

LL_FEATURE_RSP PDU（Opcode = 0x09）でのCtrDataのフォーマットは図3-49のとおりです。

図3-49 LL_FEATURE_RSP PDUでのCtrDataのフォーマット

Feature Set

Feature Set領域は、MasterもしくはSlave側のLL層が対応している機能についての情報が代入されます。

LL_PAUSE_ENC_REQ PDUとLL_PAUSE_ENC_RSP PDU

LL_PAUSE_ENC_REQ PDU（Opcode = 0x0A）およびLL_PAUSE_ENC_RSP PDU（Opcode = 0x0B）ではCtrData領域を持ちません。

LL_VERSION_IND PDU

LL_VERSION_IND PDU（Opcode = 0x0C）でのCtrDataのフォーマットは図3-50のとおりです。

CtrData (LL_VERSION_IND)		
VersNr (1octet)	CompId (2octet)	SubVersNr (2octet)

図3-50　LL_VERSION_IND PDUでのCtrDataのフォーマット

VersNr

VersN領域には、デバイスが対応するBluetooth Core Specificationのバージョンナンバーが代入されます。

CompId

CompId領域には、製品のBluetooth Controllerの製造会社のIDの値が代入されます。

SubVersNr

SubVersNr領域には、Bluetooth Controllerのリビジョンもしくは固有IDが代入されます。

LL_REJECT_IND PDU

LL_REJECT_IND PDU（Opcode = 0x0D）でのCtrDataのフォーマットは図4-51のとおりです。

図3-51　LL_REJECT_IND PDUでのCtrDataのフォーマット

ErrorCode

ErrorCode領域は「なぜ接続が終了したのか」という情報を接続していたデバイスに対して送信するために利用します。ErrorCodeの詳細は、Bluetooth Core Specification vol.2 PartDに記載されています。

LL_SLAVE_FEATURE_REQ PDU

LL_SLAVE_FEATURE_REQ（Opcode = 0x0E）でのCtrDataのフォーマットは図3-52のとおりです。

CtrData（LL_SLAVE_FEATURE_REQ）
Feature Set （8octet）

図3-52 LL_SLAVE_FEATURE_REQ PDUでのCtrDataのフォーマット

Feature Set

Feature Set領域は、Slave側のLL層が対応している機能についての情報が代入されます。

LL_CONNECTION_PARAM_REQ PDUとLL_CONNECTION_PARAM_RSP PDU

LL_CONNECTION_PARAM_REQ PDU(Opcode=0x0F)およびLL_CONNECTION_PARAM_RSP PDU（Opcode=0x10）でのCtrDataのフォーマットは図3-53のとおりです。いずれのPDUもCtrDataの内容は同じフォーマットとなります。

CtrData（LL_CONNECTION_PARAM_REQ / LL_CONNECTION_PARAM_RSP）											
Interval_Min (2octet)	Interval_Max (2octet)	Latency (2octet)	Timeout (2octet)	PreferredPeriodicity (1octet)	ReferenceConn EventCount (2octet)	Offset0 (2octet)	Offset1 (2octet)	Offset2 (2octet)	Offset3 (2octet)	Offset4 (2octet)	Offset5 (2octet)

図3-53 LL_CONNECTION_PARAM_REQ PDUとLL_CONNECTION_PARAM_RSP PDUでのCtrDataのフォーマット

101

Interval_Min

Interval_Min領域はconnIntervalの最小値を示します。Interval_Minの値は、connInterval = Interval_Min × 1.25msに従います。

Interval_Max

Interval_Max領域はconnIntervalの最大値を示します。Interval_Maxの値は、connInterval = Interval_Max × 1.25msに従います。

Latency

Latency領域は、connSlaveLatencyの値を示します。Latencyの値はconnSlaveLatency = Latencyに従います。Latencyの値はConnectionイベント数を示します。

Timeout

Timeout領域には、connSupervisionTimeoutの値が入力されます。connSuperViusionTimeoutの値はconnSuperViusionTimeout = Timeout × 10msで定義されます。

PreferredPeriodicity

PreferredPeriodicity領域の値に対して、connIntervalは倍数が値となる必要があります。PreferredPeriodicityの値は1.25msの整数倍となります。たとえば、PreferredPeriodicity=100の場合、connIIntaervalは125msとなります。PreferredPeriodicity ≠ 0であり、その値は必ずInterval_Max以下となります。

ReferenceConnEventCount

ReferenceConnEventCount領域は、後述するOffset0からOffset5までの値に関連したconnEventCounterの値を示します。ReferenceConnEventCountの値の範囲は0～65535となります。

Offset0～Offset5

Offset0～Offset5までの領域は、ReferenceConnEventCountに関連する更新された接続パラメータとともに、BLEの接続におけるアンカーポイントの位置について設定可能な値を示します。いずれも1.25ms単位で、各値はOffset0から優先度の高い順で並んでいます。つまり、Offset0がもっとも優先度が高く、Offset1、Offset2と順番に優先度が下がっていきます。Offset0からOffset5はいずれもInterval_Maxよりも必ず小さな値となり、0xFFFFの値は禁止されています。

LL_REJECT_IND_EXT PDU

LL_REJECT_IND_EXT PDU（Opcode = 0x11）でのCtrDataのフォーマットは図3-54のとおりです。

CtrData（LL_REJECT_IND_EXT PDU）	
RejectOpcode （1octet）	Error Code （1octet）

図3-54 LL_REJECT_IND_EXT PDUでのCtrDataのフォーマット

RejectOpcode

RejectOpcode領域には、デバイスによってリジェクトされたLL Control PDUのOpcodeが代入されます。

Error Code

ErrorCode領域は「なぜ接続が終了したのか」という情報を接続していたデバイスに対して送信するために利用します。ErrorCodeの詳細はBluetooth Core Specification vol.2 PartDに記載されています。

LL_PING_REQ PDUとLL_PING RSP PDU

LL_PING_REQ PDU（Opcode = 0x12）およびLL_PING RSP PDU（Opcode = 0x13）ではCtrData領域を持ちません。PING機能についてはBluetooth4.1にて実装された新しい機能で、本PDUはそれに利用されます。本書では解説を割愛します。詳細は、Bluetooth Core Specifications v4.1 vol.6 Part-D section 6.13を参照してください。

MIC（Message Integrity Check）

MIC領域は、デバイスの接続において暗号化を利用する場合に生成されるデータとなります。暗号化を利用しない場合、MICはData Channel PDUには含まれません。また、暗号化する場合であってもペイロードの長さが0であれば含まれません。MIC領域の生成についてはBluetooth Core Specification v4.1 Vol.5 ParrE Section 1に記述されています。

3-6-7. CRC（Cyclic Redundancy Check）

　Basic Packet Format の終端は、必ず 3octet 分の CRC（Cyclic Redundancy Check）となっています。CRC とは送信するデータの誤り検出に利用される値で、Peterson らによって CRC 値の計算方法が発明されました{参考文献}。CRC 値は、任意の長さのデータ列の入力として、その長さに応じた計算式（生成多項式）から求めます。BLE の基本パケットフォーマットで利用される CRC 値は、直前に送信された PDU の値から計算され、その生成多項式は次のように定義されています。

$$x^{24} + x^{10} + x^9 + x^6 + x^4 + x^3 + x + 1$$

3-6-8. L2CAP 層でのパケットフォーマット

　LL 層を通過した段階でのパケットフォーマットを図 3-57 に示します。この PDU は L2CAP PDU と呼ばれ、Conection Oriented Channel で利用する PDU です。本書では解説を割愛しますが、この PDU の他に、L2CAP の制御に利用する Signaling Pakcet、Bluetooth v4.1 で追加された LE Credit Based Connection で利用する PDU も存在します。

L2CAP PDU（27 octet）		
Basic L2CAP Header LSB		MSB
Length （2octet）	Channel ID （2octet）	Information Payload （23octet）

図 3-55　L2CAP PDU

　この時点でパケットのサイズは 27octet となっています。このパケットはさらに L2CAP で利用する Length、Channel ID、そして Information Payload の 3 つの領域で構成されています。Legth は 2octet で Information Payload のサイズを示し、最大値は 65535octet となります。このサイズは上位の Attribute などで利用するメソッドにおけるパラメータなどをすべて含んだ値であり、単一の Attribute のサイズや MTU のサイズとは関係がないことに注意が必要です。続く ChannelID は 2octet の CID を決定する値で、Information Payload の伝送先を決定します。CID については 3-5-1 節を参照ください。最後の Information Payload が Host 層の Application とのやり取りに利用されるデータでユーザーのデータが含まれる領域になります。この領域のサイズは 23octet（=27octet − 2octet − 2octet）となり、これが ATT_MTU のデフォルトのサイズ ATT_MTU$_{default}$（=23octet）となります。

3-7. LL 層における通信のやり取り

　3-6節ではBLEの通信上でどのようなパケットが利用されているか解説しました。本節では、そのパケットを用いてどのような通信のやり取りが行われているかについて解説します。

3-7-1. Bluetooth Device Address によるフィルタリング

　LL層はLink Layer Device Filteringと呼ばれるフィルタリング機能を用いて、周辺とのデバイスからの応答を目的に応じて最小化することができます。このフィルタリングはBluetooth Device Addressを利用して行われ、AdvertisingイベントのうちADV_IND、ADV_DIRECT_INDで利用することができます。

Whilte List

　Link Layer Device Filteringを利用してフィルタリングするデバイスのリストをWhite Listと呼びます。White ListはWhite List Recordから構成されており、White List RecordはBluetooth Device AddressとDevice Addressの種類（publicなのかrandomなのか）の両方のデータを含みます。White Listは、リセット直後ではゼロ・クリアされており、起動完了後Host側によって設定されます。

3-7-2. Advertising Channel における通信

　3-5節で述べたように、AdvertisingではADV_IND、ADV_DIRECT_IND、ADV_NONCONN_IND、ADV_SCAN_INDの4種類のイベントが定義されています。ここではイベントごとに、その通信の流れを確認していきましょう。

105

ADV_IND（Conncetable Undirected Event）での通信

ADV_INDイベントにおける通信の流れの概略を図3-56に示します。このタイプのイベントでは、AdvertiserがScannerもしくはInitiatorいずれかとのスキャン要求に応じることができます。また、接続要求にも応じることができます。図中のT_IFSは同じチャンネルIDで通信するパケット間のインターバルを示し、その間隔は150us（固定）となります。

AdvertiserがADV_INDを送信後、Advertiserの相手がScannarの場合、Scannarは応答としてSCAN_REQ PDUを送信します（図3-57）。一方、相手がInitiatorの場合、InitiatorはCONNECT_REQ PDUを送信し、両デバイスがConnection状態に移行します（図3-58）。

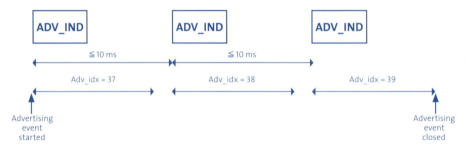

図3-56 ADV_INDイベントでの通信の流れ

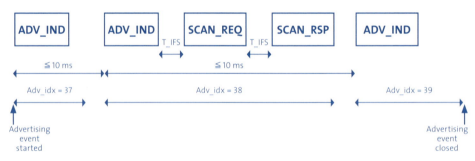

図3-57 ADV_INDイベントでの通信の流れ（Advertisierの相手がScannerの場合）（Advertisierの相手がScannerの場合）

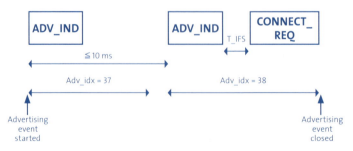

図3-58 ADV_INDイベントでの通信の流れ（Advertiserの相手がInitiatorの場合）（Advertiserの相手がInitiatorの場合）

ADV_DIRECT_IND（Conncetable Directed Event）での通信

　ADV_DIRECT_INDイベントにおける通信の流れの概略を図3-59に示します。このタイプのイベントでは、AdvertiserはInitiatorとの接続要求に応答することができます。

　AdvertiserがADV_DIRECT_INDを送信後、InitiatorはCONNECT_REQ PDUを送信し、両デバイスがConnection状態に移行します。このとき、ScannerからSCAN_REQ PDUを受信したとしてもAdvertiserはこれを無視します。

　なお、ADV_DIRECT_INDイベントではLow Duty CycleモードおよびHigh Duty Cycleモードの2つのモードに対応します。Low Duty Cycleモードは特定のデバイスとの再接続が要求されたときに、接続時間に関する要求が問題とならない場合に利用します。他方、High Duty Cycleモードは特定のデバイスとの再接続において、接続時間に対して余裕がなく、いち早い再接続が望まれる場合に利用します。High Duty Cycleモードでは、通常のAdvertisingでの物理チャンネルの切り替え間隔に関する要求がさらに厳しくなるため、チャンネルの通信帯域が狭まると同時に電力の消費が増加する点に注意する必要があります。

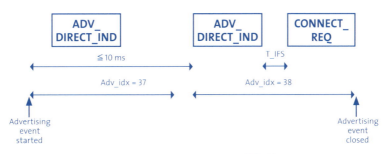

図3-59　ADV_DIRECT_INDイベントでの通信の流れ

Low Duty Cycleモードでの通信

　Low Duty Cycleモードでの通信の概略を図3-60に示します。Low Duty Cycleでは、Advertisingの物理チャンネルの切り替え間隔が通常のAdvertisingと同様に10ms以下に設定されます。

図3-60　Low Duty Cycleモードでの通信の流れ

High Duty Cyckeモードでの通信

　High Duty Cycleモードでの通信の概略を図3-61に示します。High Duty Cycleでは、Advertisingの物理チャンネルの切り替え間隔が通常のAdvertisingよりも高速となり、3.75ms以下に設定されます。また、このモードではAdvertiserのLL層はAdvertising Stateに切り替わってから1.28秒後にAdvertising Stateを強制的に終了します。

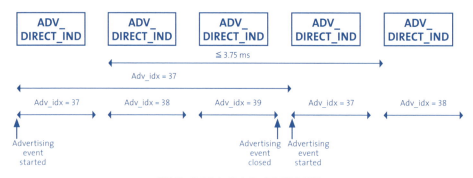

図3-61　High Duty Cycleモードでの通信の流れ

ADV_SCAN_IND（Scannable Undirected Event）での通信

　ADV_SCAN_INDイベントにおける通信の流れの概略を図3-62に示します。このタイプのイベントでは、AdvertiserはScannerからのスキャン要求に応答することができます。

　AdvertiserがADV_SCAN_INDを送信後、Scannarは応答としてSCAN_REQ PDUを送信します。SCAN_REQ PDUを受信したAdvertiserはその応答としてSCAN_RSP PDUを返信します。

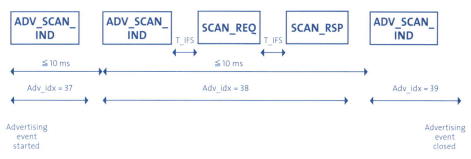

図 3-62　ADV_SCAN_IND イベントでの通信の流れ

ADV_NONCONN_IND（Non-connectable Undirected Event）での通信

　ADV_NONCONN_INDイベントにおける通信の流れの概要を図3-63に示します。このタイプのイベントでは、AdvertiserはScanner、Initiatorいずれのデバイスからの応答も受け付けません。

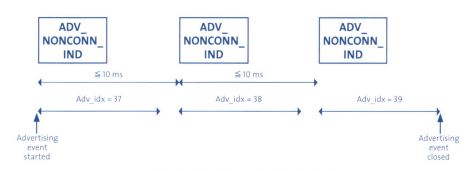

図 3-63　ADV_NONCONN_IND イベントでの通信の流れ

3-7-3. Data Channelにおける通信

　次に、Data Channelにおける通信について解説します。Data Channelにおける物理チャンネルの切り替えについては3-4-1項で解説したとおりです。本項ではData Channel PDUの確認応答（ACK：Acknowledgement）とそのデータフローがどのように制御されているのかを解説します。

ACKは一般的な有線データ通信、たとえばI2Cなどのシリアル通信でも利用されている受信側からの確認応答で、データが正しく受信側に到達したか否かを受信側が送信側に伝えるために利用します。特にBluetoothなどの無線通信においては、通信の干渉や電波の強度不足などさまざまな要因で、データの送信が正しく完了できない可能性が有線通信と比較して格段に高く、ACKの重要性はさらに高いといえるでしょう。

BLEにおいてこのACKの役割を担っているのが、Data Channel PacketのHeader領域に含まれるSN（Sequense Number）およびNESN（Next Expexted Sequence Number）の2つのパラメータで、このパラメータを送信側管理するtransmitSeqNum、受信側が管理するnextExpectedSeqNumによって制御することでACKの機能を実現させています。transmitSeqNumとnextExpectedSeqNumはいずれも1 bitのパラメータであり、この2つのパラメータはConnection Stateに遷移した時点でゼロ・クリアされます。

送信側のデバイスがData Channel PDUを送信する時、Header領域のSN bitにtransmitSeqNumの値をセットします（接続完了後、初回の送信ではSN = transmitSeqNum = 0となります）。パケット送信後、受信側からの応答を確認します。この受信側の応答に含まれるHeader領域のNESNがtransmitSeqNumと等しくない場合、デバイス間でパケットの送信が成功したとみなします。この確認の後、SN = transmitSeqNum+1として符号を反転させて更新します。更新後、SNを受信したNESNと組み合せて再度Header領域にセットし、受信側に新しいパケットを送信します。仮にNESNがtransmitSeqNumと等しかった場合、送信側のデバイスは送信が失敗したとみなし、同じデータを再送します。

他方、受信側のデバイスではData Channel PDUを受信したとき、Header領域のSN bitとnextExpectedSeqNumを比較し、等しい場合はその受信データを新規のデータとして受信します（接続完了後、初回の受信ではnextExpectedSeqNum = SN= 0となり、必ず等しくなります）。この確認の後、NESN=nextExpectedSeqNum+1として符号を反転させて更新します。他方、逆にSN bitがnextExpectedSeqNumと等しくなかった場合、受信が失敗しているとみなし、受信パケットを破棄します。

以上の制御フローを図示すると図3-64となります。

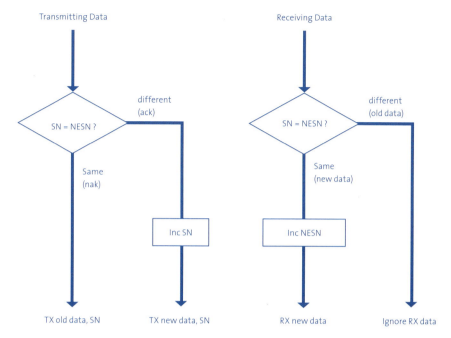

図3-64 Data Channelにおける確認応答

3-8. GAP（Generic Access Profile）の詳細を知る

これまでの項でBLEデバイス同士がどのようなネットワークトポロジーを持つか、そしてそのネットワークの中でどのようなパケットがやり取りされているのか、その概略を示しました。本項では、それらを管理し、振る舞いを制御するGAP（Generic Access Profile）について解説します。GAPについては3-2-3項でも概略を述べましたが、本項ではその詳細を解説します。

3-8-1. GAPとは何か

GAPは、**Bluetoothにおける振る舞いを包括的に定めたプロファイル**であり、Bluetoothにおいて基盤となるプロファイルです。したがって、GAPはBLE独自のものではなくクラシックBTにおいても搭載されています。本書では混乱をさけるため、主にBLEについてのみ解説を行います。クラシックBTにおけるGAPの詳細についてはBluetooth仕様書（Bluetooth Core Specifications - Core Version 4.1 – Vol.3 - Part C）が参考になります。

さて、BLEにおいてGAPは、―BLEという市場の中でデバイスがどのような役割で振る舞うのかを管理する「市場の管理人」となるプロファイル（3-2-4項）―と述べましたが、具体的に管理している機能は**役割**、**動作**、**セキュリティ**の3つです。以上の機能は3-2-1節で示したプロトコルスタック上のプロトコル（LL、L2CAP、SMP、ATT）、プロファイル（GATT）のいずれにも関係が深いものです。図3-xに示すように、GAPはHost層からController層までを一気通貫に串刺したようなプロファイル構成となっています。このような一気通貫なプロファイルが3つの機能をそれぞれどのように管理しているのか、順を追って、その内容を見ていきましょう。

3-8-2. GAPによる「役割」の管理

GAPが管理する**役割**（**Role**）は、**Broadcaster**、**Observer**、**Peripheral**、**Central**の4つです。BroadcasterとObserverはブロードキャスト型のトポロジー（3-3節）で利用する役割です。あるデバイスがAdvertising Packetを周辺のデバイスに送出するとき、送出する側のデバイスはBroadcasterに、Advertising Packetを受信する周辺のデバイスはObserverの役割がGAPによって与えられます（図5-65（a））。

残るPeripheral、Centralは主に接続型のトポロジー（3-3節）で利用する役割です。あるデバイスが周辺のデバイスと双方向通信を確立するとき、トポロジー上でルートノード（根）になるデバイスはCentral、リーフノード（葉）になるデバイスはPeripheralの役割がGAPによって与えられます（図3-65（b））。

図3-65 Gapにおける役割（Role）とトポロジーの違い

なお、BLEデバイスは同時に1つ以上の役割を担うことができます。つまり、あるタイミングでBroadcasterかつPeripheralであるように複数の役割を振る舞うことができ、仕様上も制限はありません。したがって、図3-66のような、ブロードキャスト型と接続型をミックスしたような混合型トポロジーも実現可能です。

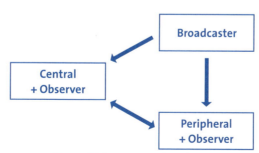

図3-66 役割をミックスした場合のトポロジー

それでは次に、4つの役割について個別にみていきましょう。

Broadcaster

Broadcasterはデータの送信に特化した役割で、ブロードキャスト型のトポロジーにおいて、Advertisement Packetを周囲に送出することがデバイスの目的となります。iOSエンジニアにとって身近なBroadcasterの応用例は、iOS7で実装された「iBeacon」でしょう。iBeaconはBLEデバイスをBroadcasterとして利用しており、送出したAdvertisement Packetに載せて周囲にユニークなデータを配信することで、BLEデバイスをランドマークとして利用することができます。

Observer

Observerはデータの受信に特化した役割で、ブロードキャスト型のトポロジーにおいて、BroadcasterからのAdvertisement Packetを受信することが主な目的となります。Observer側はBroadcasterを常にスキャンする立場になるため、**Broadcaster側と比較すると電力消費は大きくなります。**

Peripheral

Peripheralは、Central側のデバイスが自身を発見できるようにするためにAdvertisement Packetを送出し、Central側と接続を確立することが目的となります。iOSエンジニアから見ると、通常、iOSデバイスとBLEでつながる周辺デバイスがPeripheral側となります。

Central

Centralは、Peripheral側のデバイスから送出されたAdvertisement Packetをスキャンして受信し、Peripheral側と接続を確立することが目的となります。iOS開発者から見ると、通常はiOSデバイスがCentral側となります。

3-8-3. ModeとProcedure

GAPによる**動作**、**セキュリティ**の管理を説明する前に、両者で用いられている2つの概念 **Mode** と **Procedure** について簡単に整理します。GAPではある役割における「動作」の状態をMode、Procedureの2つの概念で表現しています。ModeはBluetoothの特定のイベントに対して、デバイスが特定の手続きを行う状態を表す概念です。他方、Procedureは一連の動作の流れを定めた行為を表す概念です。GAPの役割（Role）とMode、Procedureとのそれぞれの関係は図3-67のように考えると捉えやすくなります。

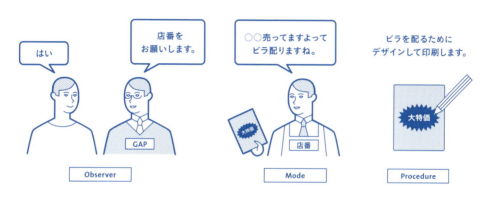

図3-67 Gapにおける役割（Role）とMode、Procedureの関係

3-8-4. GAPによる「動作」の管理

BLEにおいてGAPで定義される「動作」は4種類あります。いずれの動作もModeとProcedureの組み合わせで定義されており、これらの動作は同時に実行することができます。

- Broadcast mode および Observation procedure
- Discovery mode/procedure
- Connection mode/procedure
- Bonding mode/procedure

それぞれの動作は互いに独立していますが、通常、BLEデバイスが互いに通信するためにはこれらの動作が複雑かつ密接に連携することになります。これらの動作がBLEデバイスの役割

に対してどのように作用しているのか、順に確認していきましょう。

Broadcast mode および Observation procedure

Broadcast mode および Observation Procedure は、BLE デバイス間で Advertising などの単方向のブロードキャスト型の通信を行うイベントを司ります。GAP における役割（Role）と、各mode と Procedure との関係は次のようになります。

動作（Mode / Procedure）	役割（Role）　○＝必須、×＝不要	
	Broadcaster	Observer
Broadcast mode	○	×
Observation mode	×	○

表3-13　Broadcast mode および Observation Procedure

Discovery mode および procedure

Discovery mode および procedure として定義されているものは次の表3-14のとおりです。これらの Mode および Procedure は、BLE デバイスの発見に関する動作をサポートするもので、いずれも Peripheral、Central のいずれかでサポートされます。

動作（Mode / Procedure）	役割（Role）　○＝必須、×＝不要	
	Broadcaster	Observer
Non-Discoverable mode	○	×
Limited Discoverable mode	Option	×
General Discoverable mode	Option	×
Limited Discovery procedure	×	Option
General Discovery procedure	×	○
Name Discovery procedure	Option1	Option

表3-14　Discovery mode および procedure

116

Connection mode および procedure

Connection mode および procedure として定義されているものは次の表3-15のとおりです。これらの Mode および Procedure は、BLEデバイスの接続とそれに伴って発生する動作についてサポートするものです。

動作（Mode / Procedure）	役割（Role）　○＝必須、×＝不要			
	Peripheral	Central	Broadcaster	Observer
Non-connected mode	○	×	○	○
Directed connectable mode	Option	×	×	×
Undirected connectable mode	○	×	×	×
Auto connection establishment procedure	×	Option	×	×
General connection establishment procedure	×	Option	×	×
Selective connection establishment procedure	×	Option	×	×
Direct connected establishment procedure	×	○	×	×
Connection parameter update procedure	Option	○	×	×
Terminate connection procedure	×	○	×	×

表3-15　Connection mode および procedure

Bonding mode および procedure

Bluetooth において「ボンディング（Bonding）」とは、異なる2つのデバイスの接続を確立させる、具体的には**2つのデバイス間での共通鍵暗号を作成、交換、共有することで互いを信認する作業**を指します。その名のとおり、共通鍵暗号という糊でデバイス間の糊付けを行うイメージです。なお、デバイスがボンディングについての情報を互いに共有した状態を Bluetooth では「devices have bonded」「a bond is created」と呼びます。

さて、Bonding mode および procedure では、BLEデバイス間でのボンディング処理に関する動作をサポートしています。これらは2つのデバイスがボンディング可能（Bondable）かどうかを規定します。定義されている mode および procedure は表3-16のとおりです。本書では、セキュリティやプライバシーについて解説を割愛します。詳細は Bluetooth Core Specification Part-C Section 9-4 を参照してください。

117

動作（**Mode / Procedure**）	役割（**Role**）　○＝必須、×＝不要	
	Peripheral	**Central**
Non-Bondable mode	○	○
Bondable mode	Option	Option
Bonding procedure	Option	Option

表3-16　Bonding mode および procedure

3-8-5. GAPによる「セキュリティ」の管理

　一般的な通信ネットワークと同様、Bluetooth においてもデバイス間の接続に関してセキュリティ対策が施されています。BLE においては、GAP に Host 側で **SMP（Security Manage Protocol）** 層が組み込まれており、GAP によるセキュリティの管理をサポートしています。GAP によって定義されている mode および procedure は表 3-17 の通りです。

　表 3-17 を見ると明らかですが、ブロードキャスト型のネットワークで利用される Peripheral と Central においては、セキュリティを要した接続がサポートされていないことがわかります。これはブロードキャスト型のネットワークがそもそも接続の手続きを取っていないためで、このネットワーク上でのデータのやり取りが、ブロードキャストのためのチャンネル（これを Advertisement Channel と呼びます）にデータが流れてくるかどうか、だからです。

　他方、コネクション型のネットワークでは、オプションとしてデバイス側が対応しているのであればセキュリティを確保した通信が可能です。

動作（**Mode / Procedure**）	役割（**Role**）　○＝必須、×＝不要			
	Peripheral	**Central**	**Broadcaster**	**Observer**
LE Security mode 1	×	×	Option	Option
LE Security mode 2	×	×	Option	Option
Authentication procedure	×	×	Option	Option
Authorization procedure	×	×	Option	Option
Connection data signing procedure	×	×	Option	Option
Authenticate signed data procedure	×	×	Option	Option

表3-17　SMP（Security Manage Protocol）の mode および procedure

3-9. ATT（Attribute Protocol）と GATT（Generic Attribute Profile）の詳細を知る

前節までで、BLEデバイス同士がどのようなネットワークトポロジーを持ち、そのネットワークの中でどのような役割や振る舞いを行い、それがどう管理されているのかをGAPの機能の解説から概説しました。本節では、BLEにおいてiOSとの実質的な通信の窓口となってデータをやり取りする仕組みであるGATT（Generic Attribute Profile）と、そのデータに関しての規定したATT（Attribute Protocol）について概説します。まずはBLE上のデータ構造の基盤となるATTからひも解いていきましょう。

3-9-1. ATTとは何か

ATTについては3-2-1項で概略を述べましたが、本項ではその詳細を解説します。簡単に振り返ると、ATTは「Attribute」と呼ばれる独自の単位を定義し、それを元にしてデータのやり取りを行うサーバ/クライアント型のプロトコルです。サーバ側（GATTサーバ）は構造化されたAttributeを公開し、通信相手となるクライアント側（GATTクライアント）はその内容をReadもしくはWriteなどの処理を通じて参照します。

3-9-2. Attributeの構造

Attributeは、ATT上でやり取りするデータの最小単位であり、GATTサーバ上のデータはこのAttributeによって構造化されます。Attributeでは、データの「値（Attribute Value）」の他に、「Attribute Type（UUID）」「Attribute Handle」「Permission」の3つのプロパティのセットが1単位となっています。Attributeの構成を図3-68に示します。ちなみに図3-68はL2CAPで再構成された、あくまで論理レベルでの構成なので、実際のメモリ上の配置が必ずしも図と同じデータ構造になるものではありません。

119

図3-68　Attributeのパケット構成

それではAttributeの内容を、順に追って、その構造を確認していきましょう。

Attribute Type（UUID）

Attribute TypeはGATTサーバ上に展開されたデータの種類を示すもので、UUID（Universally Unique Identifier）によって記述されています。

UUIDは128bit（16octet）の長さの数値で表されたデータを一意に識別するための識別子です。ISO/IEC ISO/IE 9834-8:2005において文書化、規格化されていますが、誰でも作成、配布が可能で必要に応じて公開することができます。しかし、BLEにおいて128bit長のデータを識別のためだけにやり取りするのは全体のペイロード長からしても効率がよいとはいえません。そこで、より利用がしやすいように、Bluetoothでは一定の長さのUUIDをベースUUID（Bluetooth_Base_UUID）として確保し、用途に応じて16bitもしくは32bitのUUIDをAttribute Typeとして運用しています。

ベースUUID（Bluetooth_Base_UUID）の値を16進数で表記すると図3-69のとおりです。

Bluetooth_Base_UUID： 00000000-0000-1000-8000-00805F9B34FB (16)

図3-69　ベースUUID（Bluetooth_Base_UUID）

16bit/32bitのUUIDから128bitのUUIDへの変換は以下の式で定義されています。ちなみに、式中の2^{96}は96bit分の左シフトと同義の演算となり、Bluetooth_Base_UUIDのMSBの32bit分の0の部分に挿入される形となります。

```
128bit UUID = 16 bit UUID × 2⁹⁶ +Bluetooth_Base_UUID (eq.1)
128bit UUID = 32 bit UUID × 2⁹⁶ +Bluetooth_Base_UUID (eq.2)
```

16bit UUIDは他の16bit UUIDと、32bit UUIDは他の32bit UUIDと直接比較することが可能で、Bluetoothでは比較に際して128bitのUUIDに変換する必要を求めていません。しかし、

16bitもしくは32bitのUUIDを128bitのUUIDと比較する際は、16bit/32bitのUUIDを128bit UUIDに変換した値を用いなければならず、その128bit UUIDは式 eq.1、eq.2を必ず満たしている必要があります。

一方、Application側すなわちiOS開発者側で、他の128bit UUIDを比較するために式eq.1およびeq.2を用いて、16bit/32bit UUIDを逆変換によって生成することはBluetoothの仕様上で禁止されています。これは与えられた128bit UUIDがBluetooth_BASE_UUIDに基づくものである保証がないこと、他の開発者が独自に定義した128bit UUIDである可能性があることが理由です。

いくつかの16bit/32bit UUIDはBluetooth SIGによって規定値として割り当てられています。割り当てられたUUIDはAssigned Numbersとして、Bluetooth SIGのサイト上[6]から確認することができます。

Attribute Handle

Attribute HandleはGATTサーバ上でAttributeを互いに識別するために利用する16bitの識別子です。Attribute Handleは、Attributeのアドレスともいえるパラメータで、Bluetoothデバイス間のやり取りの中で変化することはありません。

Attribute Handleの値については特にAttribute Typeのような制限はありませんが、その値は0（0x0000）がBluetoothの仕様上で確保されているため、必ず0でない値を取ることになります。また、値の最大値は0xFFFFであるため、GATTサーバが扱うことができるAttribute Handleは0x0001～0xFFFFまでの65534（= 0xFFFE）個となります。

Attribute Value

Attribute Valueはその名のとおりAttributeの値を格納したパラメータです。データは固定長、可変長いずれでも定義されており、4octetの整数値や可変長の文字列など多様な値が代入されます（可変長のデータで単一のパケットで送信するには大きすぎる場合、複数のパケットに分解して送信されます）。Attribute Valueそれ自体では目的や種類が一意に定まることはなく、どのようなものであるかはAttribute Typeで定義されてはじめて一意に決定します。

※6　Bluetooth SIG Website – Assigned Numbers : https://www.bluetooth.org/en-us/specification/assigned-numbers

Attribute Permission

Attribute Permission は、サーバ/クライアント間での Attribute へのアクセス権やセキュリティレベルについて規定したパラメータになります。Attribute Permission はより上位の層で管理されている値であるため、ATT から編集やその値を確認することはできません。規定されている Permission は次の表3-18のとおりです。

区分	Attribute Permissions
Access permissions	Readable
	Writeable
	Readable & Writeable
Encryption permissions	Encryption Required
	No encryption Required
Authentication Permissions	Authentication Required
	No Authentication Required
Authorization Permissions	Authorization Required
	No Authorization Required

表3-18 Attribute Permission

MTU（Maximum Transfer Unit）

MTU(Maximum Transfer Unit)とは、一般的に通信においてデバイスが送信可能なパケットの最大量を表します。ATT においても ATT_MTU としてサーバ/クライアント間での Attribute のサイズの最大量が定義されています。ATT_MTU の値については、ATT ではなく上位アプリケーションによって定義されます。この ATT_MTU は動作オプションとして、特定のリクエスト（Exchange MTU Request）を送信することで拡張することができます。

単一のパケットで送信することができる最大の Attribute のパケットサイズは（ATT_MTU-1）octet となります。Attribute Value が（ATT_MTU-1）octet よりも大きく定義される場合、このような Attribute は Long Attribute と呼ばれます。なお、Attribute Value の規格上の最大値は512octet と定義されています。また、デフォルト値は $ATT\_MTU_{default}=23octet$ となります。

3-9-3. ATT サーバ / クライアントの対応するメソッドと PDU

ATT では、サーバ / クライアント間での Attribute のやり取りを Reques、Response、Command、Notification、Indication、Confirmation の 6 種類のメソッドで定義しています。各メソッドの定義するデータのやり取りの概要を図 3-70 に示します。

クライアントがサーバに対して問い合わせるメソッドを Request、それに応じてサーバがクライアントに返答するメソッドを Response と呼びます。Request と Response は一対のメソッドとなっています。一方、この Respose を必要としないクライアントからサーバへの問合せを Command と呼びます。逆にサーバからクライアントへの問い合わせを Notification と呼びます。サーバからクライアントに問い合わせを行い、さらにクライアントからの応答を求める場合、サーバからの問い合わせを Indication、クライアントからの応答を Confirmation と呼びます。

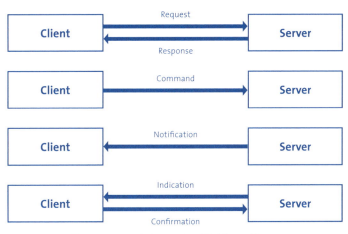

図 3-70 ATT サーバ / クライアントの対応するメソッドと PDU

Attibute PDU

サーバ / クライアント間の Attribute のやり取りは、Attribute PDU と呼ばれる PDU を介して行われます。また、より上位に位置する GATT の利用するメソッドごとに Attribute PDU の仕様をまとめたものを Attribute Protocol PDU と呼びます。なお Attribute PDU は、3-6-6 項で述べた Data Channel PDU において、LL_DATA PDU が指定されたパケットを L2CAP によって再構成したものとなります。

Attribute PDU のフォーマット

Attribute PDUのフォーマットは極めてシンプルです。基本的なPDUの形式としては、ヘッダであるAttribute Opcodeとペイロードである Attribute Parameter の2つの領域で構成され、認証を要する書き込みを行う場合にオプションとして Authentication Signature が追加されます。Authentication Signature の有無によらず、Attribute PDU全体のサイズはATT_MTU octetで固定となります（ATT_MTUについては3-6-7項を参照してください）。

Attribute PDU (ATT_MTU octet)		
Attribute Opcode （1octet）	Attribute Parameter （0~ATT_MTU-X octet）	Authentication Signature （12octet）

図3-71 Attribute PDU のパケットフォーマット

ヘッダである Attribute Opcode は1octet のビットフィールドとなっており、その内訳は図3-74に示すとおりです。bit7のAuthentication Signature に関するフラグの有無で続く Attribute Parameterのサイズ、および Authentication Signature の有無が決定します。

Attribute Opcodeのbit7がクリアされている場合、Authentication Signatureは付与されず、X= Attribute Opcodeとなり、Attribute Parameterのサイズは（ATT_MTU-X）＝（ATT_MTU-1）octetにとなります。他方、bit7がセットされている場合、Authentication Signatureの12octetが確保されるため、X = Attribute Opcode ＋ Authentication Signature = 12 ＋ 1 となり、Attribute Parameter は（ATT_MTU-X）＝（ATT_MTU-13）octet となります。

Attribute Opcode							
bit7	bit6	bit5	bit4	bit3	bit2	bit1	Bit0
Authentication Signature	Command Flg	Method					

図3-72 Attribute Opcode

では、この Attribute PDUがメソッドごとにどのような Attribute Protocol PDUとして利用されるのかを次項で確認していきましょう。

Attribute Protocol PDU のフォーマット

Attribute PDUは、GATTが利用するATTのメソッドに応じてAttribute Protocol PDUとして細分化されています。本項では、Attribute Protocol PDUをメソッド中の処理内容に応じて確認していきます。

Error Response: エラー処理を返却する

NotificationやResponseを求めないデータの読み込み/書き込みを行う場合をのぞいて、各メソッド間のやり取りでは、Requestに対してResponseが返信されます。Responseには後述するようにさまざまな種類がありますが、その中で与えられたRequestに対して問題が発生した場合のエラー処理に用いられるAttribute Proctocol PDUがError Responseです。Error Responseのフォーマットを図3-73に示します。

Error Response			
Attribute Opcode (1octet)	Request Opcode in Error (1octet)	Attribute Handle in Error (2octet)	Error Code (1octet)

図 **3-73**　Error Response

フォーマットの各領域を簡単に説明すると、Error ResponseのOpcodeは0x01となります。Request Opcode in Errorはエラーの発端となったRequestのOpcodeが、Attribute Hanndle in Errorはエラーの発端となったAttribute Handleが指定されます。

それぞれ、OpcodeとAttribute Handleが返却されるので当然、それぞれのサイズはRequest Opcode in Errorが1octet、Attribute Handle in Errorが2octetとなります。最後のError Codeにエラー内容についてのフラグが与えられます。Error Codeの内容については、次の表3-19のとおりです。

Error Code 名	値
Invalid Handle	0x01
Read Not Permittede	0x02
Write Not Permittede	0x03
Invalid PDU	0x04
Insufficient Authentication	0x05
Request Not Supoorted	0x06
Invalid Offset	0x07
Insufficient Authorization	0x08
Prepare Queue Full	0x09
Attribute Not Found	0x0A
Attribute Not Long	0x0B
Insufficient Encryption Key	0x0C
Invalid Attribute Value Length	0x0D
Ulikely Error	0x0E
Insufficient Encryption	0x0F
Unsupported Grou Type	0x10
Insufficient Resources	0x11
Reserved	0x12〜0x7F
Application Error	0x80〜0x9F
Reserved	0xA0〜0xDF
Common Profile and Service Error Code	0xE0〜0xFF

表3-19　Error Codeの内容

Exchange MTU Request / Exchange MTU Response: MTUの容量を変更する

　サーバ/クライアント間のメソッドにおいて扱うことができるAttributeの最大サイズをATT_MTUと呼びます（定義については3-6-8項を参照ください）。ATT_MTUは、通信のペアとなったデバイス間で通信中に一度だけ再定義することができ、クライアント側からサーバ側に対してATT_MTUのサイズの変更を要求することができます。この操作を行うAttribute Protocol PDUがExchange MTU RequestおよびExchange MTU Responseです。

　Exchange MTU Requestのフォーマットを図3-74に示します。Attribute Opcodeは

Exchange MTU Reqestを示す0x02にセットされます。Client Rx MTUはクライアントが変更を希望するATT_MTUのサイズが与えられ、この値がクライアント側でその後扱うことができるATT_MTUの最大値となります。

なお、Client Rx MTUの値はデフォルト値（23octet）と等しいか、それ以上の値をとります。これはデフォルト値以下の場合、そもそもExchange MTU Requestを利用する必要がないためで、逆に考えると、デフォルト値以下のATT_MTUにすることは規格上できないことを意味しています。デフォルト値以下のATT_MTUを送信した場合、ATT_MTUの変更は行われません。

Exchange MTU Request	
Attribute Opcode （1octet）	Client Rx MTU （2octet）

図3-74　Exchange MTU Request の Attribute Protocol PDU のフォーマット

クライアントからのリクエストに応答し、サーバはExchange MTU Responseをレスポンスとして返信します。Exchange MTU Responseのフォーマットを図3-75に示します。基本的にはRequestとフォーマットの内容は変わりませんが、Attribute OpcodeはExchange MTU Responseを示す0x03にセットされます。Server Rx MTUはサーバ側でその後扱うことができるATT_MTUの最大値となります。またClient Rx MTU同様、Server Rx MTUの値はデフォルト値（23 octet）と等しいか、それ以上の値をとります。

Exchange MTU Response	
Attribute Opcode （1octet）	Client Rx MTU （2octet）

図3-75　Exchange MTU Response の Attribute Protocol PDU のフォーマット

なおATT_MTUの変更について利用上の注意点をあげておきます。

- ATT_MTUのサーバ/クライアント間の対称性
- ATT_MTUの変更前後での通信処理
- ATT_MTU変更前後でのNotification、Indicationの扱い

以下、見ていきましょう。

ATT_MTUのサーバ/クライアント間の対称性

サーバ/クライアント間で取り扱うことができるATT_MTUの最大値が異なる場合、つまりClient Rx MTU ≠ Server Rx MTUであった場合、低い値のほうでATT_MTUの変更が行われます。したがって、接続されているBLEデバイス間のATT_MTUがサーバ側とクライアント側で異なることはありえません（サーバ/クライアント間では常にATT_MTUの対称性が保たれます）。これは、クライアントがLong Attributeを受診する際の最終パケットサイズを確実に規定するためです。

また、接続しているデバイスが双方でサーバ/クライアントのいずれにもなり得る場合、一方の組み合わせ、たとえばデバイスAがクライアント、デバイスBがサーバの状態で、AからBに対してExchange MTU Requestが要求され、かつATT_MTU = MTU$_{Changed}$の変更が成立した場合、その後にBがクライアント、Aがサーバとなって通信が行われる場合も、先に変更されたMTUChangedでの通信となります（なお規格上、双方からExchange MTU Requestを要求することは認められています。しかしながら、この場合においてもATT_MTUの対称性は常に保たれていなければならないため、双方からExchange MTU Requestを利用することは意味がない冗長な操作といえるでしょう）。

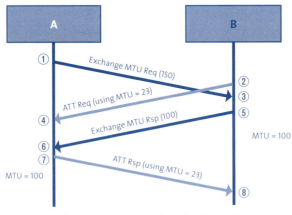

図3-76 ATT_MTUの変更とその前後での通信処理

ATT_MTUの変更前後での通信処理

すべてのAttribute Protocolにおいて、あるRequestに対するResponseは、Request送信時点でのATT_MTUにしたがってResponseが返信される点に注意が必要です。図3-78に一例を示します。

先に説明したように、クライアント側によるExchange MTU RequestによるMTUの変更要

求は、サーバ側のExchange MTU Responseの発行をトリガーにして、双方でその変更が反映されます。仮に、接続しているデバイスが双方でサーバ/クライアントのいずれにもなり得る場合、一方の組み合わせ、たとえばデバイスAがクライアント、デバイスBがサーバの状態で、AからBに対してExchange MTU Requestが要求されたとします。その際、Exchange MTU Requestの受信よりも前にBがクライアントとしてAに対して何らかのAttribute Protocolに関するリクエストを送信した場合、このリクエストにおけるATT_MTUは、当然、変更前のデフォルト値（=23octet）となります。AはサーバとしてAttribute Protocolに関するリクエストを受け、その後、Exchange MTU Requestに関するレスポンスを受けることになりますが、このとき、先に受けたAttribute Protocolに対するレスポンスでのATT_MTUは変更前のデフォルト値が適応されることになります。

ATT_MTU変更前後でのNotification、Indicationの扱い

クライアントとして振舞うデバイスがExchange MTU Requestを発行してATT_MTUの変更を行った後、サーバとしてNotificationもしくはIndicationを送信するケースも考えられます。この場合、NotificationおよびIndicationは、接続先の相手からのExchange MTU Responseを受信するまでは発信を停止するように規定されています。これはATT_MTUが不定の状態でNotificationやIndicationを送信するリスクを回避するためです。たとえば、Exchange MTU RequestでATT_MTU$_{Client}$=100 octetとして発行したとしても、サーバ側がデフォルト値であるATT_MTU$_{Server}$=23 octetしか認めないデバイスだった場合、互いの要求に齟齬が発生するためです。

これらのことからもわかるように、ATT_MTUの変更に関してはiOS開発者の一存で対応することはできません。ATT_MTUの変更が必要な場合はデバイスの設計者も含めて議論するとよいでしょう。

サーバ上のAttribute Typeを検索する

サーバ上に展開されているAttributeについて、どのようなAttribute値を持つのかを検索するために、ATTではFind Information Request / Find Information Responseと、Find by Type Value Request / Find by Type Value Responseの2対のAttribute Protocol PDUを定義しています。

Find Information Request / Find Information Response

サーバ上の特定の範囲内のAttriuteのリストとそれらのAttribute値を検索するAttribute

Protocol PDUを、Find Information RequestおよびFind Information Responseと呼びます。

Find Information RequestのAttribute Protocol PDUのフォーマットを図3-77に示します。Attribute OpcodeはFind Information Requestを示す0x04が与えられます。続くStarting HandleおよびEnding HandleはGATTサーバ上に展開されるAttributeの検索範囲を示し、検索範囲はAttribute Handleをもとにして指定します。仮にサーバ上のすべてのAttributeのAttribute値を検索する場合、Starting Handle=0x0001、Ending Handle=0xFFFFと与えることで検索することができます。1つ以上の検索結果が得られると、サーバはFind Information Responseを返信します。

Find Information Request		
Attribute Opcode (1octet)	Starting Handle (2octet)	Ending Handle (2octet)

図3-77 Find Information RequestのAttribute Protocol PDUのフォーマット

Find Information ResponseのAttribute Protocol PDUのフォーマットを図3-78に示します。Attribute OpcodeはFind Information Responseを示す0x05が付与されます。FormatにはUUIDのサイズフォーマット（16bit or 128bit）についての指定が挿入され、続くInformation Dataには検索されたAttribute HandleとAttribute値とのデータセットのリストが返信されます。Formatの値とInformation Dataの関係について表3-21に示します。

Find Information Response		
Attribute Opcode (1octet)	Format (1octet)	Information Data (4〜(ATT_MTU-2) octet)

図3-78 Find Information ResponseのAttribute Protocol PDUのフォーマット

Format 値	Information Data の形式	Information Data（1セットあたりの消費サイズ）
0x01	Attribute Handle（2 octet）と Attribute 値（16 bit Bluetooth UUID）（2 octet）	2 + 2 = 4 octet
0x02	Attribute Handle（2 octet）と Attribute 値（128 bit UUID）（16 octet）	2 + 16 = 18 octet

表3-20 Format の値と Information Data の関係

表3-20に示すように、Formatの値によって続くInformation Dataの形式が決定します。Format=0x01ではAttribute Typeは16bit BluetoothUUIDを、Format=0x02では128bit UUIDを対象とします。したがって、Information Dataは4octet（Format=0x01の場合の最小のデータセットのサイズ）から〔ATT_MTU-2〕octet（ATT_MTU - Attribute Opcode - Format）の

可変長となります。

　なお、GATT サーバ上の Attribute 値は16bit と128bit がサポートされていますが、BLE の仕様上ではサーバ上の Attribute 値はいずれかに統一していることが望ましいとされています。これはレスポンス中の Information Data において異なる型の UUID を利用した Attribute が存在すると、「Attribute Handle、Attribute 値」のペアで消費する容量が不定となり、リスト中のペアの最大数が予測できなくなるためです。したがって Attribute の境界で UUID が異なる場合、その境界で Find Information Request を区切り、境界での Attribute Handle+1 を新たな Starting Handle として更新し、再度、Find Information Request を行うこととなります。

　ちなみに、16bit の場合は〔(ATT_MTU-2) /4〕ペア、128bit の場合は〔(ATT_MTU-2) /18〕ペアとなります。

Find by Type Value Request / Find by Type Value Response

　サーバ上の Attribute に対し、Attribute Type と UUID（Attribute 値）を指定して検索を行う Attribute Protocol PDU を Find by Type Value Request、および Find by Type Value Response と呼びます。

　Find by Type Value Request の Attribute Protocol PDU のフォーマットを図3-81に示します。Attribute Opcode は Find by Type Value Request を示す0x06が与えられます。続く Starting Handle および Ending Handle は GATT サーバ上に展開される Attribute の検索範囲を示し、検索範囲は Attribute Handle で指定します。仮にサーバ上のすべての Attribute の Attribute 値を検索する場合、Starting Handle=0x0001、Ending Handle=0xFFFF と与えることで検索することができます。ここまでは先の Find Information Request と同様です。Find by Type Value Request では、それに加え Attribute Type と Attribute Value を検索条件として付与します。Attribute Type は 2octet の UUID、Attribute Value は発見したい UUID 値です。1つ以上の検索結果が得られると、サーバは Find by Type Value Response を返信します。

　ちなみに、Find by Type Value Request では Attribute Value に与えられる UUID の最大サイズですが、ATT_MTU のデフォルト値の $ATT\_MTU_{default}$ = 23octet となるため、デフォルトの状態で128bit UUID 分の 16octet（= 23octet − 7octet）は最低限、確保されています。一方、〔ATT_MTU-7〕octet 以上の値を利用することはできないことがわかります。

Find by Type Value Request				
Attribute Opcode (1octet)	Starting Handle (2octet)	Ending Handle (2octet)	Attribute Type (2octet)	Attribute Value (0〜(ATT_MTU-7) octet)

図3-79 Find by Type Value Request の Attribute Protocol PDU のフォーマット

Find by Type Value Response の Attribute Protocol PDU のフォーマットを図3-80に示します。Attribute Opcode は Find by Type Value Response を示す0x07が付与されます。続く Handles Information List には検索条件に合致する Attribute の発見地点（Found Attribute Handle）と終了地点（Group End Handle）のペアのリストが返信されます。Handles Information List のパケットフォーマットについて図3-81に示します。

Find by Type Value Response	
Attribute Opcode (1octet)	Handles Information List (4〜(ATT_MTU-1) octet)

図3-80 Find by Type Value Response の Attribute Protocol PDU のフォーマット

Find by Type Value Response	
Attribute Opcode (1octet)	Handles Information List (4〜(ATT_MTU-1) octet)

図3-81 Handles Information List の内訳

Handles Information List の Group End Handle において終了地点を決定するのは、上位の GATT プロファイルの Service の設計に依存します。この Service の設計によっては、リクエストで指定した Ending Handle よりも大きい Group End Handle が返却される可能性があります。なお、GATT プロファイル上で適切な設定が行われていない場合、Found Attribute Handle と Group End Handle の値は一致します。

サーバ上のAttributeの値を読み出す

サーバ上の Attribute を読み出すための Attribute Protocol PDU として、ATT では表3-22に示す5対を定義しています。それぞれの違いについては表3-21のとおりです。

Attribute Protocol	内容
Read by Type Request / Read by Type Response	Attribute Handle の範囲と Attribute Type を指定して読み出す
Read Request / Read Response	Attribute Handle から直接、読み出す
Read Blob Request / Read Blob Response	Attribute Handle から Long Attribute を読み出す
Read Multiple Request / Read Multiple Response	複数の Attribute Handle から直接、読み出す
Read by Group Type Request / Read by Group Type Response	Attribute Handle の範囲と Attribute Group Type を指定して読み出す

表3-21 Format の値と Information Data の関係

Read by Type Request / Read by Type Response

サーバ上の Attribute の Attribute Type を検索条件として Attribute を検索し、その値を読み込む Attribute Protocol PDU を Read by Type Request と Read by Type Response と呼びます。

Read by Type Request の Attribute Protocol PDU のフォーマットを図3-82に示します。Attribute Opcode は Read by Type Request を示す0x08が与えられます。続く Starting Handle および Ending Handle は GATT サーバ上に展開される Attribute の検索範囲を示し、検索範囲は Attribute Handle をもとにして指定します。仮にサーバ上のすべての Attribute の Attribute 値を検索する場合、Starting Handle=0x0001、Ending Handle=0xFFFF と与えることで検索することができます。続く Attribute Type は検索条件として利用されます。Attribute Type の指定は 16bit BluetoothUUID、もしくは 128bit UUID で指定します。以上の条件で検索対象が存在し、かつその Attribute 値が得られると、サーバは Read by Type Response を返信します。

Read by Type Request			
Attribute Opcode (1octet)	Starting Handle (2octet)	Ending Handle (2octet)	Attribute Type (2 or 16octet UUID)

図3-82 Read by Type Request の Attribute Protocol PDU のフォーマット

Read by Type Response の Attribute Protocol PDU のフォーマットを図3-83に示します。Attribute Opcode は Read by Type Response を示す0x09が与えられます。Length には続く Attribute Data List 中の Attribute1 セットあたりのサイズサイズが、Attribute Data List には Read by Type Request で指定した検索条件に合致する Attribute の Attribute Value が提供されます。Attribute Data List のフォーマットを図3-84に示します。

Read by Type Response		
Attribute Opcode (1octet)	Length (1octet)	Attribute Data List (2～(ATT_MTU-2) octet)

図3-83 Read by Type Response の Attribute Protocol PDU のフォーマット

Attribute Data List（Read by Type Response）	
Attribute Handle (2octet)	Attribute Value (Length-2octet)

図3-84 Attribute Data List のフォーマット

　Attribute Data Listでは、たとえば読み込んだAttributeがGATT上のInclude宣言だった場合（Include宣言については3-10-1節の「Includeの定義」、147ページ参照）、Attribute ValueとしてInclude Service Attribute Handle（2octet）、End Group Handle（2octet）、Service UUID（仮に16bit BluetoothUUIDとして2octet）以上の3つのフィールドを持つAttribute値（合計6octet）が返却されます。この場合、Lengthは

Length = Attribute Handle (2octet) + Attribute Value(6octet)= 8octet

となり、Length = 0x08が代入されます。ちなみにAttribute Data Listで読み出すことができるサイズは255octetに制限されるため、実際に読み込むことが可能なAttribute値の最大サイズは

$\text{Size}_{\text{Actual Attribute Value}}$ = Size_{max} – Attribute Handle = 255octet – 2octet = 253octet

となり、253octetとなります。なお、Attribute Protocol PDU全体から見てAttribute Data Listが確保できる仕様上での最大サイズは図3-86からもわかるように〔ATT_MTU - 2〕octet、さらにその中のAttribute Valueは

(ATT_MTU – 4) octet = (ATT_MTU – 2) – Attribute Handle = (ATT_MTU – 2) – 2

となりますが、〔ATT_MTU - 4〕の値が253を超える場合は、想定する〔ATT_MTU - 4〕octetのAttribute値の内の最初の253octetが返却されます。残るAttribute値を読み出すには、後述するRead Blob Requestを利用します。

Read Request / Read Response

Attribute Handleからサーバ上のAttributeを読み出す処理に利用するAttribute Protocol PDUをRead RequestとRead Responseと呼びます。こちらのAttribute Protocol PDUでは検索条件を設けず、Attribute Handleを直接指定して値を読み出します。したがって、Attribute Protocol PDUの内容も極めてシンプルです。

Read RequestのAttribute Protocol PDUのフォーマットを図3-85に示します。Attribute OpcodeはRead Requestを示す0x0Aが与えられます。Attribute Handleには読み込みたいAttributeのアドレス（Handle）が与えられます。サーバは読み込みが成功するとRead Responseを返却します。

Read Request	
Attribute Opcode (1octet)	Attribute Handle (2octet)

図3-85 Read RequestのAttribute Protocol PDUのフォーマット

Read Response	
Attribute Opcode (1octet)	Attribute Value (0〜（ATT_MTU-1）octet)

図3-86 Read ResponseのAttribute Protocol PDUのフォーマット

Read ResponseのAttribute Protocol PDUのフォーマットを図3-86に示します。Attribute OpcodeはRead Responseを示す0x0Bが与えられます。続くAttribute ValueはRead Requestによって指定されたAttribute Handleが示すAttributeの値です。Attribute Valueで読み込みが可能なサイズはOpcodeで消費された分を差し引いた〔ATT_MTU-1〕octetとなります。〔ATT_MTU-1〕octet以上のAttribute値（Long Attribute）を読み出す場合、読み出される値は〔ATT_MTU-1〕octet分のみとなるため、それ以上のサイズの値を読み出す場合は、後述するRead Blob RequestをRead Requestに加えて利用します。

Read Blob Request / Read Blob Response

先ほどのRead RequestではAttributeから読み出すことができるサイズは〔ATT_MTU - 1〕octetに制限されていました。このような〔ATT_MTU-1〕octetに納まらないサイズ（これを仮にLengthRequestedとしましょう）のAttributeを読み出すには2つの方法が用意されています。

1つは、先のExchange MTU Requestを利用してATT_MTUのサイズそのものを拡張する方法です。〔LengthRequested + 1〕octet以上のサイズに拡張することで、所望のAttribute

から値を取り出すことができます。この方法の制約としては、接続されているデバイス間で〔LengthRequested + 1〕octet以上の値がATT_MTUで確保可能である必要があります。

　もう1つの方法は、Read Blob Requestを利用する方法です。Read Blob Requestでは指定のAttribute HandleのAttribute値を指定の位置から読み出す処理を行うAttribute Protocol PDUです。したがって、Read Request後にRead Blob Requestで〔ATT_MTU-1〕octet分だけオフセットした位置から連続で読み出し、LengthRequestedを超えるまで繰り返せば〔ATT_MTU-1〕octet以上のAttribute値であっても読み出すことが可能となります。Read Blob Requestの利点は、ATT_MTUの拡張なしに利用することができるため、接続先のデバイスの仕様を気にすることなく（たとえば、接続先のデバイスのATT_MTUが拡張できない場合など）利用することができます。

　Read Blob RequestのAttribute Protocol PDUのフォーマットを図3-87に示します。Attribute OpcodeはRead Blob Requestを示す0x0Cが与えられます。Attribute Handleは値を読み出したいAttributeのアドレス（Handle）を、Value Offsetは読み出すAttribute値のオフセット量を示します。値が正しく読み出された場合、サーバからRead Blob Responseが返信されます。

Read Blob Request		
Attribute Opcode (1octet)	Attribute Handle (2octet)	Value Offset (2octet)

図3-87　Read Blob RequestのAttribute Protocol PDUのフォーマット

　Read Blob ResponseのAttribute Protocol PDUのフォーマットを図3-88に示します。Attribute OpcodeはRead Blob Responseを示す0x0Dが与えられます。Attribute ValueにはRead Blob Requestで指定したAttribute値の一部が与えられます。

Read Blob Response	
Attribute Opcode (1octet)	Attribute Value (0〜(ATT_MTU-1) octet)

図3-88　Read Blob ResponseのAttribute Protocol PDUのフォーマット

　なお、Read Request + Read Blob RequestによるLong Attributeの読み出しでは、その処理中にAttributeの変更が加えられた場合、変更後の値を読み出すこととなる点に注意が必要です。したがって、GATTプロファイルでLong Attributeを利用する場合、この点を考慮して設計する必要があります。

Read Multiple Request / Read Multiple Response

以上の項ではLong Attributeを扱う方法を解説しましたが、複数のAttributeを同時に読み出すAttribute Protocol PDUも存在します。それがRead Multiple RequestとRead Multiple Responseです。

Read Multiple RequestのAttribute Protocol PDUのフォーマットを図3-89に示します。Attribute OpcodeはRead by Multiple Requestを示す0x0Eが与えられます。続くSet of Handlesには、読み出したいAttributeのAttribute Handleのリストを与えます。なお、Read Multiple Requestは読み出したいAttributeの数 $N_{Attribute} \geqq 2$ である必要があります（NAttributeが2未満、すなわちNAttribute = 1であればRead Requestで十分なためです）。したがって、Set of HandleのサイズはAttribute Handle2個分のサイズ、すなわち2octet × 2 = 4octetが最小値となります。サーバは、正しく値が読み出せるとRead Multiple Responseで複数のAttribute値を返信します。

Read Multiple Request	
Attribute Opcode (1octet)	Set of Handles (2〜(ATT_MTU-1) octet)

図3-89 Read Multiple RequestのAttribute Protocol PDUのフォーマット

Read Multiple ResponseのAttribute Protocol PDUのフォーマットを図3-90に示します。Attribute OpcodeはRead Multiple Responseを示す0x0Fが与えられます。Set of Valuesは、Read Multiple Requestによって指定されたAttribute Handleのセットそれぞれに対応するAttribute値が、セットで与えられます。なお、Set of Valuesのサイズが〔ATT_MTU-1〕octetを超える場合、Attribute値のセットの最初の 〔ATT_MTU-1〕octetが返信されてしまうため、注意が必要です。この観点から、Set of Valuesの値が〔ATT_MTU-1〕octetである可能性があるなら、Read Multiple Requestは使うべきではないといえます。これはSet of Valuesの受信が完了しているのか、それとも実際は〔ATT_MTU-1〕octet以上のサイズがあり、オーバーフローを起こしているのかどうかがRead Multiple Responseからはわからないためです。この点からもGATTプロファイルを設計するにあたっては、MTUのサイズ設計が非常に重要な要素であることがわかると思います。

Read Multiple Request	
Attribute Opcode (1octet)	Set of Values (0〜(ATT_MTU-1) octet)

図3-90 Read Multiple ResponseのAttribute Protocol PDUのフォーマット

Read by Group Type Request / Read by Group Type Response

冒頭のRead by Type Requestでは、サーバ上のAttributeのAttribute Typeを検索条件として Attributeを検索し、その値を読み込みました。これとは別に、検索条件としてGATTプロファイルで定めるAttributeのグループ、たとえばService（詳細は3-10-1節の「Serviceの定義」、146を参照）などの値を読み出すためのAttribute Protocol PDUも併せて定義されています。それがRead by Group Type RequestとRead by Group Type Responseです。

Read by Group Type RequestのAttribute Protocol PDUのフォーマットを図3-91に示します。Attribute OpcodeはRead by Group Type Requestを示す0x10が与えられます。基本的なPDUのフォーマットはRead by Tyep Requestと同様ですが、Attribute Typeを指定する部分がAttribute Group Typeに変更されています。Attribute Group Typeは先にも述べたようにGATTプロファイル上のService上のAttributeを指定するのに利用します。サーバは正しく値が読み出た場合、Read Multiple Responseを送信します。

Read by Group Type Request			
Attribute Opcode (1octet)	Starting Handle (2octet)	Ending Handle (2octet)	Attribute Group Type (2 or 16octet UUID)

図3-91　Read by Group Type Request の Attribute Protocol PDU のフォーマット

Read by Group Type ResponseのAttribute Protocol PDUのフォーマットを図3-92に示します。Attribute OpcodeはRead by Group Type Responseを示す0x11が与えられます。Lengthには続くAttribute Data List中のAttribute1セットあたりのサイズが与えられます。Attribute Data ListにはRead by Group Type Requestで指定した検索条件に合致するAttributeがリストとして提供されます。Attribute Data Listのフォーマットを図3-93に示します。リスト中のAttribute Handleは発見されたAttributeの開始地点のアドレス（Handle）を、End Group Handleは終了地点のアドレス（Handle）を示します。残るAttribute ValueはAttributeの値を示します。

Read by Group Type Response		
Attribute Opcode (1octet)	Length (1octet)	Attribute Data List (2〜（ATT_MTU-2）octet)

図3-92　Read by Group Type Response の Attribute Protocol PDU のフォーマット

Attribute Data List（Read by Group Type Response）		
Attribute Handle (2octet)	End Group Handle (2octet)	Attribute Value (Length - 4 octet)

図3-93　Attribute Data List のフォーマット

なお、Attribute Data Listで読み出すことができるサイズは255octetに制限されるため、実際に読み込むことが可能なAttribute値の最大サイズ$\text{Size}_{\text{Actual Attribute Value}}$は

$$\text{Size}_{\text{Actual Attribute Value}} = \text{Size}_{\text{max}} - (\text{Attribute Handle} + \text{End Group Handle}) = 255\text{octet} - (\,2\text{octet} + 2\text{octet}) = 251\text{octet}$$

となり、SizeActual Attribute Value = 251octetとなります。なお、Attribute Protocol PDU全体から見てAttribute Data Listが確保できる仕様上での最大サイズは図3-95からもわかるように〔ATT_MTU - 2〕octet、さらにその中のAttribute Valueは

```
(ATT_MTU - 6) octet = (ATT_MTU - 2) - (Attribute Handle + End Group
Handle))
= (ATT_MTU - 2) - (2 + 2)
```

となりますが、〔ATT_MTU - 6〕の値が251を超える場合は、想定する〔ATT_MTU - 6〕octetのAttribute値の内の最初の251octetが返却されます。なお、残るAttribute値を読み込む場合は、先に紹介したRead Blob Requestを利用します。

サーバ上のAttributeに書き込む

サーバ上のAttributeに書き出すためのAttribute Protocol PDUとして、ATTでは表3-23に示す3種類を定義しています。それぞれの違いについては表3-23のとおりです。

Write Request / Write Response

サーバのAttributeに情報を書き込む際「書き込んだ結果、どうなったのか」をレスポンスとして受ける、つまり書き込みに対する確認応答（ACK）をサーバに要求する場合、Attribute Protocol PDUとしてWrite RequestとWrite Responseを利用します。

Write RequestのAttribute Protocol PDUのフォーマットを図3-94に示します。Attribute OpcodeはWrite Requestを示す0x12が与えられます。Attribute Handleは書き込む先のアドレス（Handle）を示し、Attribute ValueはAttributeに書き込む値を示します。Write Requestで書き込むことができる最大サイズは〔ATT_MTU-3〕octet（= ATT_MTU - (Attribute Opcode + Attribute Handle)）となります。サーバ上のAttributeが正しく書き換えられた場合、Write Responseが返信されます。ちなみにデフォルトのMTU（$\text{ATT\_MTU}_{\text{default}}$）の場合、書き込みに

利用できるサイズは20octet（ = ATT_MTU$_{default}$ - 3 octet = 23 octet − 3 octet）となります。

Write Request		
Attribute Opcode （1octet）	Attribute Handle （2octet）	Attribute Value （0〜(ATT_MTU-3) octet）

図3-94 Write Request の Attribute Protocol PDU のフォーマット

Write Response の Attribute Protocol PDU のフォーマットを図3-95に示します。内容は非常にシンプルで、Attribute Opcode のみとなります。Opcode は Write Response を示す0x13 が与えられます。

Write Response
Attribute Opcode （1octet）

図3-95 Write Response の Attribute Protocol PDU のフォーマット

Write Command

先の Write Request とは異なり、ACK を不要とする書き込み処理を Write Command と呼びます。ACK を利用しないため、基本的には信頼性が求められない Attribute の書き換えに利用します。Write Command の Attribute Protocol PDU のフォーマットを図3-96に示します。Attribute Opcode は Write Command を示す0x52 が与えられます。Attribute Handle は書き込む先のアドレス（Handle）を示し、Attribute Value は Attribute に書き込む値を示します。Attribute Value に関する諸条件は Write Request と同じです。ちなみにデフォルトの MTU （ATT_MTU$_{default}$）の場合、書き込みに利用できるサイズは 20 octet（= ATT_MTU$_{default}$ - 3 octet = 23 octet − 3 octet）となります。

Write Command		
Attribute Opcode （1octet）	Attribute Handle （2octet）	Attribute Value （0〜(ATT_MTU-3) octet）

図3-96 Write Command の Attribute Protocol PDU のフォーマット

Signed Write Command

Write Command とともに認証証明を付与して書き込みを行う処理を Signed Write Command と呼びます。Signed Write Command の Attribute Protocol PDU のフォーマットを

図3-97に示します。Attribute OpcodeはSigned Write Commandを示す0xD2が与えられます。Attribute Handleは書き込む先のアドレス（Handle）を示し、Attribute ValueはAttributeに書き込む値を示します。Attribute Valueに関する諸条件はWrite Requestと同じです。続くAuthentication Signatureは書き込みに関する認証に利用する証明用のデータになります。Signed Write CommandではAuthentication Signatureがサーバ側で認証された場合にのみ、書き換えが実行されます。

Signed Write Command			
Attribute Opcode (1octet)	Attribute Handle (2octet)	Attribute Value (0〜(ATT_MTU-15) octet)	Authentication Signature (12octet)

図3-97 Signed Write Command の Attribute Protocol PDU のフォーマット

複数のAttributeを同時にサーバ上に書き込む

サーバ上のAttributeに書き込む際、同時に複数のAttributeに書き込む処理もAttribute Protocol PDUで定義されています。同時に書き込む値をキューとしてサーバ上にスタックする処理をPrepare Write Request/Prepare Write Responseと呼びます。サーバ上にスタックされた値を反映する処理をExecute Write Request/Execute Write Responseと呼びます。

Prepare Write Request / Prepare Write Response

複数のAttributeへの同時書き込みを行うため、サーバ上にキューをスタックするAttribute Protocol PDUをPrepare Write RequestとPrepare Write Responseと呼びます。

Prepare Write RequestのAttribute Protocol PDUのフォーマットを図3-98に示します。Attribute OpcodeはPrepare Write Requestを示す0x52が与えられます。Attribute Handleは書き込む先のアドレス(Handle)を示し、Value Offsetは値を書き込む位置のオフセット量を示します。Part Attribute Valueは書き込むAttribute Valueの一部を示します。Part Attribute Valueで利用できるサイズは〔ATT_MTU-5〕octet（ = （ATT_MTU - （Attribute Opcode + Attribute Handle + Value Offset）） = （ATT_MTU − （1+2+2）））となります。Value OffsetとAttribute Valueの関係を図3-99に示します。Prepare Write Requestがサーバ側で正しく処理された場合、サーバからPrepare Write Responseが返却されます。

Prepare Write Request / Prepare Write Response			
Attribute Opcode (1octet)	Attribute Handle (2octet)	Value Offset (2octet)	Part Attribute Value (0 〜(ATT_MTU-5) octet)

図3-98 Prepare Write Request の Attribute Protocol PDU のフォーマット

141

図3-99　Value OffsetとAttribute Valueの関係

　Prepare Write ResponseのAttribute Protocol PDUのフォーマットは、Preapre Write Requestと全く同じフォーマットとなっています。Attribute OpcodeはPrepare Write Responseを示す0x17が与えられます。Attribute Handleは書き込む先のアドレス（Handle）を示し、Value Offsetは値を書き込む位置のオフセット量を示します。Part Attribute Valueは書き込まれたAttribute Valueの一部を示します。Part Attribute Valueに関する諸条件はPrepare Write Requestの場合と同じです。

Execute Write Request / Execute Write Response

　サーバ上にスタックされたPart Attribute Valueを、指定のAttributeに同時書き込みを行うAttribute Protocol PDUをExecuteWrite RequestとExecuteWrite Responseと呼びます。

　Execute Write RequestのAttribute Protocol PDUのフォーマットを図3-100に示します。Attribute OpcodeはExecute Write Requestを示す0x18が与えられます。続くFlagsはスタックしたキューを反映するか否かを制御するためのフラグを示します。Flags=0x00の場合、キューの書き込みをキャンセルします。Flags=0x01の場合、キューの書き込みを実行します。いずれのFlagsであってもExecute Write Request実行後、キューの内容はクリアされます。キューの実行が成功した場合、サーバーからExecute Write Responseが返信されます。

Execute Write Request	
Attribute Opcode (1octet)	Flags (1octet)

図3-100　Execute Write RequestのAttribute Protocol PDUのフォーマット

　Execute Write ResponseのAttribute Protocol PDUのフォーマットを図3-101に示します。Attribute OpcodeはExecute Write Responseを示す0x19が与えられます。

3-9. ATT（Attribute Protocol）と GATT（Generic Attribute Profile）の詳細を知る

Execute Write Response
Attribute Opcode （1octet）

図3-101　Execute Write Response の Attribute Protocol PDU のフォーマット

サーバからの Notification/Indication

　サーバからの Notification および Indication をサポートする Attribute Protocol PDU は、Handle Value Notification および Handle Value Indication/Handle Value Confiemation と呼ばれています。

Handle Value Notification

　サーバは Handle Value Notification を利用することで、任意のタイミングで Notification をクライアントに対して実行することができます。Handle Value Notification の Attribute Protocol PDU のフォーマットを図3-102に示します。Attribute Opcode は Handle Value Notification を示す0x1Cが与えられます。Attribute Handle は書き込む先のアドレス（Handle）を示し、Attribute Value は Attribute に書き込む値を示します。Attribute Value に関する諸条件は Write Command（3-9-3項の「Write Command」、140ページを参照ください）と同じです。ちなみにデフォルトの MTU（$ATT\_MTU_{default}$）の場合、書き込みに利用できるサイズは20octet（ = $ATT\_MTU_{default}$ - 3 octet = 23 octet − 3 octet）となります。

Handle Value Notification		
Handle Value Notification	Attribute Opcode （1octet）	Attribute Value （0～(ATT_MTU-3) octet)

図3-102　Handle Value Notification の Attribute Protocol PDU のフォーマット

Handle Value Indication / Handle Value Confirmation

　Indication を実行する場合、Notification とは異なり、クライアント側からの ACK が返信されます。この処理を行う Attribute Protocol PDU を Handle Value Indication と Handle Value Confirmation と呼びます。

　サーバは Handle Value Indication を利用することで、任意のタイミングで Indication をクライアントに対して実行することができます。Handle Value Indication の Attribute Protocol PDU のフォーマットを図3-103に示します。Attribute Opcode は Handle Value Indication を示す0x1Dが与えられます。Attribute Handle は書き込む先のアドレス（Handle）を示し、

143

Attribute Value は Attribute に書き込む値を示します。Attribute Value に関する諸条件は Write Command（3-9-3項の「Write Command」、143ページを参照ください）と同じです。ちなみに、クライアントが Long Attribute をサーバから Indication される場合、Indication 後に Read Blob Request を実行し、残る Attribute Value の取得を行います。クライアントは Handle Value Indication を正しく受信すると、Handle Value Confirmation を返信します。

Handle Value Indication		
Attribute Opcode （1octet）	Attribute Handle （2octet）	Attribute Value （0〜(ATT_MTU-3) octet）

図 3-103　Handle Value Indication の Attribute Protocol PDU のフォーマット

Handle Value Confirmation の Attribute Protocol PDU のフォーマットを図3-104に示します。この PDU は Indication に対する ACK に相当するもので、Attriubute Opcode のみの非常にシンプルな構成となっています。Attribute Opcode は Handle Value Indication を示す0x1E が与えられます。

Handle Value Confirmation
Attribute Opcode （1octet）

図 3-104　Handle Value Confirmation の Attribute Protocol PDU のフォーマット

3-10. GATTとService

GATTの概略については3-2-1項で述べました。本項ではGATTの詳細とGATTが提供するServiceについての詳細について解説します。GATTについて簡単に振り返ると、GATTはATTを基盤としたプロファイルで、Application側もしくはそれ以外のプロファイルから利用されます。GATTではAttributeを用いた階層的なデータベースを構築することでServiceを定義する他、そのService上でのやり取りをATTによるサーバ/クライアント動作で制御します。

それでは順に、GATT上のServiceについて、その詳細を見ていきましょう。

GATTの対応するイベント

GATTでは、次のユーザイベントに対応しています。これらのイベントをCoreBluetoothフレームワークで制御することで、iOSデバイスからBLEデバイスのServiceにアクセスすることができます。

- 設定の交換（Exchange）
- BLEデバイス上のServiceとCharacteristicの発見（Discovery）
- Characteristicの値の読み取り（Read）
- Characteristicの値の書き込み（Write）
- Characteristicの値の通知（Notification）
- Characteristicの値の表示（Indication）

3-10-1. Serviceの構造

GATTではAttributeを最小単位とした2種類のデータ構造、CharacteristicおよびServiceが定義されています。図3-9でもすでに述べたとおり、ServiceはCharacteristicやその他のService

への参照子による構成される構造体で、Characteristic は値（Value）、値の属性（Property）、そして値のディスクリプタ（Descriptor）による構造体となります。図3-9のとおり、構造的には Service に Characteristic が、Characteristic に値、属性、ディスクリプタが包含される形となり、この値、属性、ディスクリプタそれぞれが Attribute 単位で管理・格納されています。

本項では Service や Characteristic が Attribute によってどのように構成されているのか、具体的に見ていきます。

Service の定義

Service は 3-2-4 項でも述べたように、Charactersitic によって構成される一種のクラスとして機能しますが、その実体は Attribute 単位でメモリ上に展開されているデータベースです。このデータベース上の Attribute の中の記述に従って、Service そして Characteristic が定義されています。

Service は、データベース上で Service 宣言（Service Declaration）と呼ばれる型の Attribute で宣言されます。Service 宣言型の Attribute の記述を図3-108に示します。ここで、Attribute Handle はデータベース上のアドレスを意味します。Attribute Type は Service 宣言型であることを示す $UUID_{Primary Service}$（= 0x2800）、もしくは UUIDSecondary Service（= 0x2801）を持ちます。Attribute Value は、Service を表す 16bit Bluetooth UUID もしくは 128bit UUID の Service UUID を持ちます。Permission に関しては読み取り専用です。

Attribute Handle	Attribute Type	Attribute Value	Attribute Permission
0xNNNN	UUIDPrimary Service or UUID Secondary Service	ServiceUUID (16bit Bluetooth UUID or 128bit UUID)	読み取り専用 認証不要 承認不要

図 3-105　Service 宣言型の Attribute の構造

ここで、Attribute Type で出てきた UUIDPrimary Service と UUIDSeccondary Service にあるように、Service には 2 種類の属性が存在する点に注意が必要です。Service では、他の Service を Include という機能によってデータベース上で参照し、自身の Service に組み込む機能がサポートされています。このとき、Primary Service は他の Service を Include したり、また他のサービスから Include されたりすることができます。他方、Secondary Service は、Primary からの Include によってのみ利用される Service が想定されています。

Includeの定義

上述したように、ServiceではIncludeによって他のServiceを参照することができます。このIncludeはServiceの再利用性やGATTサーバ上のデータベースのメモリの節約に活用することができます。Includeによって参照されたServiceは、参照元のServiceの一部とみなされ、Serviceが定義できるかぎり（GATTサーバ上のデータベース上のメモリの枯渇、もしくはAttribute Handleを0xFFFFまで利用しきらない限り）いくらでも追加することが可能です。もちろん、1つもService上でIncludeを行わなくても問題はありません。

IncludeはInclude宣言（Include Declaration）と呼ばれる型のAttributeで宣言されます。Include宣言型のAttributeの記述を図3-109に示します。ここで、Attribute Handleはデータベース上のアドレスを意味します。Attribute TypeはInclude宣言型であることを示すUUID$_{Include}$（= 0x2802）を持ちます。

Include宣言のAttribute Valueは3つの領域で構成されます。Include Service Attribute Handleは、実際にIncludeするServiceのメモリ上の開始地点を示すAttribute Handleを示します。次にEnd Group Handleは、IncludeするServiceの終端のAttribute Handleを示します。ServiceUUIDはサービスを表す16bit Bluetooth UUID / 128bit UUIDを示します。GATTサーバ上で与えられるPermissionは読み取り専用です。

Inlude宣言型のAttributeを見てもわかるように、Includeは参照先のアドレスであるAttribute Handleによって管理されているので、GATTサーバ上のServiceの配置の順番は任意です。

Attribute Handle	Attribute Type	Attribute Value			Attribute Permission
0xNNNN	UUID$_{Include}$	Include Service Attribute Handle	End Group Handle	Service UUID	読み取り専用 認証不要 承認不要

図3-106　Inlude宣言型のAttributeの構造

なお、Include宣言の参照先のServiceでInclued元となるServiceがIncludeされる場合を循環参照と呼びます。この循環参照は仕様で禁止されており、GATTサーバにアクセスしたクライアントが循環参照を発見した場合、Attributeのやり取りを停止させます。また、IncludeされるServiceのServiceUUIDが16bitの場合はInclude先のServiceUUIDも16 bit、128bitの場合はInclude先も128bitである必要があります。

3-10-2. Characteristic の定義

Characteristic は Characteristic 宣言、Characteristic 値、Characteristic ディスクリプタの3種類の型の Atrribute に定義されます。それぞれの型は Attribute 単位で区切られます。

では、まずは Characteristic 宣言（Characteristic Declaration）から見ていきましょう。

Characteristic 宣言の Attribute

Characteristic 宣言の Attribute の記述を図3-107に示します。ここで Attribute Handle はデータベース上のアドレスを意味します。Attribute Type は Characteristic 宣言型であることを示す $UUID_{Characteristic}$（= 0x2803）を持ちます。

Characteristic 宣言の Attribute Value は3つの領域で構成されます。Characteristic Properties は Characteristic に付与される、さまざまな属性について定義します。Characteristic Value Attribute Handle は、後述する Characteristic 値を表す型の Attribute への参照先の Attribute Handle、つまりアドレスを指定します。Characteristic UUID は参照先の Characteristic 値の UUID の値が指定されます。

Attribute Handle	Attribute Type	Attribute Value			Attribute Permission
0xNNNN	Characteristic UUID	Characteristic Properties	Characteristic Value Attribute Handle	Characteristic UUID	読み取り専用

図3-107 Characteristic 宣言型の Attribute の構造

Characteristic Properties で定義される属性

Characteristic Prooperties は宣言する Characteristic において「Characteristic 値がどのように利用可能か」「Characteristic ディスクリプタがどのようにアクセスされるか」などの属性を定めるフラグです。フラグのサイズは1octet となっており、各ビットに対して1つずつ属性が割り振られており、合計で8つの属性が定義されています。付与したい属性のビットに1をセットすることで、その属性が有効化されます。各属性の内容は表3-22のとおりです。

プロパティ名	値	内容
Broadcast	0x01	セットされた場合、Broadcastで利用される
Read	0x02	セットされた場合、読み取りが可能になる
Write Without Response	0x04	セットされた場合、書き込み可能になる（書き込み先からの応答なし）
Write	0x08	セットされた場合、書き込み可能になる
Notify	0x10	セットされた場合、Notificationで利用可能になる
Indicate	0x10	セットされた場合、Indicationで利用可能になる
Authenticated Signed Write	0x40	認証署名付きでの書き込みが可能
Extended Properties	0x80	Extended Propertiesで利用

表3-22 Characteristic Propertiesで定義される属性

Characteristic値のAttribute

Characteristic値のAttributeの記述を図3-108に示します。ここで、Attribute Handleはデータベース上のアドレスを意味します。Attribute Typeは設計者が定義するCharacteristicUUIDが指定されます。Attribute Valueは実際のCharacteristic値が与えられます。Characteristic値のPermissionについては、上位のGATTを利用したプロファイルや実装時のデバイスの仕様に依存します。

Attribute Handle	Attribute Type	Attribute Value	Attribute Permission
0xNNNN	CharacteristicUUID	Characteristic Value	上位のGATTベースドのプロファイルもしくは実装時の仕様に依存

図3-108 Characteristic値のAttributeの構造

CharacteristicディスクリプタのAttribute

Characteristicディスクリプタは、Characteristic値についての関連情報を記述するために利用されるAttributeです。たとえば、Characteristicが食材であると1-1-1項でたとえましたが、そのたとえにもとづくと、Characteristicディスクリプタは「その食材の生産者が誰であるのか」「その食材の価格はいくらなのか」「食材の消費期限はいつなのか」など、食材に添付されている商品情報のシールに相当します。

CharacteristicではCharacteristic Propetiesとしていくつかの属性を定めていましたが、

Characteristicディスクリプタは Charactersitic に対してというより、その値そのものの属性や情報を追加的に定めるために利用されます。この Characteristic ディスクリプタは、表3-23に示すようにさらに6種類の Attribute が定義されています。それぞれで役割が異なるので、1つずつその機能を確認していきましょう。

ディスクリプタ	内容
Characteristic Extended Properties	Characteristic の拡張定義用のディスクリプタ
Characteristic User Description	ユーザーによる情報追記のためのディスクリプタ
Client Characteristic Configuration	ATT クライアントの設定用のディスクリプタ
Server Characteristic Configuration	ATT サーバの設定用のディスクリプタ
Characteristic Presentation Format	Characteristic の値の単位やフォーマットを記述するディスクリプタ
Characteristic Aggregate Format	列挙型の Characteristic に関する設定を行うディスクリプタ

表3-23 Characteristic ディスクリプタの種類

Characteristic Extended Properties

Characteristic Extended Properties は、Characteristic Properties の拡張定義に利用するディスクリプタです。Characteristic Extended Properties の Attribute の記述を図3-109に示します。Attribute Type は Characteristic Extended Properties 型であることを示す UUID$_{Characteristic\ Extended\ Properties}$（= 0x2900）を持ちます。Attribute Value の特定のビットを制御することで Extended Properties の属性を制御することができます。

Attribute Handle	Attribute Type	Attribute Value	Attribute Permission
0xNNNN	UUID$_{Characteristic\ Extended\ Properties}$	Characteristic Extended Properties Bit Field	読み取り専用

図3-109 Characteristic Extended Properties の Attribute の構造

Attribute Value	値	内容
Reliable Write	0x0001	セットすると、後述する 3-10-6 項の Prepare Write Request（176 ページ）の書き込みに対応する
Writable Auxiliaries	0x0002	セットすると Characteristic User Description の書き込みを許可しする
Reserved for Future Use（RFU）	0xFFFC	予約領域

表3-24 Characteristic Extended Properties の Attribute Value の値

Characteristic User Description

　Characteristic User Description は、Characteristic 値に対してのテキストでの情報記述に利用されるディスクリプタです。Characteristic User Descriptor の Attribute の記述を図 3-110 に示します。Attribute Type は Characteristic User Descriptor 型であることを示す UUID$_{\text{Characteristic User Descriptor}}$（= 0x2901）を持ちます。Attribute Value は UTF-8 の文字列を入力することができます。なお、サイズは可変長です。

Attribute Handle	Attribute Type	Attribute Value	Attribute Permission
0xNNNN	UUID Characteristic User Description	Characteristic User Description UTF-8 String	上位の GATT ベースドのプロファイル もしくは 実装時の仕様に依存

図 3-110　Characteristic User Descriptor の Attribute の構造

Client Characteristic Configuration

　Client Characteristic Configuration は、宣言する Characteristic においてクライアント側への Characteristic の振る舞いを設定するフラグです。Client Characteristic Properties の Attribute の記述を図 3-111 に示します。Attribute Type は Client Characteristic Properties 型であることを示す UUID$_{\text{Client Characteristic Properties}}$（= 0x2902）を持ちます。Attribute Value の特定のビットを制御することで Characteristic のクライアントに対する振る舞いを制御することができます。なお、この値はボンディング中、ボンディングしたデバイス間で変更されることはありません。

Attribute Handle	Attribute Type	Attribute Value	Attribute Permission
0xNNNN	UUID Client Characteristic Configuration	Characteristic Configuration Bit	Readable with no authentication or authorization
			Writable with authentication and authorization[7]

図 3-111　Client Characteristic Properties の Attribute の構造

Attribute Value	値	内容
Notification	0x0001	Characteristic Properties で Notify ビットがセットされている状態でセットされると Characteristic 値が Notification される
Indication	0x0002	Characteristic Properties で Indicate ビットがセットされている状態でセットされると Characteristic 値が Indication される
Reserved for Future Use（RFU）	0xFFF4	予約領域

表 3-25　Client Characteristic Propertiess の Attribute Value の値

※7　Authentication・Authorization については、上位の GATT ベースドのプロファイルもしくは実装時の仕様に依存します。

Server Characteristic Configuration

Server Characteristic Configuration は、宣言する Characteristic においてサーバ側の Characteristic の振る舞いを設定するフラグです。Server Characteristic Properties の Attribute の記述を図3-115に示します。Attribute Type は Server Characteristic Properties 型であることを示す $UUID_{Server\ Characteristic\ Properties}$（= 0x2903）を持ちます。Attribute Value の特定のビットを制御することで Characteristic のサーバ側の振る舞いを制御することができます。

Attribute Handle	Attribute Type	Attribute Value	Attribute Permission
0xNNNN	UUIDServer Characteristic Configuration	Characteristic Configuration Bit	読み取り可能
			書き込み可能※8

図3-112 Server Characteristic Properties の Attribute の構造

Attribute Value	値	内容
Boradcast	0x0001	Characteristic Properties の Broadcast ビットがセットされている場合にセットすると、サーバが Broadcast を許可する
Reserved for Future Use（RFU）	0xFFF2	予約領域

表3-26 Server Characteristic Properties の Attribute Value の値

Characteristic Presentation Format

Characteristic Presentation Format は、宣言する Characteristic のデータフォーマットや Characteristic 値の単位を記述するディスクリプタです。Characteristic Presentation Format の Attribute の記述を図3-113に示します。Attribute Type は Characteristic Presentation Format 型であることを示す $UUID_{Characteristic\ Presentation\ Format}$（= 0x2904）を持ちます。Attribute Value は Format、Exponent、Unit、NameSpace、Description の5つの領域で与えられます。Permissionha 読取り専用となります。

Attribute Handle	Attribute Type	Attribute Value					Attribute Permission
0xNNNN	UUIDCharacteristic Presentation Format	Format	Exponent	Unit	Name Space	Description	読み取り専用

図3-113 Characteristic Presentation Format の Attribute の構造

Attribute Value のデータ領域については次のとおりです。

※8　Authentication・Authorization については、上位の GATT ベースのプロファイルもしくは実装時の仕様に依存します。

3-10. GATTとService

- Format

　FormatはCharacteristic値がどのようなデータフォーマットかを定義します。Formatの値とデータフォーマットの対応を表3-29に示します。[※9] なお、Formatで指定されたデータフォーマットがoctet単位（すなわちビット単位）の場合、Characteristic値はそのAttribute ValueでLSBに実際の値が配置されている必要があります。また、残りのビットはゼロにセットされている必要があり、この点は注意が必要です。また、表3-23に示している指数値は後述するExponentに対応するか否かを示しています。

　Bluetooth ver.4.x以降でBLE上からIPv6を直接運用する機能が定義されていますが、Characteristic値をIPv4アドレスに利用する場合はuint32型が、IPv6アドレスに利用する場合はuint128型が利用されます。また、Bluetooth BDADDRに利用する場合はuint48型が利用されます。

- Exponent

　ExponentはCharacteristic値で一種の固定小数点を扱うために利用します。したがって、Exponentは整数型のFormatでのみ利用することができます。また、Exponentの値自体は必ず整数型となります。

実際のCharacteristic値 ＝ Characteristic値 × 10^{Exponent}

　たとえば、Exponent = 2、Characteristic値 = 23の場合、実際の値は2300となります。また、Exporent = -3、Characteristic値 = 3892の場合、実際の値は3.892となります。

- Unit

　UnitはCharacteristic値の単位を指定します。UnitはBluetooth SIGによって規格が定められており、Asigned Numbers Documentにその記述を見ることができます。[※10]

- NameSpace

　NameSpaceは後述するDescriptionの定義（数値と意味を対応付けるデータテーブル）を策定している組織を同定するために利用されます。通常はBluetooth SIGの定義を利用するので、BluetoothSIGを示す値（=0x01）が利用されます。[※11]

※9　この対応はBluetooth SIGによって定められており、https://developer.bluetooth.org/gatt/Pages/FormatTypes.aspx でも確認することができます。

※10　詳しくは、https://developer.bluetooth.org/gatt/units/Pages/default.aspx を参照ください。

※11　詳しくは、https://developer.bluetooth.org/gatt/Pages/GattNamespaceDescriptors.aspx を参照ください。

3. BLE を理解する

Format	短縮名称	内容	指数値
0x00	RFU	RFU (Reserved for Future Use)	No
0x01	boolean	unsigned 1 bit (0 = false、1 = true)	No
0x02	2bit	unsigned 2 bit integer	No
0x03	nibble	unsigned 4 bit integer	No
0x04	uint8	unsigned 8 bit integer	Yes
0x05	uint12	unsigned 12 bit integer	Yes
0x06	uint16	unsigned 16 bit integer	Yes
0x07	uint24	unsigned 24 bit integer	Yes
0x08	uint32	unsigned 32 bit integer	Yes
0x09	uint48	unsigned 48 bit integer	Yes
0x0A	uint64	unsigned 64 bit integer	Yes
0x0B	uint128	unsigned 128 bit integer	Yes
0x0C	sint8	signed 8 bit integer	Yes
0x0D	sint12	signed 12 bit integer	Yes
0x0E	sint16	signed 16 bit integer	Yes
0x0F	sint24	signed 24 bit integer	Yes
0x10	sint32	signed 32 bit integer	Yes
0x11	sint48	signed 48 bit integer	Yes
0x12	sint64	signed 64 bit integer	Yes
0x13	sin128	signed 128 bit integer	Yes
0x14	float32	IEEE-754 32 bit floating point	No
0x15	float64	IEEE-754 64 bit floating point	No
0x16	SFLOT	IEEE-11073 16 bit floating point	No
0x17	FLOAT	IEEE-11073 32 bit floating point	No
0x18	duint16	IEEE-20601 format	No
0x19	utf8s	UTF-8 string	No
0x1A	utf16s	UTF-16 string	No
0x1B	struct	Opaque structure	No
0x1C ～ 0xFF	RFU	RFU (Reserved for Future Use)	No

表 3-27 Format の値とデータフォーマットの対応

154

- Description

Description は Characteristic 値を補足する記述を行うために利用します。この Description は NameSpace に示された組織によって定義されます。[※12]

Characteristic Aggregate Format

Characteristic Aggregate Format は宣言する Characteristic Presentation Format のオプションとして利用できるディスクリプタです。1つの Characteristic に対して複数の Characteristic Presentation Format を列挙るために利用します。Characteristic Aggregated Format の Attribute の記述を図3-114に示します。

Attribute Type は Characteristic Aggregated Format 型であることを示す UUID$C_{characteristic\ Presentation\ Format}$（= 0x2905）を持ちます。Attribute Value は Characteristic Presentation Format の Attribute Handle（16bit）が連結した値をとります。連結された Attribute Handle の順番は有意な点に注意する必要があります。また、1つの Characteristic に対して複数の Characteristic Presentation Format が定義されている場合、必ず Characteristic Aggregate Format の記述が Characteristic 中に含まれます。

Attribute Handle	Attribute Type	Attribute Value	Attribute Permission
0xNNNN	UUID$_{Characteristic\ Aggregate\ Format}$	Charactersistic Presentation Format の Attribute Handle リスト	読み取り専用

図 3-114 Characteristic Aggregate Format の Attribute の構造

3-10-3. GATT による Service Changed、Characteristic

さて、これまでで Service と Characteristic の詳細を確認してきました。ここでは GATT 自体が提供する Service である、その名も Service Changed と、その Characteristic について解説します。

Service Changed はその名のとおり、Service を変更するためのコントロールポイント（電車の線路の切り替え機のイメージですね）として機能する Service で、GATT によってあらかじめ提供されています。なお、ここでの「変更」とは、GATT サーバ上の Service の追加、削除、そして改変です。

※12　詳しくは、https://developer.bluetooth.org/gatt/Pages/GattNamespaceDescriptors.aspx を参照ください。

それでは、Service Changedについて見ていきましょう。

GATT Service宣言

GATT ServiceはGATT Service宣言（Service Declaration）と呼ばれる型のAttributeで宣言されます。GATT Service宣言型のAttributeの記述を図3-115に示します。ここでAttribute Handleはデータベース上のアドレスを、Attribute TypeはService宣言型であることを示すUUID$_{GATT Service}$（= 0x1801）を持ちます。Attribute Valueは、Serviceを表す16bit Bluetooth UUIDもしくは128bit UUIDのService UUIDを持ちます。Permissionに関しては読み取り専用です。

Attribute Handle	Attribute Type	Attribute Value	Attribute Permission
0xNNNN	UUID$_{GATT Service}$	ServiceUUID (16bit Bluetooth UUID or 128bit UUID)	読み取り専用 認証不要 承認不要

図3-115 GATT Service宣言のAttributeの構造

Service Changed Characteristic宣言

Service Chancged Characteristic宣言のAttributeの記述を図3-116に示します。基本的には、Characteristic宣言と同様のAttributeとなります。Attribute Handleはデータベース上のアドレスを、Attribute TypeはCharacteristic宣言型と同様のUUIDCharacteristic（= 0x2803）を持ちます。

Attribute ValueもCharacteristic宣言と同様に3つの領域で構成されますが、その値がService Changedでは固定になっています。Characteristic Propertiesはベースの値（=0x20）が指定されます。他の属性をPropertiesに与える場合は0x20をベースとして他のビットを立てていきます。Characteristic Value Attribute Handleは、後述するService Chancged Characteristic値を表す型のAttributeへの参照先のAttribute Handleを指定します。Characteristic UUIDはServiceChanged専用のUUIDServiceChangedの値（=0x2A05）が指定されます。

156

Attribute Handle	Attribute Type	Attribute Value			Attribute Permission
0xNNNN	UUIDCharacteristic	Characteristic Properties	Characteristic Value Attribute Handle	UUIDServiceChanged	読み取り専用

図3-116 Service Chancged Characteristic 宣言の Attribute の構造

Service Changed Characteristic 値

　Service Chancged Characteristic 宣言の Attribute の記述を図3-117に示します。Attribute Handle はデータベース上のアドレスを示し、先の Service Change Characteristic 宣言の Attribute Value 内の Characteristic Attribute Handle で指定される Attiribute Handle になります。Attribute Type は UUIDServiceChanged（= 0x2A05）を持ちます。Attribute Value は2つの領域に分けられており、Service Changed によって影響を与える GATT サーバ上の AttributeHandle の範囲の開始地点から終了地点までが与えられています。

Attribute Handle	Attribute Type	Attribute Value		Attribute Permission
0xNNNN	UUIDCharacteristic	Start of Affected Attribute Handle Range	End of Affected Attribute Handle Range	読み取り不可 書き込み不可

図3-117 Service Changed Characteristic 値の Attribute の構造

3-10-4. GAP による Service、Characteristic

　GATT による Service と同様に、GATT プロファイルに包含される GAP 自体が提供する Service が存在します。ここでは GAP による Service、Characteristic について解説します。なお、GAP Service は GATT サーバ上で常に1つのインスタンスを持ち、GAP Service は BLE の Central、Peripheral ではサポートが必須です。

GAP Service宣言

　GAP ServiceはGAP Service宣言（GAP Service Declaration）と呼ばれる型のAttributeで宣言されます。GAP Service宣言型のAttributeの記述を図3-118に示します。ここでAttribute Handleはデータベース上のアドレスを、Attribute TypeはService宣言型であることを示すUUID$_{GAP Service}$（= 0x1800）を持ちます。Attribute Valueは、Serviceを表す16bit Bluetooth UUIDもしくは128bit UUIDのService UUIDを持ちます。Permissionに関しては読み取り専用です。

Attribute Handle	Attribute Type	Attribute Value	Attribute Permission
0xNNNN	UUID$_{GAP Service}$	ServiceUUID (16bit Bluetooth UUID or 128bit UUID)	読み取り専用 認証不要 承認不要

図3-118　GAP Service宣言のAttributeの構造

Device Name Characteristic値

　Device Name Characteristicはデバイス名を記述するCharacteristicです。Device Name Characteristic値のAttributeの記述を図3-119に示します。Attribute Handleはデータベース上のアドレスを示します。Attribute TypeはUUID$_{Device Name}$（= 0x2A00）を持ちます。Attribute ValueはDevice Nameを0〜248 octetまで記述することができます。

Attribute Handle	Attribute Type	Attribute Value	Attribute Permission
0xNNNN	UUID$_{Device Name}$	Device Name	読み取り可 オプションで書き込みも可能

図3-119　Device Name Characteristic値のAttributeの構造

Appearance Characteristic値

　Appearance Characteristicはデバイスの外観、つまり外部から見えるデバイスのカテゴリなどを記述するCharacteristicです。Appearance Characteristic値のAttributeの記述を図3-120に示します。Attribute Handleはデータベース上のアドレスを示します。Attribute TypeはUUID$_{Appearance Characteristic}$（= 0x2A01）を持ちます。Attribute Valueはデバイスのカテゴリ（10bit）

とサブカテゴリ（6bit）で構成されるAppearance（合計2 octet）が記述されます。このカテゴリとサブカテゴリを表すAppearanceの定数は参考文献を参照ください。※13

Attribute Handle	Attribute Type	Attribute Value	Attribute Permission
0xNNNN	UUID$_{Appearance\ Characteristic}$	Appearance	読み取り専用

図3-120 Appearance Characteristic 値の Attribute の構造

Peripheral Privacy Flag 値

　Peripheral側のデバイスのプライバシー機能を制御するCharacteristicです。Peripheral Privacy Flag値のAttributeの記述を図3-121に示します。Attribute Handleはデータベース上のアドレスを示します。Attribute TypeはUUID$_{Peripheral\ Privacy\ Flag}$（= 0x2A02）を持ちます。Attribute Valueの値が0x00の場合、デバイス内のプライバシー機能を無効化します。逆に値が0x01場合、プライバシー機能を有効化します。

Attribute Handle	Attribute Type	Attribute Value	Attribute Permission
0xNNNN	UUID$_{Peripheral\ Privacy\ Flag}$	Peripheral Privacy Flag	読み取り可 オプションで書き込みも可能

図3-121 Peripheral Privacy Flag 値の Attribute の構造

Reconnection Address 値

　Reconnection Address値はReconnection Addressを記述するCharacteristicです。Attributeの記述を図3-122に示します。Attribute Handleはデータベース上のアドレスを示します。Attribute TypeはUUIDRecconection Address（= 0x2A03）を持ちます。Attribute ValueはGAPによって生成されるnon-resolvable addressが記述されます。non-resolvable addressはuint48型を取ります。non-resolvable addressについてはver4.0 Vol.3 Section 10.8.2.1を参照ください。

※13 https://developer.bluetooth.org/gatt/characteristics/Pages/CharacteristicViewer.aspx?u=org.bluetooth.characteristic.gap.appearance.xml

159

Attribute Handle	Attribute Type	Attribute Value	Attribute Permission
0xNNNN	UUID_{Recconection Address}	Recconection Address	書き込み専用

図 3-122　Reconnection Address 値の Attribute の構造

Peripheral Preferred Connection Parameters Characteristic（**PPCP**）値

　PPCP は Peripheral の推奨する接続設定を記述する Characteristic です。PPCP 値の Attribute の記述を図 3-123 に示します。Attribute Handle はデータベース上のアドレスを示します。Attribute Type は UUID_{PPCP}（= 0x2A04）を持ちます。

　Attribute Value は 4 つの接続設定に関する領域で構成されます。

Attribute Handle	Attribute Type	Attribute Value				Attribute Permission
0xNNNN	UUID_{PPCP}	Minimum Connection Intarval	Maximum Connection Interval	Slave Latency	Connection Supervision Timeout Multiplier	読み取り可

図 3-123　PPCP 値の Attribute の構造

Minimum Connection Interaval

　Minimum Connection Interval は Connection Interval の最小値 Conn_Interval_Min を定義します。Connection Interval の最小値の実値 connIntervalmin は次の式に従います。Conn_Interval_Min の値域は 0x0006 ～ 0x0c80 となっており、値域外の値はサポートされません。

```
connIntervalmin = Conn_Interval_Min × 1.25ms
```

Maximum Connection Interaval

　Maximum Connection Interval は Connection Interval の最大値 Conn_Interval_Max を定義します。Connection Interval の最大値の実値 connIntervalmax は次の式に従います。Conn_Interval_Max の値域は 0x0006 ～ 0x0c80 となっており、値域外の値はサポートされません。また、Conn_Interval_Max の値は必ず Conn_Interval_Min 以上の値をとります。

```
connIntervalmax = Conn_Interval_Max × 1.25ms
```

Slave Latency

Connectionイベント数で示されるSlave Latencyを定義します。Slave Latencyの値域は0x0000～0x01F3となっており、値域外の値はサポートされません。

Connection Supervision Timeout Multiplier

接続監視におけるタイムアウトの値Nを定義します。このタイムアウトTimeの実値は10msの整数倍で計算され、以下の式で表されます。

```
Time = N × 10ms
```

Nの値域は0x000A～0x0c80のため、Timeの値域は100ms～32sの範囲になります。なお、地域外の値はサポートされません。

3-10-5. GATTプロファイルのAttribute Typeの一覧

以上がGATTプロファイル中のService、Characteristicの定義になります。本節で取り上げたService、Charactericに関するAttribute Typeの一覧を表3-28に示します。

Attribute Type	UUID
<<GAP Service>>	0x1800
<<GATT Service>>	0x1801
<<Primary Service>>	0x2800
<<Secondary Service>>	0x2801
<<Include>>	0x2802
<<Characteristic>>	0x2803
<<Characteristic Extended Properties>>	0x2900
<<Characteristic User Description>>	0x2901
<<Client Characteristic Configuration>>	0x2902
<<Server Characteristic Configuration>>	0x2903
<<Characteristic Format>>	0x2904
<<Characteristic Aggregate Format>>	0x2905
<<Device Name >>	0x2A00
<<Appearance>>	0x2A01
<<Peripheral Privacy Flag>>	0x2A02
<<Reconnection Address>>	0x2A03
<<PPCP>>	0x2A04
<<Service Changed>>	0x2A05

表 3-28 GATT プロファイルの Attribute Type の一覧

3-10-6. GATT プロファイルで利用できる機能

　GATT プロファイルは、本節の冒頭より述べていた Attribute をベースとしたデータベースによる Service、Characteristic と、本項で解説するそれらを利用するサーバ/クライアントの機能の2つによって構成されています。これは本章冒頭での市場のたとえで考えると、前者の Attribute ベースのデータベースは「市場の食材の陳列ブース」であり、後者の Service、Characteristic を利用するサーバ/クライアント機能は「ブースで食材を売買する店員であると考えることができます。

　本章はここまでで前者に相当する GATT によって提供される Service、Characteristic について解説しました。本項では、後者のそれらをベースとした GATT プロファイルによって提供される機能について解説していきたいと思います。

GATT プロファイルで利用できる機能と、GATT クライアント/サーバでの対応/非対応を表3-31に示します。表からもわかるように、GATT プロファイルの機能は11のProcedureと21のSub-Procedureが存在します。ここで、Sub-ProcedureとはProcedureで定義される一連の手順を利用した副次的なProcudureを指します。

No.	GATT プロファイルの機能		対応/非対応	
	Procedure	Sub-Procedure	クライアント	サーバ
1	Server Configuration	Exchange MTU		Option
2	Primary Service Discovery	Discover All Primary Services		○
		Discover Primary Services by Service UUID		○
3	Relationship Discovery	Find Included Sevices		○
4	Characteristic Discovery	Discover All Characteristic of a Service		○
		Discover Characteristic by UUID		○
5	Characteristic Descriptor Discovery	Discover All Characteristic Descriptors		○
6	Reading a Characteristic Value	Read Characteristic Value	Option	○
		Read Using Characteristic UUID		○
		Read Long Characteristic Values		
		Read Multiple Characteristic Values		
7	Writing a Characteristic Value	Write Without Response		
		Signed Write Without Response		
		Write Characteristic Value		
		Write Long Characteristic Values		
8	Notification of a Characteristic Value	Notifications		Option
9	Indication of a Characteristic Value	Indications	○	
10	Reading a Characteristic Descriptor	Read Characteristic Descriptors		
		Read Long Characteristic Descriptors	Option	
11	Writeing a Characteristic Descriptor	Write Characteristic Descriptors		
		Write Long Characteristic Descriptors		

表3-29 GATT プロファイルで利用できる機能とGATTクライアント/サーバの対応/非対応

それでは、さっそくServer ConfigurationからGATT プロファイルの機能を見ていきましょう。

Server Configuration

このProcedureはGATTクライアントによってATTの設定を行うためのProcedureになります。このProcedureでは、MTU容量を変更するsub-ProcedureであるExchange MTUがサポートされています。

MTUの容量を変更する（Exchange MTU）

MTU（ATT_MTU）の容量を変更するSub-ProcedureをExchange MTUと呼びます。GATTクライアントがデフォルト値よりも大きな容量のATT_MTUを要求する際に利用します。変更できる容量は接続された双方のデバイスがサポートする最大容量まで変更することができます。このSub-Procedureは、接続中に一度だけ実行することができます。サーバ/クライアント間の通信の概要を図3-124に示します。ここで利用しているAttribute Protocol PDUのExchange MTU Request、Exchange MTU Responseについては3-9-3項を参照ください。

図3-124　Exchange MTU

Primary Service Discovery

GATTサーバ上のPrimary Serviceを発見するProcedureをPrimary Service Discoveryと呼びます。このProcedureによってGATTサーバ上にPrimary Serviceを発見することで、それにひも付いたIncludeやCharacteristicなどの情報に、他のProcedureからアクセスすることもできます（このProcedureが次に示すRelationship Discoveryとなります）。このProcudureでは、GATTサーバ上のすべてのPrimary Serviceを発見するDiscover All Primary Servicesと、ServiceUUIDからPrimary Serviceを発見するDiscover Primary Services by ServiceUUIDがサポートされています。以降では、この2つのsub-Procedureについて見ていきましょう。

すべてのサービスを発見する（Discover All Primary Service）

　GATTサーバ上のサービスを発見するSub-ProcedureをDiscover All Primary Serviceと呼びます。GATTサーバ上のAttributeを、Attribute Handleが0x0001から0xFFFFまで、Attribute Typeが<<Primary Service>>（=0x2800）であるサービスを検索します。クライアントはGroup Type Requestを利用することで、サーバからGroup Type Responseが返却されます。サーバ/クライアント間の通信の概略を図3-125に示します。ここで利用しているAttribute Protocol PDUについては3-9-3節の「Read By Group Type Request/Response」、138ページを参照ください。

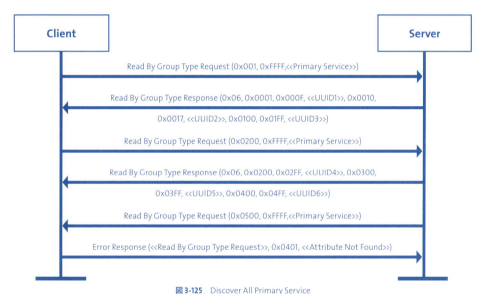

図3-125　Discover All Primary Service

ServiceUUIDからサービスを発見する（Discover Primary Services by ServiceUUID）

　先の方法とは別に、ServiceUUIDから直接GATT上のサービスを発見するSub-Procedureも存在します。これをDiscover Primary Services by ServiceUUIDと呼びます。クライアントはFind By Type Value Requestを利用することで、サーバからFind By Type Value Responseが返却されます。サーバ/クライアント間の通信の概略を図3-126に示します。ここで利用しているAttribute Protocol PDUについては3-9-3節の「Find By Type Value Request/Response」、131ページを参照ください。なお、Find By Type Value Requestで指定しているAttribute Handleの終了条件よりも早く、与えたServoiceUUIDが発見された場合、Serviceの検索は終了します。

3. BLEを理解する

図 3-126 Discover Primary Services by ServiceUUID

Relationship Discovery

　GATTサーバ上のServiceは、Sevice内で他のServiceをIncludeすることでServiceの再利用性を高めることができます。このIncludeされている他のServiceなどを検索し、Include元のServiceとの関係性を調べるProcedureをRelationship Discoveryと呼び、Sub-ProcedureとしてFind Included Servicesをサポートします。

Service上のIncludeを発見する（Find Included Services）

　Sevice内のIncludeの発見するSub-ProcedureをFind Included Servicesと呼びます。サーバ/クライアント間の通信の概略を図3-127に示します。クライアントはRead By Type Requestを利用することで、サーバからRead By Type Responseが返却されます。ここで利用しているAttribute Protocol PDUについては3-9-3節の「Read By Type Request/Response」（133ページ）、「Read Request/Response」（135ページ）項を参照ください。

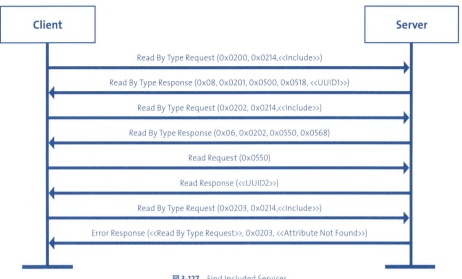

図 3-127　Find Included Services

Characteristic Discovery

　Service の発見と同様、Characteristic の発見もサポートされています。Characteristic を発見することにより、他の Procedure からそれにひも付いた情報にアクセスすることができます。この Procudure では、発見した Service 上のすべての Characteristic を発見する Discover All Characteristics of a Service と、UUID から直接 Characteristic を発見する Discover Characteristic by UUID が Sub-Procedure としてサポートされています。

Service 上の Characteristic をすべて発見する（Discover All Characteristics of a Service）

　先の Procedure で Service の発見を行いました。この発見した Service 上の Characteristic をすべて発見する Sub-Procedure を Discover All Characteristics of a Service と呼びます。サーバ/クライアント間の通信の概略を図 3-128 に示します。クライアントが Read By Type Request で UUID として <<Characteristic>> を指定して利用することで、サーバから Read By Type Response が返却されます。ここで利用している Attribute Protocol PDU については 3-9-3 節の「Read By Type Request/Response」、133 ページを参照ください。

図 3-128　Discover All Characteristics of a Service

UUIDからCharacteristicを発見する（Discover Characteristics by UUID）

　ServiceのAttribute Handleの範囲が既知、かつCharacteristic UUIDが既知の場合に利用するSub-ProcedureをDiscover All Characteristic of a Serviceと呼びます。手続きや利用するAttribute Protocol PDUについては、基本的にDiscover All Characteristicの場合と同様です。サーバ/クライアント間の通信の概略を図3-129に示します。

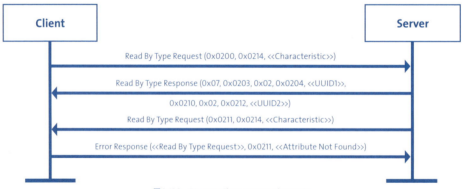

図 3-129　Discover Characteristics by UUID

Characteristic Descriptor Discovery

　当然、発見したCharacteristicからそのCharacteristicディスクリプタを発見することもできます。このProcedureをCharacteristic Descriptor Discoveryと呼んでいます。これによって

Characteristicディスクリプタを発見した後、後述する他のProcedureを使ってディスクリプタ内の情報を引き出すことも可能です。このProcedureでは、ディスクリプタの発見するSub-Procedure、Characteristic Descriptior Discoveryがサポートされています。

Characteristicディスクリプタを発見する（Discover All Characteristic Descriptors）

あるCharacteristicのAttribute Handleが既知であるとして、その範囲内のCharacteristicディスクリプタのAttribute HandleとAttribute Typeを発見するSub-Procedureは、Discover All Characteristic Discriptorsと呼ばれています。サーバ/クライアント間の通信の概略を図3-130に示します。クライアントがFind Information Requestで調べたいCharacteristicのAttribute Handleの範囲を指定することで、サーバからFind Information Responseが返却されます。ここで利用しているAttribute Protocol PDUについては3-9-3節の「Find Information Request/Response」、129ページを参照ください。

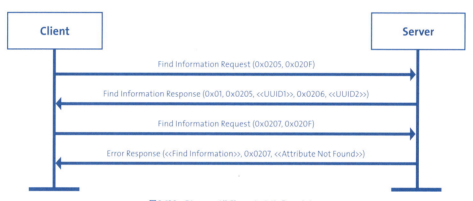

図3-130　Discover All Characteristic Descriptors

Characteristic Value Read

GATTサーバからCharacteristic値を読み出すProcedureはCharacteristic Value Readと呼ばれています。このProcedureには、純粋にCharacteristic値を読み出すRead Characteristic Value、Characteristic UUIDから値を読み出すRead Using Characteristic UUID、Read Characteristic Valueでは読み出しきれない長さのCharacteristic値を読み出すRead Long Characteristic Value、そして複数のAttribute Handleのセットから Characteristic値のセットを読み出すRead Multiple Charactesristic Values、以上の4種類のSub-Procedureが定義されています。

以降で、それらSub-Procedureについて詳細を見ていきましょう。

Characteristic値を読み出す（Read Characteristic Value）

　GATTサーバ上に存在するCharacteristic値のAttribute Handleが既知、かつCharacteristic値の容量が〔ATT_MTU − 1〕である場合、Characteristic値を直接読み出すことができます。この処理の手順を示しているSub-ProcedureがRead Characteristic Valueです。〔ATT_MTU-1〕以上の長さを持つCharacteristic値を読み出す場合は、後述するCharacteristic Long Characteristic Valueを利用します。サーバ/クライアント間の通信の概略を図3-131に示します。このSub-Procedureでは、クライアントがRead Requestで読み出したいCharacteristicのAttribute Handleを指定することで、サーバからRead ResponseとしてCharacteristic値が返却されます。ここで利用しているAttribute Protocol PDUについては3-9-3節の「Read Request/Response」、135ページを参照ください。

図3-131　Read Characteristic Value

Characteristic UUIDからCharacteristic値を読み出す（Read Using Characteristic UUID）

　GATTサーバ上のCharacteristic UUIDが既知である場合、Characteristic UUIDからCharacteristic値を直接読み出すことができます。この処理の手順を示したのがRead Using Characteristic UUIDです。サーバ/クライアント間の通信の概略を図3-132に示します。このSub-Procedureでは、クライアントがRead By Type RequestでGATTサーバ上のメモリ空間（Attribute Handle：0x0001〜0xFFFF）で所望のCharacteristicUUIDを直接検索します。検索の結果はサーバからRead By Type ResponseとしてCharacteristic値が返却されます。ここで利用しているAttribute Protocol PDUについては3-9-3節の「Read By Group Request/Response」、133ページを参照ください。

図 3-132　Read Using Characteristic UUID

〔ATT_MTU-1〕以上の長さのCharacteristic値を読み出す（Read Long Characteristic Values）

　Characteristic値のAttribute Handleと値の長さが既知である場合、通常はRead Characteristic Valueを利用しますが、値の長さが〔ATT_MTU-1〕を超える場合、一度のRead Characteristic Valueではプロトコル上、値の読出しに対処ができません。このような〔ATT_MTU-1〕を超えた値の読み出しを行う場合に利用するSub-PeocedureがRead Long Characteristicです。サーバ/クライアント間の通信の概略を図3-133に示します。このSub-Procedureでは、クライアントはRead RequestでGATTサーバ上へ読み出すのに加え、Read Blob Requestを利用してさらに値を読み出します。Read Blob Requestに与える引数Offset（読み出し対象のCharacteristic値のLSBからのオフセット）は当然、〔ATT_MTU-1〕となります。Read Blob RequestでOffsetを〔ATT_MTU-1〕×n（n：繰り返し回数）として連続で読み出すことで、所望の長さのCharacteristic値を読み出します。ここで利用しているAttribute Protocol PDUについては3-9-3節の「Read Request/Response」、135ページおよび「Read Brob Request/Response」、133ページを参照ください。

図 3-133　Read Long Characteristic Values

Attribute Handle のセットから Characteistic 値のセットを読み出す（Read Multiple Characteristic Values）

　Characteristic 値の Atribute Handle のセットが既知である場合、これら Attribute Handle に対応する Characteristic 値をセットで確認することができます。このような Sub Procedure を Read Multiple Charactersistic をと呼びます。サーバ/クライアント間の通信の概略を図 3-134 に示します。この Sub-Procedure では、クライアントは Read Multiple Response を用いて GATT サーバ上から値を読み出します。セットとなっている Characteristic 値の長さは〔ATT_MTU-1〕以下となり、〔ATT_MTU-1〕以上の長さを持つ Characteristic 値を読み出した場合、最初の〔ATT_MTU-1〕の長さ分だけの値が読み出されます。ここで利用している Attribute Protocol PDU については 3-9-3 節の「Read Multiple Request/Response」、137 ページを参照ください。

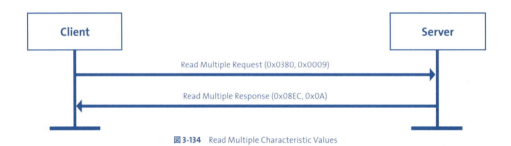

図 3-134　Read Multiple Characteristic Values

Characteristic Value Write

　読み込みと対になる Procedure として、GATT サーバ上の Characteristic に値を書き込む Procedure が定義されており、Characteristic Value Write と呼ばれています。この Procedure には、確認応答（Acknowledgement、ACK などと呼びます）を必要としない書き込みを行う Write Without Response、それに加えて暗号化を利用して書き込みを行う Singed Write Without Response、書き込みに対して確認応答を受け取る Write Characteristic Value、Write Characteristic Value で扱う以上の長さの Characteristic 値を書き込むための Write Long Characteristic Value、そして複数の Characteristic に同時に Characteristic 値を反映する Reliable Write、以上の 5 種類の Sub-Procedure がサポートされています。

Characteristic 値を書き込む（ACK なし）（Write Without Response）

　無線通信において、通信相手に関する情報は通信によってしか知ることはできません。したがって、特に無線通信で相手側のデバイスに情報を書き込む際、その操作によって通信相

手から「結果、どうなったのか」を知ることは非常に重要となります。この確認応答をACK
（Acknowledgement）と呼びます。Characteristic値をGATTサーバに書き込む際、このACKを
受けるか否かで利用するSub-Procedureが異なります。表3-32に、Characteristic Value Write
のSub-Procedureの違いを示します。

Sub-Procedure名	ACKの有無
Write Without Response	×
Singned Write Without Response	×
Write Characteristic Value	○
Write Long Characteristic Value	○
Reliable Write	○

表3-30 Characteristic Value WriteのSub-Procedureの違い

　表3-30からわかるように、Write Without ResponseはACKを利用せずに書き込みを行います。サーバ/クライアント間の通信の概略を図3-135に示します。ACKを利用せずに書き込むため、非常にシンプルにクライアントからWrite Commandを指定のAttribute Handleに対して行うのみになります。Write Commandについては3-9-3節の「Write Command」、140ページを参照ください。

図3-135 Write Without Response

暗号化を有効化してCharacteristic値を書き込む（ACKなし）（Signed Write Without Response）

　Signed Write Withpout Responseは暗号化を有効化してCharacteristicを書き込むSub-Procedureです。Write Without Responseと同様、ACKは利用しません。このSub-Procedureは

① CharactersiticPropertiesにおいてAuthenticated Signed Writeが有効化されている（参照 3-10-2項の「Characteristic Propertiesで定義される属性」、148ページ）
② クライアントとサーバがBondingされている（参照3-8-4項）

場合にのみ利用することができます。

またこのSub-Procedureは〔ATT_MTU-15〕octetまでの書き込みに対応し、一度の操作でのそれ以上の書き込みには対応していません。

サーバ/クライアント間の通信の概略を図3-136に示します。ACKを利用しないため、Write Without Responseと同様、サーバからのレスポンスはありません。書き込みについてはSigned Write Commandを利用します。引数であるAuthentication Signatureには、SMPによって発行された認証署名が与えられます。ちなみにCharacteristic値の書き込み幅が〔ATT_MTU-15〕octetに制限されている理由は、Signed Write Commandの引数においてAttribute Opcodeで1octet、Attribute Handleで2octet、Authentication Signatureで12octetが必要なためです（ATT - MTU - (1-2-12) = ATT_MTU -15）。Signed Write Commandについては3-9-3項の「Signed Write Command」、140ページを参照ください。

図3-136 Signed Write Without Response

Characteristic値を書き込む（ACKあり）（Write Characteristic Value）

Write Without Responseとは異なり、書き込みにGATTサーバ側からのACKを要求するSub-ProcedureをWrite Characteristic Valueと呼びます。ここで、一度に書き込むことができるCharacteristic値は〔ATT_MTU-3〕となります。〔ATT_MTU-3〕であるのは、引数のAttribute opcodeとAttribute Handleで3octet消費してしまうためです。これ以上の書き込みが必要な場合は、後述するWrite Long Characteristic Valueを利用します。

サーバ/クライアント間の通信の概略を図3-137に示します。書き込みにはWrite Requestを利用します。書き込みが成功していた場合、サーバ側からWrite ResponseがACKとして返却されます。ここで利用しているAttribute Protocol PDUについては3-9-3節の「Write Request/Response」（139ページ）を参照ください。

図3-137　Write Characteristic Value

〔ATT_MTU-3〕octet 以上の値を書き込む（ACK あり）（Write Long Characteristic Value）

〔ATT_MTU-3〕octet 以上の Characteristic 値を GATT サーバ上に書き込む場合の Sub-Procedure を Write Long Characteristic Value と呼びます。

サーバ/クライアント間の通信の概略を図3-138に示します。この Sub-Procedure で、クライアント側は Prepare Write Request と Execute Write Request の2種類の Attribute Protocol PDU を利用して書き込みを行います。Prepare Write Request を利用して書き込む内容をサーバ上にキューとしてためることができ、目的のキューがたまったタイミングで Exceute Write Request でサーバ上の Characteristic 値に反映させることができます。なお、Prepare Write Request で値を書き込む場合、Attribute Opcode で1octet、Attribute Handle で2octet、そして書き込む値のオフセット量を指定する Value Offset で2octet 消費してしまうため、一度に書き込むことができる Characteristic 値は〔ATT_MTU-5〕octet となります。ここで利用している Attribute Protocol PDU については 3-9-3節の「Prepare Write Request/Response」（141ページ）および「Execute Write Request/Response」（142ページ）を参照してください。

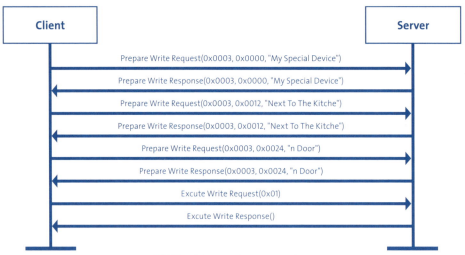

図3-138 Write Long Characteristic Value

複数のCharacteristicに同時にCharacteristic値を書き込む（Reliable Writes）

先ほどのPrepare Write Request/Excecute Write Requestを活用することで、複数のCharacteristicに同時にCharacteristic値を書き込むことSub-Procedureもサポートされており、これをReliable Writesと呼びます。

サーバ/クライアント間の通信の概略を図3-139に示します。このSub-Procedureでは、Write Long Characteristic Valueと同様、Prepare Write Request/Excecute Write Requestを利用します。Write Long Characteristic Valueとの違いはValue Offsetは0x00として、書き込みたいCharacteristicへのAttribute Handleを逐次指定しつつ、反映したいCharacteristic値を送信します。値の反映はWrite Long Characteristic Valueと同様、Excecute Write Requestで同時に反映させることができます。ここで利用しているAttribute Protocol PDUについては3-9-3節の「Prepare Write Request/Response」（141ページ）および「Execute Write Request/Response」（142ページ）を参照ください。

図 3-139　Reliable Writes

Characteristic Value Notification

　GATTサーバからのNotification（通知機能）をクライアントが受ける場合のProcedureをCharacteristic Value Notificationと呼びます。このProcedureでは、サーバから値を通知するNotificationと呼ばれるSub-Procedureがサポートされています。なお、この通知機能はClient Charactersitic Configurationディスクリプタ（参照3-10-2項の「Client Characteristic Properties」、151ページ）によって設定することができます。

GATTサーバからの通知を受け取る（ACKなし）（Notifications）

　GATTサーバから通知を受け取る際のSub-ProcedureをNotificationsと呼びます。Notificationではサーバからの通知に対してクライアントからACKの返信は行いません。ちなみに、後述するNotificationsとIndicationsの違いはクライアントがACKを返信するか否かです。したがって、Notificationsは信頼性が求められない情報の、Indicationsには信頼性が求められる情報の伝達に利用するとよいでしょう。

　サーバ/クライアント間の通信の概略を図3-140に示します。処理手順としては非常にシンプルで、サーバ側がHandle Value Notificationを利用するのみです。Handle Value Notificationについては3-9-3項の「Handle Value Notification」、143ページを参照してください。

図 3-140　Notifications

Characteristic Value Indications

　GATTサーバからの通知に対してACKを返信する通信処理をCharacteristic Value Indicationと呼びます。先のNotificationとは異なり、サーバからの通知に対してクライアントからACKの返信を行います。このProcedureではIndicationsと呼ばれるSub-Procedureがサポートされています。なお、この通知機能はCharacteristic Value Notificationsの場合と同様、Client Charactersitic Configurationディスクリプタ（参照3-10-2項「Client Characteristic Configuration」、151ページ）によって設定することができます。

GATTサーバからの通知を受け取る（ACKあり）（Indications）

　GATTサーバから通知を受け取り、クライアントからACKの返信を要求するSub-ProcedureをIndicationsと呼びます。サーバ/クライアント間の通信の概略を図3-140に示します。処理手順としてはこちらも非常にシンプルで、サーバ側がHandle Value Indicationsを利用するのみです。クライアントはIndicationを受信後、このAttribute Protocol PDUに対するACKとしてHandle ValueConfirmationを返信します。これらのAttribute Protocol PDUについては3-9-3節の「Handle Value Indication」、143ページを参照してください。

図 3-141　Indications

Characteristic Descriptors

GATTサーバ上のCharacteristicディスクリプタの読み込み/書き込みを行う処理を定めたProcedureをCharacteristic Decriptorsと呼びます。このProcedureでは、Characteristicディスクリプタの読み込みを行うRead Characteristic Disctriptors/Read Long Characteristic Descriptors、書き込みを行うWrite Characteristic Disctriptors/Write Long Characteristic Descriptors、以上の4種類のSub-Procedureが定められています。

Characteristicディスクリプタを読み込む（Read Characteristic Disctriptors）

GATTサーバからCharacteristicディスクリプタを読み込むSub-ProcedureをRead Characteristic Descriptorsと呼びます。基本的には、処理手順としてはRead Characteristic Valueと同様で、Read Requestを利用してCharacteristicディスクリプタのAttribute Handleを指定して読み込みます。サーバ/クライアント間の通信の概略を図3-141に示します。Attribute Protocol PDUについては、3-9-3項の「Read Request/Response」、135ページを参照してください。

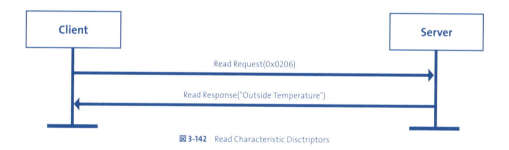

図3-142　Read Characteristic Disctriptors

〔ATT_MTU-1〕octet以上のCharacteristicディスクリプタを読み込む（Read Long Characteristic Disctriptors）

Read Characteristic DescriptorsではRead Requestと呼ばれるAttribute Protocol PDUを利用しているため、一度に読み込むことができるディスクリプタの値は〔ATT_MTU-1〕octetに制限されてしまいます。〔ATT_MTU-1〕octet以上のディスクリプタを読み込む場合の処理を記述したsub-Procedureが別途用意されており、Read Long Characteristic Disctriptorsと呼びます。

サーバ/クライアント間の通信の概略を図3-142に示します。基本的にはRead Long Characteristic Valueと手順は同様となるので、Sub-Procedureの挙動については図3-132を参照ください。また、Attribute Protocol PDUについては、3-9-3節の「Read Request/Response」および「Read Brob Request/Response」、135ページを参照してください。

179

Characteristicディスクリプタを書き込む（Write Characteristic Disctriptors）

　GATTサーバからCharacteristicディスクリプタを書き込むSub-ProcedureをWrite Characteristic Descriptorsと呼びます。基本的には、処理手順としてはWrite Characteristic Valueと同様で、Write Requestを利用してCharacteristicディスクリプタのAttribute Handleを指定して書き込みます。サーバ/クライアント間の通信の概要を図3-143に示します。Attribute Protocol PDUについては、3-9-3節の「Write Request/Response」（139ページ）を参照ください。項を参照してください。

図3-143　Write Characteristic Disctriptors

〔ATT_MTU-3〕octet以上のCharacteristicディスクリプタを書き込む（Write Long Characteristic Disctriptors）

　Write Characteristic DescriptorsではWrite Requestと呼ばれるAttribute Protocol PDUを利用しているため、一度に書き込むことができるディスクリプタの値は〔ATT_MTU-3〕octetに制限されてしまいます。〔ATT_MTU-3〕octet以上のCharacteristicディスクリプタを書き込む場合、Sub-ProcedureとしてWrite Long Characteristic Disctriptorsが用意されています。

　サーバ/クライアント間の通信の概要を図3-144に示します。基本的には、Write Long Characteristic Valueと同様の手順となるので、Sub-Procedureの挙動については図3-137を参照ください。また、Attribute Protocol PDUについては、3-9-3節の「Prepare Write Request/Response」（141ページ）および「Execute Write Request/Response」（142ページ）を参照ください。を参照してください。

3-11. iOS エンジニアの BLE あんちょこ

　以上で BLE の仕様について確認してきました。Core Bluetooth プログラミングについての Tips は Part 2、4 章以降で筆者 堤が解説していますが、本項では iOS エンジニアと関連する規格上のポイントをまとめます。

3-11-1. Bluetooth Accessory Design Guidelines for Apple Products

　iOS デバイスと Bluetooth デバイスを連携させるにあたり Apple からガイドラインが提供されています。このようなデバイスをアクセサリと呼んでいますが、BLE を利用したアクセサリについても Bluetooth Accessory Design Guidelines for Apple Products [※14] の 3 章に、そのガイドラインが記載されています。アクセサリを開発するためには、アクセサリがこのガイドラインを満たしておく必要があるため、iOS 開発者側もそのガイドラインを理解しておくことが望ましいでしょう。

アクセサリが実装するべき役割（Role）

　Apple は iOS と連携するアクセサリにおいて、Peripheral もしくは Broadcaster のいずれか一方が最低限で実装されているべきだとしています。これは iOS デバイスがアクセサリと形成するネットワーク中で、基本的に Central となることを指向しているためと考えます。役割（Role）については、「3-8-3. Mode と Procedure」を参照してください。

※14 https://developer.apple.com/hardwaredrivers/BluetoothDesignGuidelines.pdf

Advertisingチャンネル

アクセサリはiOSデバイスに対して3chのAdvertisingチャンネル（37ch、38ch、そして39ch）の全てを利用してAdvertisingを行うべきだとしています。Advertisingチャンネルについては3-4-1項の「BLEの無線通信の物理チャンネル」（62ページ）を参照してください。

サポートするAdvertising PDU

デバイスは4種類のAdvertsingPDU（ADV_IND、ADV_NOCONN_IND、ADV_SCAN_IND）の内、いずれか1つを利用します。残るAdvertising PDUであるADV_DIRECT_INDについて、Appleはガイドライン上でアクセサリで利用するべきではない、としています。Advertising PDUについては、「3-6-3. Advertising PDU」を参照してください。

Advertising Packet（Advertising Data）

アクセサリがAdvertisingで送出するAdvertising Packetは、Flags、TX Power Level、Local Name、Servicesの情報を少なくとも1つ含まなければなりません。

なお、Advertising Packetに含める情報についてはSupplement to the Bluetooth Core Specification、および3-4-5項の「Advertising PacketとScan Response Packet」（73ページ）を参照してください。

Advertising Packetの情報が納まらない場合はどうするべきなのか

アクセサリが省電力を意識してAdvertising PDUのサイズをコンパクトに設定している、もしくはAdvertising PDUに対して上記の情報が収まりきらないこともありえます。この場合、アクセサリ側は代わりにSCAN_RSP PDUにLocal NameおよびTX Power Levelなどの情報を配置することが許されています。しかしこの場合、Appleの製品の全てがSCAN_RSP PDUに対応するActive Scanningに対応しているわけではない点に注意する必要があります。

またAdvertising Packet中にServices情報を含める場合、AppleはPrimary Serviceは常にAdvertising Packetに含めてAdvertisingしなければなりませんが、他方、Secondary Serviceは含めるべきではない、としています。ただしAdvertising PDUの容量に制限がある場合、アクセサリの主要な使用目的に対し重要でないServiceの情報については、アクセサリ側の判断で省略され

る可能性があります。

なお、Advertising Packet と Scan Response Data のフォーマットについては、Bluetooth Core Specification Supplement、Part C Section18 に従います。

Advertising Interval の推奨設定

アクセサリの Advertising Interval については注意して設定する必要があります。これは Advertising Interval が iOS デバイスからのアクセサリの発見のしやすさや、接続のしやすさに大きく影響を与え、また、アクセサリがバッテリ駆動の場合はバッテリの容量についても影響を与えるためです。

アクセサリが Apple 製品から発見されるためには、最初の 30 秒間の Advertising Interval の設定値 advInterval=20ms とすることが推奨とされています。この 30 秒間にアクセサリが発見できなかった場合、Apple 製品から発見しやすくするために、Apple は下記の長周期な Advertising Interval の利用を推奨しています。ただし、この長周期の Advertising Interval を利用する場合、発見や接続により時間がかかる場合があり、注意する必要があります。Advertising Intarval については 3-4-5 の項「Advertising Interval」（69ページ）を参照してください。

なお、長周期の Advertising Interval（152.5ms、211.25ms、318.75ms、417.5ms、546.25ms、760.0ms、852.5ms、1022.5ms、1285.0ms）はいずれも 0.625ms の整数倍となっており、BLE の仕様を満たす値に設定されていることがわかります。

Connection Parameter の推奨設定

アクセサリが Peripheral の場合、Central との接続においていくつかの Connection Parameter を設定する必要があります。アクセサリは、その利用状態に合わせた適切な Connection Parameter を L2CAP Connection Parameter Update Request を送信することによって、適切なタイミングでリクエストするしなければなりません。詳細は Bluetooth 4.0 Specification, Volume3, Part A, Section 4.20 に記述されています。

なお、アクセサリの Connection Parameter のリクエストは下記の条件を満たさない場合、棄却されます。

- Intraval Max × (Slave Latency +1) ≦ 2 s
- Interval Min ≧ 20ms

183

- Interval Min + 20ms ≦ Interval Max
- Slave Latency ≦ 4 times
- connSupervisionTimeout ≦ 6s
- Interval Max × (Slave Latency +1) × 3 < connSupervisionTimeout

　BLE を利用した HID デバイス（これを HID over GATT とも呼びます）は、接続型のアクセサリの一つですが、この用途の場合、Apple 製品として承認されるためには Connection におけるインターバルは 11.25m 以下にする必要があります。

　なお、Apple 製品側で GAP サービス上の Peripheral Preferred Connection Parameters Characteristic について、読み出したり利用したりすることはありません。

Privacy

　アクセサリはいかなる状況でも Resolvable Private Address のキーが解除できるように実装されるべきです。Apple 製品はプライバシーに配慮する見地から Random Device Address を利用します。

Permission

　アクセサリ側は Service および Characteristic の発見のために特別な Permission たとえばペアリング、認証、もしくは暗号化を要求しません。唯一、要求する場合は Characteristic 値や Characteristic Descriptor 値にアクセスする場合のみです。Permission については 3-9-2 項の「Attribute Permission」（122 ページ）を参照ください。

Pairing

　アクセサリ側からペアリングを要求するべきではありません（ただし、認証要件を満たさない認証コードによるリクエストをアクセサリが棄却した場合を除きます）。

　BLE の仕様上、セキュリティ上の理由から Peripheral が Central と Bonding 処理おこなってのペアリングを要求する場合、Peripheral は認証要件を満たさない認証コードによるリクエストを適切に棄却しなければいけません。

　同様に、iOS デバイスが Central かつ GATT サーバとして動作する場合、そのような認証コード

によるリクエスト受けた場合は適切に棄却します。したがって、ペアリングを要求するiOSデバイスとやりとりするためには、アクセサリ側はペアリングの手続きを開始しなければなりません。

　ペアリングについてはApple製品上でのユーザ認証に依存します。一度、アクセサリがApple製品とペアリングすると、持続的な利用のためにCentral、Peripheralの両者で分散鍵（DK：Distributed Keys）を保持する必要があります。もしペアリングが必要とされなくなった場合、アクセサリは鍵を削除しなければなりません。

　なお、アクセサリの設計において認証機能を組み込むためには、BLEを利用する場合であっても、アクセサリはMFiプログラムを締結し、Authentication Specificationをサポートする必要があり、注意が必要です。MFiについてはコラム「BluetoothとMFiプログラム」（48ページ）を参照してください。

MTUの容量

　iOSデバイスはデフォルトの容量を超えるMTUと、そのためのMTUの拡張に関するリクエスト（Exchange MTU Request）をサポートしており、アクセサリ側はより大きい容量のMTUへの拡張を要求することができます。MTUについては3-9-2「MTU（Maximum Transfer Unit）」や後述する3-11-3項を参照してください。

Services

GAP Service

　アクセサリはGAP Service中のDevice Name CharacteristicをPermissionが書き込み可能な状態で実装しなければなりません。Device Name Characteristicについては、「3-10-4. Device Name Characteristic」を参照してください。

GATT Service

　アクセサリがその動作中に自身のGATTデータベースを変更する場合、そのアクセサリはService Changed Characteristicを実装していなければなりません。このService Changed Characteristicはファームウェア・アップデートなど、動的にGATTを変更する際に利用するCharacteristicです。逆に考えると、アクセサリ上のService Changed Characteristicの有無を確認することで、Apple製品はアクセサリから読みだしたAttributeの情報をキャッシュすることで、アクセサリとの通信におけるServiceやCharacteristicの発見などの操作の効率化を図ることができ

ます。

Device Information Service

アクセサリは Device Information Service を実装しなければなりません。ただし Device Information Service の UUID は Advertising Packet 中でアドバタイズされてはいけません。アクセサリは以下の Characteristic をサポートしなければなりません。以下の Characteristic の詳細は Bluetooth SIG のサイト[※15] でも確認することができます。

- Manufacture Name String
- Model Number String
- Firmware Revision String
- Software Revision String

Available Services

iOS 7.0 を利用することで、いずれの iOS 製品も Battery Service、Time Service そして Apple Notification Center Service (ANCS) のサービスに対応することができ、アクセサリ側でそれらを利用できるようになります。

Time Service は現在時刻と現地時刻の情報を保持する Characteristic を持ちます。ただし、現在時刻を変更した時にそれらの時刻を調整する機能は提供されていません。また、ANCS は UUIDANCS=7905F431-B5CE-4E99-A40F-4B1E122D00D0 で提供されています。

これらのサービスはアクセサリと接続した直後にその機能が保証されているものではありません。またアクセサリは Service が利用可能になった場合に Service Changed Characteristic による Indication によってその旨を通知しなければなりません。iOS デバイスは接続が維持されている限り、利用可能であると通知された機能を使用することができます。

GATT サーバ

iOS6.0以降で、アプリケーション側から GATT サーバに対して Service や Characteristic を提供することで、iOS デバイスがアクセサリを利用できるようになります。本項の推奨事項はそのような場合のアクセサリに適用します。

以下の Service は iOS によって内部で実装され、サードパーティである iOS アプリケーションに対して公開されることはありません。

[※15] https://developer.bluetooth.org/gatt/characteristics/Pages/CharacteristicsHome.aspx

- GATT (Generic Attribute Profile) Service

- GAP (Generic Access Profile) Service

- Bluetooth Low Energy HID Service

- Battery Service

- Time Service

- Apple Notification Center Service

iOSデバイスはGAP Service上のService Changed Characteristicを実装しています。これは、GATT上のデータベースの内容を任意のタイミングで変更できるようにするためです。したがって、アクセサリはService Changed Characteristicの値のIndicationをサポートし、Indicationを受信したら、それに応じてデータベースのキャッシュを無効にしなければなりません。

アクセサリはATT/GATTリクエストおよびコマンドの利用を最小限にし、必要な情報のみを送信しなければなりません。たとえば、アクセサリが特定のサービスを検索する場合、Attribute Protocol PDUでDiscover All Servicesは利用してはいけません。この場合はAttribute Protocol PDUのUse Discover Primary Service By Service UUIDで代替します。これはパケットのやりとりを削減することで電力消費を抑えアクセサリ、Apple製品双方のパフォーマンスの向上につながるためです。

サードパーティのiOSアプリケーションがアクセサリ上のServiceを検索する場合、以下のServiceがiOSによって内部で利用され、発見されたアクセサリ上のServiceがフィルタされた状態でCore Bluetoothによって提供されます。

- GATT Service

- GAP Service

- Bluetooth LE HID Service

- Apple Notification Center Service

サービスを所有するアプリケーションがフォアグラウンドではなく、バックグラウンドで実行する権利を持たない場合、アクセサリとのペアリングやCharacteristic値の読み書きが失敗する可能性があります。一方で、アクセサリはこのようなエラーを含んだいずれのエラーに対しても、充分に対応できるように頑健に設計されていなければなりません。

Attribute Protocol PDUにおいてPrepare Write Requestが利用された場合、キューとして積まれた全てのAttributeは同一のGATTサービスのインスタンス中に保持されます。

3-11-2. BLE はなぜ低消費電力なのか

BLE の仕様については表 3-3 でまとめました。表 3-3 を見ただけでは、BLE の何が電力の低消費化につながっているのかわかりにくいため、ここで改めてクラシック BT と BLE を比較してその仕様の違いについて確認していきましょう。クラシック BT の仕様と BLE の仕様の比較を表 3-31 に示します。

	クラシック BT	BLE
周波数帯域	2.4GHz	2.4GHz（2.400〜2.4835GHz）
変調方式	GFSK	GFSK
データレート	24Mbps(Bluetooth 3.0 High Speed 時)	1Mbps
チャンネル数	79ch.	40ch（Advertising ch.＝3ch. / Data ch.＝37ch.）
最大出力	100.00mW	10.00mW（+10dBm）
ペアリング	必須	オプション
パケット長	1021 octet	47 octet

表 3-31 クラシック BT の仕様と BLE の仕様の比較

表 3-31 を見るとわかるように、変調方式や理論上のデータレート自体はクラシック BT と BLE 間で違いはありません。したがって、同じように通信を利用した場合、理論上は両者の消費電力に差は生まれないはずです。それでは、ここで BLE の低消費電力化に寄与している要素は何なのでしょうか。この要素をまとめると、次の 3 点に尽きます。

- 送信パケット長の小型化
- 間欠動作による低消費電力化
- 通信チャンネル数の削減

送信パケット長の小型化

BLE では、送信パケット長はクラシック BLE の 1021 octet から大幅に削減され 47 octet となっています。これは 2 つ目の項目にも関係しますが、パケット長が小型化すれば送信に要する時間も相対的に短くなります。この観点から、後述する MTU についてもやりとりする Attribute の値のサイズを不用意に拡張すると通信に要する時間が増加し、アクセサリの低消費電力化を妨げる要因と

なるため、電力要件が厳しい場合は注意する必要があります。

間欠動作による低消費電力化

　LEDの調光（光の明るさを調節すること）をおこなう場合、PWM（Pulse Width Modulation）という手法を利用します。この手法は単純にいえばスイッチのON/OFFを繰り返し、ONとOFFの区間の比率を調整することでLEDに与える電力を調整する、というものです。BLEにおける間欠動作による低消費電力化も基本的には同様で、通信の区間をできるかぎり削減し、通信していない区間ではスリープをすることで、全体としての電力消費を押さえる工夫をおこなっています。

　3-4-5項の「Passive Scanning」（71ページ）で取り扱ったPassive Scanningなどもその工夫の一つです。Passive Scanningでは、Scan状態のデバイス（たとえばiOSデバイス）は常に周囲のデバイスからのAdvertisingを待ち続ける一方、周辺のBLEデバイスは自身のタイミングでAdvertisingをおこないます。重要なのはBLEデバイス側がAdvertisingを自身のタイミングで行うという点です。仮に、これが逆だった場合、周辺のBLEデバイスはiOSデバイスなどからのAdvertisingに変わる何らかのパケットを待ち続けなければならず、BLEデバイス側は「どのタイミングでスリープし」「どのタイミングで起動していれば良いのか」を図ることができなくなってしまいます。

　これと関連して、Advertising Intervalの設定なども深く影響します。たとえば、Advertising Intervalの間隔を短くした場合、BLEデバイスは単位時間内でより多く何らかの通信を行うことになるため、電力消費に大きく影響をうけるでしょう。したがって、上述したようにAdvertising Intervalの設計の際は、実現したいサービスに対してIntervalが適切か否かを議論することが重要だと考えます。

通信チャンネル数の削減

　クラシックBTおよびBLEともに、無線通信の際には周波数ホッピング・スペクトラム拡散（FHSS）を利用しています。この際、通信時にホップする周波数のChannel数ですが、BLEでは先述したAdvertisingのためにAdvertising専用のチャンネルを37ch、38ch、39chの3種類に限定し、少ないチャンネルのホップでも発見が容易になるよう配慮されています。発見を容易にすることで、上述した間欠動作による低電力動作につながります。

　以上の項目について、アプリケーションレベルで実際にどのように対応できるか、については6章で堤が解説しています。低電力化を意識する必要がある場合はそちらも参照ください。

3-11-3. Core Bluetooth における 20octet が何を示すのか

　Core Bluetoothの書き込みにおいて、書き込むデータはデフォルトでは20octet(=20byte)となっていますが、これは何を意味しているのでしょうか。本項では、その理由をBLEの仕様から紐解いていきたいと思います。

　GATTとデータのやりとりを行う際、下流のControllerからHostに至るまでにパケットは分解され、L2CAPに到達した時点でHost側が利用するInformation Dataはデフォルトで23octetとなっています。このパケットの流れは「3-5. L2CAP (Logical Link Control and Adaption Protocol) による パケットの制御」、そして図3-29、図3-30を確認できます。このInformation DataのサイズがATT_MTUであり、Information Payloadが23octetであることから必然的にATT_MTU$_{default}$=23octetとなります。

　ここで、このInformation PayloadにAttribute Protocol PDUにおいて実際のデータの他にメソッドで利用する情報も含まれている点が20octetである理由であり、答えです。たとえば、Attribute Protocol PDU における Write Request、Write Command、Handle Value Notifications、Handle Value Indications では、Attribute Value の 他 に、Attribute Opcode (1octet)、Attribute Handle (2octet)が含まれます。したがって、実際にAttribute Valueとしてデフォルトで利用できるサイズは、

ATT_MTU$_{default}$ −（Attribute Opcode + Attribute Handle）= 23octet −（1octet+2octet）= 20 octet

となり、これがCore Bluetooth上での書き込みの上限サイズ20octetとなります。

　それではAttributeに書き込める値が20octetなのか、というとそういうわけではありません。3-9-2項の「MTU（Maximum Transfer Unit）」（122ページ）でも示しているようにAttributeのサイズの最大値は512octetであり、20octetはあくまでデバイス間のデフォルトでの通信量ということを示しています。

　なお仕様上、読み込みの場合と書き込みの場合では一度に通信できるデータのサイズは異なります。これはAttribute Protocol PDUにおけるRead Requestをみれば明らかです。この場合、Information Data中でAttribute Valueの他はAttribute Opcode（1octet）のみのため、実際に利用できるデフォルトでのサイズは、仕様上は

ATT_MTU$_{default}$ −（Attribute Opcode）= 23octet −（1octet）=22octet

となります。

また、認証証明付きの書き込みを行う場合も通常の書き込み時のデータサイズとは異なり、Attribute Value の他に、Attribute Opcode（1octet）、Attribute Handle（2octet）、Authentication Signature（12octet）が含まれます。したがって、仕様上は

$ATT\_MTU_{default}$ −（Attribute Opcode + Attribute Handle+Authentication Signature）
＝ 23octet −（1octet+2octet+12octet）=8octet

となります。

MTU 拡張の使いどころ

〔ATT_MTU-1〕octet 以上のサイズの Attribute は Long Attribute と呼ばれており、当然、Long Attribute を扱うための Attribute Protocol PDU も用意されています。これに相当する Attribute Protocol PDU は Prepare Write Request や Read Blob Request であり、Long Attribute のデータを複数回にわけて送受信するために利用します（「3-9-3. Read Blob Request/Response」を参照）。

では、MTU 拡張[16] はどのような場合に利用するのでしょうか？ MTU 拡張の目的は以下の2つに尽きます。

・パケットのやりとりの回数を減らす
・Indication や Notification のように複数回に分けて送受信を行わないようなメソッドにおいて $ATT\_MTU_{default}$ 以上のデータを送信する

パケットのやりとりの回数を減らすことは、通信の回数を減らすことで電力の削減などに寄与します。ただし、本質的にはやりとりする Attribute が少なくなるようにしておく方がよく、サービスやハードウェア、そしてアプリケーションのバランスを総合的にみて設計して利用するべきでしょう。

Indication や Notification で GATT サーバ上から送信されるデータをデフォルト値以上に増やす場合は MTU 拡張をする以外に方法はないため、どちらかといえば後者の目的での利用が MTU 拡張の大きな目的となると考えます。

いずれにせよ、ATT_MTU のサイズや MTU 拡張については、サービス、ハードウェアも含めて

※16 3-9-3 項の「Exchange MTU Request/Response」（126 ページ）および 3-10-6.「MTU の容量を変更する（Exchange MTU）」（164 ページ）を参照してください。

考慮する必要があり、アプリケーションのみで最適な値が決定するものではありません。この点は心の片隅にとどめておくとよいでしょう。

Part2. iOSプログラミング編　4章
Core Bluetooth 入門

本章から「iOSプログラミング編」として、Core Bluetoothの実装方法を解説していきます。本章では、はじめの一歩目として、周辺のBLEデバイスを探索し、発見したデバイスに接続する、そして接続したデバイスとデータのやりとりを行う、というBLEの通信の一連の流れを、基本事項だけに絞って解説します。

（堤修一）

4. Core Bluetooth 入門

Core Bluetooth は、iOS アプリで BLE を制御するためのフレームワークです。前章までに、konashi および konashi-ios-sdk を使用して、Core Bluetooth を意識することなく iOS アプリと外部デバイス（konashi）とで BLE で情報をやり取りする方法について解説しましたが、ここからは、Core Bluetooth を直接利用する方法を解説していきます。

といっても、**いきなり「セントラルからペリフェラルを〜」と聞き慣れない BLE 用語全開で説明するととっつきにくくなる**ので、本章では「周辺の BLE デバイスを検索する」、「接続する」といったように、**BLE の難しい専門用語や詳しい規格を知らなくてもイメージできる切り口から、少しずつ Core Bluetooth の実装方法を身につけていける**ように解説していきたいと思います。

また、新しい事柄が一度にたくさん出てくると混乱のもとになるので、**各項では新しく学ぶ事項を必要最小限に**とどめています。その代わりに、**項目同士を関連づけて理解できるよう、「関連項目」の欄を設けてある** ので、知識を広げていきたい場合等にはそちらも併せてご参照ください。

> ❶ 本章ではなるべく最初は BLE の専門用語を使用せず平易な解説をするように心がけていますが、途中からやはり「ペリフェラル」「キャラクタリスティック」といった用語が出てきます。それらの概念を理解していないと実装内容にピンと来ない部分もあるかもしれません。
> そういった場合、BLE の仕様にそのものについて解説している 3 章に立ち戻って改めて BLE の概念について学び直すのも手ですし、もう 1 つオススメなのが、**サンプルをまず動かしてみること**です。[※1] **実際の動作を確認してから、それらがどのように実装されているのかを見ていくと、解説内容がイメージしやすくなり**ます。

※1　ダウンロード方法は「サンプルプログラムのダウンロード方法」参照

4-1. 周辺のBLEデバイスを検索する

BLEで通信を行うには、相手のデバイスに接続しないといけないわけですが、そもそも接続するためにはまず、**周囲にどんなBLEデバイスがあるのかを知る**必要があります。

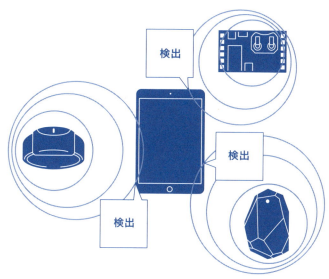

図4-1　スキャン

本節では、**iOSアプリから周囲にあるBLEデバイスを検索**する方法について説明します。この周辺のBLEデバイスを検索することを、BLEでは「スキャン」と呼びます。[※2]

◎ **新たに出てくるAPI**

- CBCentralManager
  - `initWithDelegate:queue:`
  - `scanForPeripheralsWithServices:options:`

[※2] スキャン（Scanning）の仕様については「3-4-5. AdvertisingとScanning」で詳細に解説しています。

4. Core Bluetooth 入門

- stopScan
- state

- CBCentralManagerDelegate
  - centralManagerDidUpdateState:
  - centralManager:didDiscoverPeripheral:advertisementData:RSSI:
- CBPeripheral
  - readRSSI
- CBCentralManagerState
  - CBCentralManagerStatePoweredOn

実装方法

本節は Core Bluetooth 実装の最初の一歩目なので、ヘッダのインポートから順番に実装手順を解説していきます。そのため一見すると必要手順が多く見えるかもしれませんが、スキャン自体の実装としては、基本的には以下の2ステップだけです。

- スキャン実行メソッドを呼ぶ
- デリゲートメソッドでスキャン結果を受け取る

1: ヘッダのインポート

Core Bluetooth のヘッダをインポートします。

`objc`

```objc
@import CoreBluetooth;
```

`swift`

```swift
import CoreBluetooth
```

2: プロトコル準拠の宣言とプロパティ定義実装

CBCentralManager という、スキャンや接続などを行うクラスのオブジェクトを保持しておくためのプロパティを定義しておきます。

また、スキャン結果を受け取るため、CBCentralManagerDelegate プロトコルへの準拠を宣

言しておきます。

```objc
@interface ViewController () <CBCentralManagerDelegate>
@property (nonatomic, strong) CBCentralManager *centralManager;
@end
```

```swift
class ViewController: UIViewController, CBCentralManagerDelegate {
    var centralManager: CBCentralManager!
```

3: CBCentralManager を初期化する

CBCentralManagerを初期化するには、initWithDelegate:queue:メソッドをコールします。

```objc
self.centralManager = [[CBCentralManager alloc] initWithDelegate:self
                                                           queue:nil];
```

```swift
self.centralManager = CBCentralManager(delegate: self, queue: nil)
```

スキャン結果を受け取るため、第1引数にデリゲート先のオブジェクトを指定しておきます。第2引数のqueueは、ここではnilでOKです。[3]

4: CBCentralManager の状態変化を取得する

CBCentralManagerの状態が変化すると、CBCentralManagerDelegate プロトコルの centralManagerDidUpdateState:メソッドが呼ばれます。

本メソッドは **CBCentralManagerDelegate において @required 指定されている**ため、必ず実装しておく必要があります。

※3　第2引数の詳細は「6-4. イベントディスパッチ用のキューを変更する（セントラル）」で解説しています。

4. Core Bluetooth 入門

```objc
- (void)centralManagerDidUpdateState:(CBCentralManager *)central {

    NSLog(@"state:%ld", (long)central.state);
}
```

```swift
func centralManagerDidUpdateState(central: CBCentralManager!) {

    println("state: \(central.state)")
}
```

> ⓘ このデリゲートメソッドの引数に入ってくる CBCentralManager オブジェクトの
> stateプロパティの値が CBCentralManagerStatePoweredOn になっていれば、スキャ
> ン等の処理を開始することができます。
>
> 　したがって、次のようにcentralManagerDidUpdateState:内でCBCentralManager
> の状態を判定してスキャンを開始する、といった実装はよく行われます。
>
> ```objc
> - (void)centralManagerDidUpdateState:(CBCentralManager *)central {
>
>     // PoweredOnになったらスキャンを開始する
>     switch (central.state) {
>         case CBCentralManagerStatePoweredOn:
>
>             // （スキャン開始処理）
>
>             break;
>         default:
>             break;
>     }
> }
> ```
>
> 　逆にいうと、CBCentralManagerStatePoweredOnになる前にスキャンを開始しよう
> としても失敗します。詳細は「11. ハマりどころ逆引き辞典 - トラブル1: スキャンに失
> 敗する」をご参照ください。

198

5: スキャンを開始する

CBCentralManager の scanForPeripheralsWithServices:options: メソッドをコールするとスキャンが開始します。

`objc`

```objc
[self.centralManager scanForPeripheralsWithServices:nil
                                            options:nil];
```

`swift`

```swift
self.centralManager.scanForPeripheralsWithServices(nil, options: nil)
```

第1引数、第2引数については、ここではnilを指定しておけばOKです。[4]

6: スキャン結果を受け取る

周辺にある BLE デバイスが見つかると、CBCentralManagerDelegate プロトコルの centralManager:didDiscoverPeripheral:advertisementData:RSSI: が呼ばれます。

`objc`

```objc
- (void)   centralManager:(CBCentralManager *)central
    didDiscoverPeripheral:(CBPeripheral *)peripheral
        advertisementData:(NSDictionary *)advertisementData
                     RSSI:(NSNumber *)RSSI
{
    NSLog(@"発見したBLEデバイス：%@", peripheral);
}
```

---

[4] nilを指定することの意味や、具体的な値を指定する場合などの詳細は、「6-1-2. 特定のサービスを指定してスキャンする」「6-1-3. できるだけスキャンの検出イベントをまとめる」で説明します。

199

4. Core Bluetooth 入門

```swift
func centralManager(central: CBCentralManager!,
    didDiscoverPeripheral peripheral: CBPeripheral!,
    advertisementData: [NSObject : AnyObject]!,
    RSSI: NSNumber!)
{
    println("発見したBLEデバイス: \(peripheral)")
}
```

　発見したBLEデバイスはCBPeripheralというクラスのオブジェクトとして第2引数に入って
きます。
　第3引数には「アドバタイズメントデータ」[5]という情報が入ってくるのですが、ひとまず本
節の段階では気にしないでOKです。
　第4引数RSSIには、**受信信号強度**（**RSSI : Received Signal Strength Indicator**）を表す
NSNumberオブジェクトが入ってきます。

---

　❶ RSSIの単位はデシベルで、対数表現のためマイナス値をとります。信号強度はデバイ
ス間の距離によって減衰するため、本値は**ペリフェラルまでの近接度**を判断する場合な
どに利用されます。CBPeripheralのreadRSSIメソッドで取得することも可能です。

　なお、本デリゲートメソッドは、**周辺デバイスが見つかるたびに**呼ばれます。[6]

7: スキャンを停止する

　スキャンは自動的に停止しないため、タイムアウト時間を用意するなり、停止ボタンを提供す
るなりして、次のように明示的にstopScanメソッドをコールして停止する必要があります。[7]

```objc
[self.centralManager stopScan];
```

※5　アドバタイズメントデータについては、「5-1. セントラルから発見されるようにする（アドバタイズの開始）」「5-3. サービスをアドバタイズする」
「8-4. アドバタイズメントデータ 詳解」で解説します。

※6　同じペリフェラルが複数回検出されても、そのつどこのデリゲートメソッドが呼ばれるようにするかどうかは、スキャン開始時のoption
引数に渡す値によって決まります。詳細は「6-1-3. できるだけスキャンの検出イベントをまとめる」をご参照ください。

※7　関連：「6-1-1. スキャンを明示的に停止する」

200

試してみる

サンプル	BLEScanExample

　サンプル「BLEScanExample」を実行してみましょう。スキャン対象のBLEデバイスは何でもいいのですが、ここでは前章までに用いていたkonashiを例にとり、説明していきます。[※8]

　konashiに電池を入れるかUSBケーブルを繋ぐかして、電源を入れてiOSデバイスの近くに置いてください。

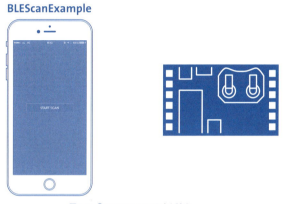

図 4-2 「BLEScanExample」を試す

　この状態で「START SCAN」ボタンをタップすると、次のようにスキャン結果がコンソールに出力されます。

```
発見したBLEデバイス：<CBPeripheral: 0x1780fe300, identifier = C7241DF7-9757-878D-091A-B45F4A592377, name = konashi#4-1055, state = disconnected>
```

　name = konashi#x-xxxx[※9] とあることから、konashiがスキャンで発見できていることがわかります。[※10]

※8　konashiをお持ちでなければ、もう一台、iOSデバイスを用意して「10-2. 開発に便利なiOSアプリ『LightBlue』」で説明しているような方法でペリフェラルを代用することもできます。

※9　konashi 1.x の場合。konashi 2 では個体番号のフォーマットが変更されています。

※10　関連：「8-5. CBPeripheral の name が示す『デバイス名』について」

4. Core Bluetooth 入門

◎ **関連項目**

- 3-4-5. Advertising と Scanning
- 6-1-1. スキャンを明示的に停止する
- 6-1-2. 特定のサービスを指定してスキャンする
- 6-1-3. できるだけスキャンの検出イベントをまとめる
- 6-4. イベントディスパッチ用のキューを変更する（セントラル）
- 7-2-3. バックグラウンドにおける制約（セントラル）
- 7-3. アプリが停止しても、代わりにタスクを実行するようシステムに要求する（状態の保存と復元）
- 8-2. Bluetooth がオフの場合にユーザーにアラートを表示する
- 8-5. CBPeripheral の name が示す「デバイス名」について
- 11. ハマりどころ逆引き辞典 - トラブル 1: スキャンに失敗する

4-2. BLEデバイスに接続する

前項で周辺にあるBLEデバイスを発見できたところで、次はその**発見したデバイスに接続**してみましょう。接続が確立できるとそのデバイスと相互に情報のやり取りができるようになります（情報のやり取りの実装については、次項以降で解説します）。[※11]

なお、この「周辺にあるBLEデバイス」のことを、BLEの規格では「**ペリフェラル**」と呼びます。以降の解説では、この「ペリフェラル」という用語を使っていきます。[※12]

◎ 新たに出てくるAPI

- CBCentralManager
  - `connectPeripheral:options:`
- CBCentralManagerDelegate
  - `centralManager:didConnectPeripheral:`
  - `centralManager:didFailToConnectPeripheral:error:`

実装方法

前項でペリフェラルの発見まで実装しましたが、その続きからの実装手順を説明していきます。

1: プロパティ定義

発見したペリフェラル（CBPeripheral）のオブジェクトを保持しておくためのプロパティを定義しておきます（このプロパティが必要な理由は後述します）。

※11　「接続」（Connection）の仕様については「3-4-6. Connection」で解説しています。
※12　ペリフェラルの仕様については「3-8. GAP (Generic Access Profile) の詳細を知る」で解説しています。

203

4. Core Bluetooth 入門

```objc
@interface ViewController () <CBCentralManagerDelegate>
@property (nonatomic, strong) CBCentralManager *centralManager;
@property (nonatomic, strong) CBPeripheral *peripheral;
@end
```

```swift
class ViewController: UIViewController, CBCentralManagerDelegate {
    var centralManager: CBCentralManager!
    var peripheral: CBPeripheral!
```

2: 接続を開始する

ペリフェラルへの接続を開始するには、CBCentralManager の connectPeripheral:
options: メソッドを使用します。

第1引数には接続したいペリフェラルの CBPeripheral オブジェクトを渡します。

第2引数にはオプションを渡せるようになっていますが、ここでは nil で OK です。[13]

```objc
[self.centralManager connectPeripheral:peripheral options:nil];
```

```swift
self.centralManager.connectPeripheral(self.peripheral, options: nil)
```

たとえば、スキャンしてペリフェラルを発見したタイミングで接続を開始する場合の実装は
次のようになります。

```objc
- (void)  centralManager:(CBCentralManager *)central
    didDiscoverPeripheral:(CBPeripheral *)peripheral
        advertisementData:(NSDictionary *)advertisementData
                     RSSI:(NSNumber *)RSSI
```

---

[13] オプションの詳細は「7-4. バックグラウンド実行モードを使用せず、バックグラウンドでのイベント発生をアラート表示する」で解説
しています。

```objc
{
    self.peripheral = peripheral;

    // 接続開始
    [self.centralManager connectPeripheral:peripheral options:nil];
}
```

`swift`

```swift
func centralManager(central: CBCentralManager!,
    didDiscoverPeripheral peripheral: CBPeripheral!,
    advertisementData: [NSObject : AnyObject]!,
    RSSI: NSNumber!)
{
    self.peripheral = peripheral

    // 接続開始
    self.centralManager.connectPeripheral(self.peripheral, options: nil)
}
```

　ここで、**発見したCBPeripheralオブジェクトが解放されてしまわないよう**、接続したいCBPeripheralオブジェクトに対しては、上記のようにstrong属性のプロパティで保持するなり、NSArrayの要素に追加するなりして**参照を保持する**必要があります。[14]

3: 接続結果を取得する

　接続が成功するとCBCentralManagerDelegateのcentralManager:didConnectPeripheral:が、失敗するとcentralManager:didFailToConnectPeripheral:error:が呼ばれます。

`objc`

```objc
// ペリフェラルへの接続が成功すると呼ばれる
- (void)  centralManager:(CBCentralManager *)central
    didConnectPeripheral:(CBPeripheral *)peripheral
{
    NSLog(@"接続成功！");
}
```

※**14**　参照を保持しないことによるトラブルについては、「11: ハマりどころ逆引き辞典 - トラブル2: 接続に失敗する」で解説しています。

205

4. Core Bluetooth 入門

```
// ペリフェラルへの接続が失敗すると呼ばれる
- (void)         centralManager:(CBCentralManager *)central
    didFailToConnectPeripheral:(CBPeripheral *)peripheral
                         error:(NSError *)error
{
    NSLog(@"接続失敗・・・");
}
```

```swift
// ペリフェラルへの接続が成功すると呼ばれる
func centralManager(central: CBCentralManager!, didConnectPeripheral peripheral:
CBPeripheral!) {
    println("接続成功！")
}

// ペリフェラルへの接続が失敗すると呼ばれる
func centralManager(central: CBCentralManager!, didFailToConnectPeripheral
peripheral: CBPeripheral!, error: NSError!) {
    println("接続失敗・・・")
}
```

BLE デバイスとの接続を切断する

　　バッテリー消費を抑えるために、「接続の必要がなくなり次第、すぐにペリフェラルとの接続を切断する」ことが推奨されています。接続の切断方法や、詳細については「6-3-1. 接続の必要がなくなり次第すぐに切断する／ペンディングされている接続要求をキャンセルする」で説明しているので、ご参照ください。

◎ **関連項目**

- 3-4-6. Connection
- 6-3-1. 接続の必要がなくなり次第すぐに切断する／ペンディングされている接続要求をキャンセルする
- 7-4. バックグラウンド実行モードを使用せず、バックグラウンドでのイベント発生をアラート表示する
- 11. ハマりどころ逆引き辞典 - トラブル 2: 接続に失敗する

206

4-3. 接続したBLEデバイスのサービス・キャラクタリスティックを探索する

「セントラル」「ペリフェラル」「サービス」「キャラクタリスティック」とは?

周辺にあるBLEデバイスとの接続が確立できたところで、いよいよデータのやり取りを行うわけですが、ここからは「**セントラル**」「**ペリフェラル**」「**サービス**」「**キャラクタリスティック**」という4つの聞きなれないBLE固有の概念がどうしても不可欠になってきます。

それぞれの詳細は3章の関連項目[※15]を適宜復習していただくとして、ここでは以降の解説を理解するために(非常にざっくりですが)以下のことだけでも把握しておいてください(「ペリフェラル」は前節ですでに出てきましたが、他の用語と関連付けて理解するためにもここで改めて説明します)。

- セントラル...BLEの通信において、**スキャン・接続などを行う側のデバイス**をこう呼びます。
- ペリフェラル...BLEの通信において、**スキャンで発見される側のデバイス**をこう呼びます。**1つ以上の「サービス」を提供**します。
- サービス...**1つ以上の「キャラクタリスティック」**を持ちます。
- キャラクタリスティック...**データを保持**します。

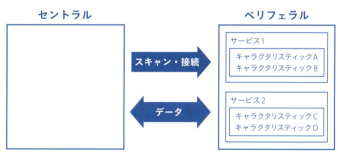

図4-3 セントラル／ペリフェラル／サービス／キャラクタリスティックの関係

※15 セントラル・ペリフェラル (Central, Peripheral) の仕様は「3-8. GAP (Generic Access Profile) の詳細を知る」、サービス・キャラクタリスティック (Service, Characteristic) の仕様は「3-10. GATTとService」で詳細に解説しています。

207

4. Core Bluetooth 入門

　ここで、セントラルからペリフェラルのデータを読み出す（Read）にしろ、書き込む（Write）にしろ、BLEで何らかのデータのやり取りを行うには「**ペリフェラル**」がどんな「**サービス**」「**キャラクタリスティック**」を提供しているかを「**セントラル**」が知る必要があります。

　そこで本節では、**セントラルから、接続したペリフェラルのサービス・キャラクタリスティックの一覧を取得する（探索する）**実装方法について解説します。

◎ **新たに出てくるAPI**

- CBPeripheral
  - delegate
  - services
  - discoverServices:
  - discoverCharacteristics:forService:
- CBPeripheralDelegate
  - peripheral:didDiscoverServices:
  - peripheral:didDiscoverCharacteristicsForService:error:
- CBService
  - characteristics
- CBCharacteristic

実装方法

　一見、スキャンや接続と比較して実装手順が長いように見えるかもしれませんが、実装の流れとしては

- **ペリフェラルの持っているサービス一覧を取得**する
- **サービスの持っているキャラクタリスティック一覧を取得**する

の**2段階**だけで、非常にシンプルです。

1: プロトコル準拠の宣言
　サービス／キャラクタリスティックの探索結果を受け取るため、CBPeripheralDelegateプロトコルへの準拠を宣言しておきます。

```objc
@interface ViewController () <CBCentralManagerDelegate, CBPeripheralDelegate>
```

```swift
class ViewController: UIViewController, CBCentralManagerDelegate,
    CBPeripheralDelegate
```

2: サービス探索を開始する

サービス探索を開始するには、CBPeripheralクラスのdiscoverServices:メソッドをコールします。

```objc
// サービス探索結果を受け取るためにデリゲートをセット
peripheral.delegate = self;

// サービス探索開始
[peripheral discoverServices:nil];
```

```swift
// サービス探索結果を受け取るためにデリゲートをセット
peripheral.delegate = self

// サービス探索開始
peripheral.discoverServices(nil)
```

サービス探索を開始する前に、**サービス探索結果を受け取るために、CBPeripheralの delegateプロパティにオブジェクトをセット**しておきます。

discoverServicesの引数には探索対象のサービスのUUIDを配列で渡すことができるのですが、ここではnilでOKです。nilを渡した場合は**すべてのサービスが探索対象**となります。[16]

この処理を、ペリフェラルとの接続が確立したタイミングで行うとすると、コードは次のようになります。

※**16** 関連:「6-2-1. 必要なサービスのみ探索する」

209

4. Core Bluetooth 入門

```objc
// ペリフェラルへの接続が成功すると呼ばれる
- (void)  centralManager:(CBCentralManager *)central
    didConnectPeripheral:(CBPeripheral *)peripheral
{
    // サービス探索結果を受け取るためにデリゲートをセット
    peripheral.delegate = self;

    // サービス探索開始
    [peripheral discoverServices:nil];
}
```

```swift
// ペリフェラルへの接続が成功すると呼ばれる
func centralManager(central: CBCentralManager!,
    didConnectPeripheral peripheral: CBPeripheral!)
{
    // サービス探索結果を受け取るためにデリゲートをセット
    peripheral.delegate = self

    // サービス探索開始
    peripheral.discoverServices(nil)
}
```

3: サービス探索結果を受け取る

サービスが見つかると、CBPeripheralDelegate の peripheral:didDiscoverServices: が呼ばれます。

```objc
- (void)   peripheral:(CBPeripheral *)peripheral
    didDiscoverServices:(NSError *)error
{
    NSArray *services = peripheral.services;
    NSLog(@"%lu 個のサービスを発見！:%@", (unsigned long)services.count, services);
}
```

```swift
func peripheral(peripheral: CBPeripheral!, didDiscoverServices error: NSError!) {

    let services: NSArray = peripheral.services
    println("\(services.count) 個のサービスを発見！ \(services)")
}
```

発見したサービスのオブジェクトはCBPeripheralのservicesプロパティに配列として格納されています。

4: キャラクタリスティック探索を開始する

キャラクタリスティックの探索を開始するには、CBPeripheralクラスのdiscoverCharacteristics:forService:メソッドを使用します。

```objc
[peripheral discoverCharacteristics:nil forService:service];
```

```swift
peripheral.discoverCharacteristics(nil, forService: service)
```

discoverCharacteristics:forService:の第1引数には探索対象のキャラクタリスティックのUUIDを配列で渡すことができるのですが、ここではnilでOKです。**nilを指定した場合はすべてのキャラクタリスティックが探索対象** となります。[17]

また第2引数には、**どのサービスについて探索するか**を指定するためのCBServiceのオブジェクトを渡します。

この処理をサービス発見時に行うとすると、コードは次のようになります。

※17　関連：「6-2-2. 必要なキャラクタリスティックのみ探索する」

4. Core Bluetooth 入門

```objc
// サービス発見時に呼ばれる
- (void)        peripheral:(CBPeripheral *)peripheral
    didDiscoverServices:(NSError *)error
{
    NSArray *services = peripheral.services;
    NSLog(@"%lu 個のサービスを発見！:%@", (unsigned long)services.count, services);
    for (CBService *service in services) {

        // キャラクタリスティック探索開始
        [peripheral discoverCharacteristics:nil forService:service];
    }
}
```

```swift
// サービス発見時に呼ばれる
func peripheral(peripheral: CBPeripheral!, didDiscoverServices error: NSError!) {

    let services: NSArray = peripheral.services
    println("\(services.count) 個のサービスを発見！ \(services)")

    for obj in services {

        if let service = obj as? CBService {

            // キャラクタリスティック探索開始
            peripheral.discoverCharacteristics(nil, forService: service)
        }
    }
}
```

5: キャラクタリスティック探索結果を取得する

　キャラクタリスティックが見つかると、CBPeripheralDelegate の peripheral:didDisco
verCharacteristicsForService:error: が呼ばれます。

```objc
- (void)                    peripheral:(CBPeripheral *)peripheral
    didDiscoverCharacteristicsForService:(CBService *)service
                               error:(NSError *)error
```

212

```objc
{
    NSArray *characteristics = service.characteristics;
    NSLog(@"%lu 個のキャラクタリスティックを発見！%@", (unsigned long)characteristics.count, characteristics);
}
```

`objc`

```objc
func peripheral(peripheral: CBPeripheral!,
    didDiscoverCharacteristicsForService service: CBService!,
    error: NSError!)
{
    let characteristics: NSArray = service.characteristics
    println("\(characteristics.count) 個のキャラクタリスティックを発見！ \(characteristics)")
}
```

発見したキャラクタリスティックのオブジェクトはCBServiceのcharacteristicsプロパティに配列として格納されています。

試してみる

サンプル	BLEDiscoverServiceExample

konashiに電源をつないで近くに置いた状態で、「BLEDiscoverServicesExample」サンプルの「START SCAN」ボタンをタップすると、次のようにコンソールに出力されます。

```
A発見したBLEデバイス：<CBPeripheral: 0x1700fb980, identifier = C7241DF7-9757-878D-091A-B45F4A592377, name = konashi#4-1055, state = disconnected>
接続成功！
3 個のサービスを発見！:(
    "<CBService: 0x14d6b860 Peripheral = <CBPeripheral: 0x14e545a0 identifier = BBF72D8D-7B82-CA53-49BA-B57FE671B1DE, Name = \"konashi#4-1055\", state = connected>, Primary = YES, UUID = Device Information>",
    "<CBService: 0x14d6a300 Peripheral = <CBPeripheral: 0x14e545a0 identifier = BBF72D8D-7B82-CA53-49BA-B57FE671B1DE, Name = \"konashi#4-1055\", state = connected>, Primary = YES, UUID = Battery>",
```

4. Core Bluetooth 入門

```
    "<CBService: 0x14d69a40 Peripheral = <CBPeripheral: 0x14e545a0 identifier
= BBF72D8D-7B82-CA53-49BA-B57FE671B1DE, Name = \"konashi#4-1055\", state =
connected>, Primary = YES, UUID = FF00>"
)
5 個のキャラクタリスティックを発見！(
    "<CBCharacteristic: 0x14e551a0 UUID = Model Number String, Value = (null),
Properties = 0x2, Notifying = NO, Broadcasting = NO>",
    "<CBCharacteristic: 0x14e7a240 UUID = Hardware Revision String, Value =
(null), Properties = 0x2, Notifying = NO, Broadcasting = NO>",
    "<CBCharacteristic: 0x14e7a310 UUID = Firmware Revision String, Value =
(null), Properties = 0x2, Notifying = NO, Broadcasting = NO>",
    "<CBCharacteristic: 0x14e7a340 UUID = Software Revision String, Value =
(null), Properties = 0x2, Notifying = NO, Broadcasting = NO>",
    "<CBCharacteristic: 0x14e7a370 UUID = Manufacturer Name String, Value =
(null), Properties = 0x2, Notifying = NO, Broadcasting = NO>"
)
                                                                    (以下略)
```

ログの内容から、**konashi 発見 → 接続 → サービス発見 → キャラクタリスティック発見** とい
うフローで処理が進んでいることがわかります。

また、見つかったサービスやキャラクタリスティックの内容を見ると、それぞれの UUID が、
konashi のドキュメント[※18] に載っている UUID と一致していることもわかります。

ℹ️ なお、この結果は konashi 1.x を使用したときのものです。konashi 2 ではサービス・
キャラクタリスティックの UUID が変更されているため、異なる出力結果になります。

◎ **関連項目**

- 3-8. GAP（Generic Access Profile）の詳細を知る
- 3-10. GATT と Service
- 6-2-1. 必要なサービスのみ探索する
- 6-2-2. 必要なキャラクタリスティックのみ探索する
- 11. ハマりどころ逆引き辞典 - トラブル3: サービスまたはキャラクタリスティックが見つか
  らない

[※18] http://konashi.ux-xu.com/documents/

4-4. 接続したBLEデバイスから データを読み出す（Read）

ペリフェラル（接続したBLEデバイス）からセントラル（iOSアプリ側）がデータを読み出す通信はReadと呼ばれます。[19]

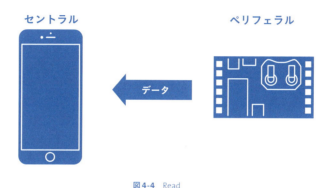

図4-4　Read

直感的には、**セントラルがペリフェラルからデータを「受信する」**と表現したほうがわかりやすいかもしれません。

本節ではこのReadの実装について解説します。

◎ 新たに出てくるAPI

- CBPeripheral
  - `readValueForCharacteristic:`
- CBPeripheralDelegate
  - `peripheral:didUpdateValueForCharacteristic:error:`
- CBService
  - UUID

---

[19] Readの仕様については「3-9. ATT（Attribute Protocol）とGATT（Generic Attribute Profile）の詳細を知る」や「3-10. GATTとService」で詳細に解説しています。

4. Core Bluetooth 入門

- CBCharacteristic
  - `properties`
  - `value`
  - `UUID`
- CBUUID
  - `UUIDWithString:`
- CBCharacteristicProperties
  - `CBCharacteristicPropertyRead`

実装方法

1: データ読み出しを開始する

ペリフェラルからデータを読み出すには、CBPeripheralの `readValueForCharacteristic:` メソッドをコールします。

```objc
[peripheral readValueForCharacteristic:characteristic];
```

```swift
peripheral.readValueForCharacteristic(characteristic)
```

「ペリフェラルからデータを読み出す」というのは、「(ペリフェラルの持つ) **キャラクタリスティックの値 (value) を取得する**」ということを意味します。そのため、引数には**読み出したいデータを保持するキャラクタリスティックのオブジェクト**を渡します。

たとえば、「発見したキャラクタリスティックのうち、Read用のものに対してだけデータ読み出しを開始する」場合は、次のようなコードになります。

```objc
// キャラクタリスティック発見時に呼ばれる
- (void)                         peripheral:(CBPeripheral *)peripheral
    didDiscoverCharacteristicsForService:(CBService *)service
                                   error:(NSError *)error
{
    NSArray *characteristics = service.characteristics;

    for (CBCharacteristic *characteristic in characteristics) {

        // プロパティがReadのものに対して読み出し開始
        if (characteristic.properties == CBCharacteristicPropertyRead) {

            [peripheral readValueForCharacteristic:characteristic];
        }
    }
}
```

```swift
// キャラクタリスティック発見時に呼ばれる
func peripheral(peripheral: CBPeripheral!,
    didDiscoverCharacteristicsForService service: CBService!,
    error: NSError!)
{
    let characteristics: NSArray = service.characteristics

    for obj in characteristics {

        if let characteristic = obj as? CBCharacteristic {

            // Read専用のキャラクタリスティックに限定して読み出す
            if characteristic.properties == CBCharacteristicProperties.Read {

                peripheral.readValueForCharacteristic(characteristic)
            }
        }
    }
}
```

　判定に用いているCBCharacteristicのpropertiesプロパティは、この後に出てくるWrite
やNotifyなど**キャラクタリスティックの種別**を示すもので、ここでは読み出し可能であること
を示すCBCharacteristicPropertyReadと一致するかどうかを判定しています。

217

4. Core Bluetooth 入門

キャラクタリスティックのプロパティの判定方法について

CBCharacteristic の properties プロパティは、CBCharacteristicProperties 型の値で、**複数のキャラクタリスティックプロパティを論理和で合わせて持つ**ことができます。

したがって、上述のコードでは、properties に **CBCharacteristicPropertyRead** だけが指定されている場合のみ判定条件に一致し、**Read** 以外にも（この後の項で紹介する）**Write** や **Notify** にも対応している場合には判定条件に一致しないことになります。

CBCharacteristic オブジェクトが複数のキャラクタリスティックプロパティを持っていて、その中に Read が含まれている場合に、条件に一致させるには、次のように **ビット演算子「&」を用いて CBCharacteristicPropertyRead のビットが立っているかどう**かを判定します。

```
// Readのビットが立っているすべてのキャラクタリスティックに対して読み出す
if ((characteristic.properties & CBCharacteristicPropertyRead) != 0) {

    [peripheral readValueForCharacteristic:characteristic];
}
```

2: データの読み出し結果を取得する

データ読み出しが完了すると、CBPeripheralDelegate プロトコルの peripheral:didUpdateValueForCharacteristic:error: が呼ばれます。

`objc`

```
- (void)              peripheral:(CBPeripheral *)peripheral
   didUpdateValueForCharacteristic:(CBCharacteristic *)characteristic
                          error:(NSError *)error
{
    NSLog(@"読み出し成功！service uuid:%@, characteristice uuid:%@, value%@",
          characteristic.service.UUID, characteristic.UUID, characteristic.
value);
}
```

```swift
func peripheral(peripheral: CBPeripheral!,
    didUpdateValueForCharacteristic characteristic: CBCharacteristic!,
    error: NSError!)
{
    println("読み出し成功！service uuid: \(characteristic.service.UUID),
characteristic uuid: \(characteristic.UUID), value: \(characteristic.value)")
}
```

　成功すれば、上記のようにCBCharacteristicオブジェクトの**value**プロパティより値を取得することができます。すなわち、ペリフェラルよりデータを読み出せたことになります。

試してみる

サンプル	BLEReadExample

　konashiの電源を入れ、近くに置いた状態で「BLEReadExample」の「START SCAN」ボタンをタップすると、次のようにコンソールに出力されます。[20]

```
読み出し成功！service uuid:Device Information, characteristice uuid:Model Number
String, value<59452d57 50433030 31>
読み出し成功！service uuid:Device Information, characteristice uuid:Hardware
Revision String, value<4d312e30 2e30>
読み出し成功！service uuid:Device Information, characteristice uuid:Firmware
Revision String, value<6b6f6e61 73686920 312e302e 30>
読み出し成功！service uuid:Device Information, characteristice uuid:Software
Revision String, value<54312e30 2e30>
読み出し成功！service uuid:Device Information, characteristice uuid:Manufacturer
Name String, value<59554b41 4920456e 67696e65 6572696e 6720496e 63>
読み出し成功！service uuid:Battery, characteristice uuid:Battery Level, value<5e>
読み出し成功！service uuid:Battery, characteristice uuid:Battery Power State,
value<9f>
読み出し成功！service uuid:Battery, characteristice uuid:2A3A, value<0100>
```

※**20** konashi 1.xを使用。konashi 2ではサービス・キャラクタリスティックのUUIDが変更されているため、異なる結果になります。

```
読み出し成功！service uuid:FF00, characteristice uuid:3008, value<006b>
読み出し成功！service uuid:FF00, characteristice uuid:3009, value<006b>
読み出し成功！service uuid:FF00, characteristice uuid:300A, value<006b>
読み出し成功！service uuid:FF00, characteristice uuid:300F, value<>
```

　それぞれ、konashiの持つキャラクタリスティックからvalue値を取得できていることがわかります。

　ただし、CBCharacteristicのvalueプロパティはNSData型なので、そのままログ出力しても上記のように内容がよくわかりません。**それぞれのキャラクタリスティックの仕様に応じて、適切にNSStringやint型などに変換する必要があります。**

　たとえばバッテリーレベルを保持するサービス／キャラクタリスティックの値を変換する実装は、次のようになります。

`objc`

```objc
// バッテリーレベルのキャラクタリスティックかどうかを判定
if ([characteristic.UUID isEqual:[CBUUID UUIDWithString:@"2A19"]]) {

    unsigned char byte;

    // 1バイト取り出す
    [characteristic.value getBytes:&byte length:1];

    NSLog(@"Battery Level: %d", byte);
}
```

`swift`

```swift
// バッテリーレベルのキャラクタリスティックかどうかを判定
if characteristic.UUID.isEqual(CBUUID(string: "2A19")) {

    var byte: CUnsignedChar = 0

    // 1バイト取り出す
    characteristic.value.getBytes(&byte, length: 1)

    println("Battery Level: \(byte)")
}
```

これをkonashiのバッテリーレベルを保持するキャラクタリスティックより取得した値に対して実行すると、次のようにログ出力され、バッテリーレベルが取得できていることがわかります。

```
Battery Level: 94
```

◎ 関連項目

- 3-9. ATT（Attribute Protocol）とGATT（Generic Attribute Profile）の詳細を知る
- 3-10. GATTとService
- 5-4. セントラルからのReadリクエストに応答する
- 8-3. UUID 詳解

4-5. 接続したBLEデバイスへデータを書き込む（Write）

接続したBLEデバイス（ペリフェラル）へデータを書き込む方法を説明します。この**セントラル（iOSアプリ側）からペリフェラルへデータを書き込む通信はWrite**と呼ばれます。[21]

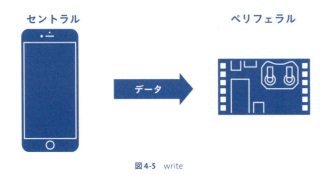

図4-5 write

直感的には、**セントラルからペリフェラルへデータを**「**送信する**」と表現したほうがわかりやすいかもしれません。

◎ 新たに出てくるAPI

- CBPeripheral
  - `writeValue:forCharacteristic:type:`
- CBPeripheralDelegate
  - `peripheral:didWriteValueForCharacteristic:error:`
- CBCharacteristicProperties
  - `CBCharacteristicPropertyWrite`
  - `CBCharacteristicPropertyWriteWithoutResponse`
- CBCharacteristicWriteType

※21 Writeの仕様については、「3-9. ATT（Attribute Protocol）とGATT（Generic Attribute Profile）の詳細を知る」や「3-10. GATTとService」で詳細に解説しています。

- CBCharacteristicWriteWithResponse
- CBCharacteristicWriteWithoutResponse

実装方法

1: データ書き込みを開始する

データ書き込みを開始するには、CBPeripheralのwriteValue:forCharacteristic:type:メソッドをコールします。

```objc
[peripheral writeValue:data
    forCharacteristic:characteristic
              type:CBCharacteristicWriteWithResponse];
```

```swift
peripheral.writeValue(
    data,
    forCharacteristic: characteristic,
    type: CBCharacteristicWriteType.WithResponse)
```

第1引数valueには書き込みたいデータをNSDataオブジェクトとして渡します。

NSDataオブジェクトの生成方法

書き込むデータが文字列なのか数値なのか、サイズがどれくらいなのかはそれぞれのキャラクタリスティックの仕様によりますが、たとえば "hello" という文字列を書き込みたい場合は、NSDataオブジェクトを次のように生成します。

```objc
NSData *data = [@"hello" dataUsingEncoding:NSUTF8StringEncoding];
```

```swift
let data: NSData! = "hello".dataUsingEncoding(NSUTF8StringEncoding)
```

また、1バイトのunsignedな整数値であれば、NSDataオブジェクトの生成は次のような実装になります。

```objc
unsigned char value = 0x01;
NSData *data = [[NSData alloc] initWithBytes:&value length:1];
```

```swift
var value: CUnsignedChar = 0x01
let data: NSData = NSData(bytes: &value, length: 1)
```

第2引数forCharacteristicには**データ書き込みを行う対象のキャラクタリスティック**（CBCharacteristic）のオブジェクトを指定します。

第3引数typeには**2種類**の定数を指定でき、それぞれ次のような挙動になります。

- **CBCharacteristicWriteWithResponse**…書き込み完了時にデリゲートメソッドが呼ばれる
- **CBCharacteristicWriteWithoutResponse**…書き込み完了時にデリゲートメソッドが呼ばれない

これはどちらを指定してもいいわけではなく、**キャラクタリスティック側の設定を考慮する必要**があります。具体的には、CBCharacteristicのpropertiesプロパティの値を用いて、**CBCharacteristicPropertyWrite**および**CBCharacteristicPropertyWriteWithoutResponse**のビットが立っているかどうかを判定します。[22]

2: データ書き込み結果を取得する

ペリフェラルへのデータ書き込みが完了すると、CBPeripheralDelegateプロトコルのperipheral:didWriteValueForCharacteristic:error:メソッドが呼ばれます。

※22 ビット演算子で判定を行う実装例は「4-4. 接続したBLEデバイスからデータを読み出す（Read）」をご参照ください。

```objc
- (void)                    peripheral:(CBPeripheral *)peripheral
   didWriteValueForCharacteristic:(CBCharacteristic *)characteristic
                            error:(NSError *)error
{
    NSLog(@"Write成功！");
}
```

```swift
func peripheral(peripheral: CBPeripheral!,
   didWriteValueForCharacteristic characteristic: CBCharacteristic!,
   error: NSError!)
{
    println("Write成功！")
}
```

ただし、writeValue:forCharacteristic:type:メソッドにおいて、type引数にCBCharacteristicWriteWithoutResponseを指定して書き込みを開始した場合、このデリゲートメソッドは呼ばれません。

ⓘ 書き込み後のキャラクタリスティックの値を使用する場合には注意すべきポイントがあります。詳しい内容や対策は「11. ハマりどころ逆引き辞典 - トラブル5: キャラクタリスティックの値がおかしい」にまとめてあるので、必要に応じてご参照ください。

---

konashiのLEDを点灯させる

ここで、これまで学んできたことの演習として、**konashi-ios-sdk を使わず、Core Bluetooth を直接使う実装でkonashi の LED を点灯させる**方法について考えてみます。

konashi-ios-sdk を用いる場合は次のような実装になります。

```
[Konashi pinMode:LED2
          mode:OUTPUT];

[Konashi digitalWrite:LED2
             value:HIGH];
```

pinMode:mode:も digitalWrite:value:も、ソースをたどっていくと内部ではCore BluetoothのwriteValue:forCharacteristic:type:をコールしています。

それぞれ用いているキャラクタリスティックを調べると、pinMode:mode:は、

```
#define KONASHI_PIO_SETTING_UUID [CBUUID UUIDWithString: @"3000"]
```

digitalWrite:value:は、

```
#define KONASHI_PIO_OUTPUT_UUID [CBUUID UUIDWithString: @"3002"]
```

と定義されているものが使用されています。

> ❶ 本項で出てくる "3000"、"3002" という UUID は konashi 1.xのものです。konashi 2ではそれぞれ "229B3000-03FB-40DA-98A7-B0DEF65C2D4B"、"229B3002-03FB-40DA-98A7-B0DEF65C2D4B" となります。

そこで、次のように2つのCBCharacteristicを保持するプロパティを定義し、

`objc`

```objc
@property (nonatomic, strong) CBCharacteristic *settingCharacteristic;
@property (nonatomic, strong) CBCharacteristic *outputCharacteristic;
```

swift

```swift
var settingCharacteristic: CBCharacteristic!
var outputCharacteristic: CBCharacteristic!
```

　キャラクタリスティック発見時に呼ばれるデリゲートメソッド peripheral:didDiscoverCharacteristicsForService:error: を次のように実装します。[23]

objc

```objc
- (void)                    peripheral:(CBPeripheral *)peripheral
    didDiscoverCharacteristicsForService:(CBService *)service
                                error:(NSError *)error
{
    NSArray *characteristics = service.characteristics;

    for (CBCharacteristic *characteristic in characteristics) {

        // konashiのPIO_SETTINGキャラクタリスティック
        if ([characteristic.UUID isEqual:[CBUUID UUIDWithString:@"3000"]]) {

            self.settingCharacteristic = characteristic;

        }
        // konashiのPIO_OUTPUTキャラクタリスティック
        else if ([characteristic.UUID isEqual:[CBUUID UUIDWithString:@"3002"]]) {

            self.outputCharacteristic = characteristic;
        }
    }
}
```

※23　konashi 2 ではサービス・キャラクタリスティックの UUID が変更されているので、CBUUID の初期化メソッドに渡している UUID 文字列を変更してください。

4. Core Bluetooth 入門

```swift
func peripheral(peripheral: CBPeripheral!,
    didDiscoverCharacteristicsForService service: CBService!,
    error: NSError!)
{
    let characteristics: NSArray = service.characteristics

    for obj in characteristics {

        if let characteristic = obj as? CBCharacteristic {

            // konashiのPIO_SETTINGキャラクタリスティック
            if characteristic.UUID.isEqual(CBUUID(string: "3000")) {

                self.settingCharacteristic = characteristic
            }
            // konashiのPIO_OUTPUTキャラクタリスティック
            else if characteristic.UUID.isEqual(CBUUID(string: "3002")) {

                self.outputCharacteristic = characteristic
            }
        }
    }
}
```

　そして、書き込み処理を次のように実装します。konashiのWrite系のキャラクタリスティックはいずれもCBCharacteristicPropertyWriteには対応しておらず、CBCharacteristicPropertyWriteWithoutResponseのみなので、ここではtype引数にはCBCharacteristicWriteWithoutResponseを渡すことにします。

```objc
// 書き込みデータ生成
unsigned char value = 0x01 << 1;
NSData *data = [[NSData alloc] initWithBytes:&value length:1];

// konashi の pinMode:mode: で LED2 のモードを OUTPUT にすることに相当
[self.peripheral writeValue:data
        forCharacteristic:self.settingCharacteristic
                    type:CBCharacteristicWriteWithoutResponse];
```

```
// konashiの digitalWrite:value: で LED2 を HIGH にすることに相当
[self.peripheral writeValue:data
          forCharacteristic:self.outputCharacteristic
                       type:CBCharacteristicWriteWithoutResponse];
```

```swift
// 書き込みデータ生成
var value: CUnsignedChar = 0x01 << 1
let data: NSData = NSData(bytes: &value, length: 1)

// konashi の pinMode:mode: で LED2 のモードを OUTPUT にすることに相当
self.peripheral.writeValue(
    data,
    forCharacteristic: self.settingCharacteristic,
    type: CBCharacteristicWriteType.WithoutResponse)

// konashiの digitalWrite:value: で LED2 を HIGH にすることに相当
self.peripheral.writeValue(
    data,
    forCharacteristic: self.outputCharacteristic,
    type: CBCharacteristicWriteType.WithoutResponse)
```

　どのようなデータを書き込む必要があるかは、キャラクタリスティックによって違ってきます。ここでは konashi-ios-sdk のソースを追って割り出しました。

試してみる

サンプル	BLEWriteExample

　konashi に電源をつないで近くに置いた状態で、サンプル「BLEWriteExample」の「START SCAN」をタップします。

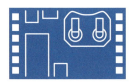

図 4-6 「BLEWriteExample」を試す

コンソールに出力されるログで各キャラクタリスティックの発見まで成功したことを確認できたら、「TURN LED ON」ボタンをタップします。

図 4-7 konashi の LED2 が点灯

上図のように、konashi の LED2 が点灯します。

◎ 関連項目

- 3-9. ATT（Attribute Protocol）と GATT（Generic Attribute Profile）の詳細を知る
- 3-10. GATT と Service
- 5-5. セントラルからの Write リクエストに応答する
- 11. ハマりどころ逆引き辞典 - トラブル 5: キャラクタリスティックの値がおかしい

4-6. 接続したBLEデバイスからデータの更新通知を受け取る（Notify）

ペリフェラルからデータの更新通知を受け取り、データ自体も受け取る方法について解説します。この通信方法はNotifyと呼ばれます。

「ペリフェラルからセントラルへ」というデータの受け渡し方向はReadと似ていますが、こちらは**セントラルがデータを受け取るタイミングのトリガがペリフェラル側にある**点が異なります。[※24]

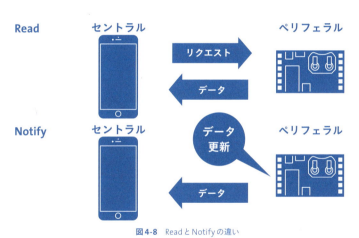

図4-8　ReadとNotifyの違い

◎ **新たに出てくるAPI**

- CBPeripheral
  - `setNotifyValue:forCharacteristic:`
- CBPeripheralDelegate
  - `peripheral:didUpdateNotificationStateForCharacteristic:error:`
- CBCharacteristic
  - `isNotifying`

※24　Notify（Notification）の仕様については、「3-9. ATT（Attribute Protocol）とGATT（Generic Attribute Profile）の詳細を知る」「3-10. GATTとService」で詳細に解説しています。

231

4. Core Bluetooth 入門

実装方法

1: データ更新通知の受け取りを開始する

データ更新通知の受け取りを開始するには、CBPeripheralのsetNotifyValue:forCharacteristic:メソッドの第1引数にYESを渡してコールします。

```objc
[peripheral setNotifyValue:YES forCharacteristic:characteristic];
```

```swift
peripheral.setNotifyValue(true, forCharacteristic: characteristic)
```

第2引数forCharacteristicには、**更新通知を受け取りたい対象のキャラクタリスティック**のCBCharacteristicオブジェクトを渡します。

2: データ更新通知の受け取りを停止する

データ更新通知の受け取りを停止する場合は、CBPeripheralのsetNotifyValue:forCharacteristic:メソッドの第1引数にNOを渡してコールします。

```objc
[peripheral setNotifyValue:NO forCharacteristic:characteristic];
```

```swift
peripheral.setNotifyValue(false, forCharacteristic: characteristic)
```

3: データ更新通知受け取り開始／停止結果を取得する

データ更新通知受け取り開始／停止処理が完了すると、CBPeripheralDelegateプロトコルのperipheral:didUpdateNotificationStateForCharacteristic:error:メソッドが呼ばれます。

232

```objc
- (void)                        peripheral:(CBPeripheral *)peripheral
    didUpdateNotificationStateForCharacteristic:(CBCharacteristic *)
characteristic
                                        error:(NSError *)error
{
    if (error) {
        NSLog(@"Notify状態更新失敗...error:%@", error);
    }
    else {
        NSLog(@"Notify状態更新成功！ isNotifying:%d", characteristic.isNotifying);
    }
}
```

```swift
func peripheral(peripheral: CBPeripheral!,
    didUpdateNotificationStateForCharacteristic characteristic:
CBCharacteristic!,
    error: NSError!)
{
    if error != nil {
        println("Notify状態更新失敗...error: \(error)")
    }
    else {
        println("Notify状態更新成功！ isNotifying: \(characteristic.isNotifying)")
    }
}
```

対象のCBCharacteristicオブジェクトが引数に入ってくるので、isNotifyingプロパティからデータ更新通知中かどうかを調べることができます。

4: データ更新通知を受け取る

ペリフェラル側で該当キャラクタリスティックの値が変更されると、CBPeripheralDelegateプロトコルのperipheral:didUpdateNotificationStateForCharacteristic:error:メソッドが呼ばれます。

4. Core Bluetooth 入門

`objc`

```objc
- (void)                 peripheral:(CBPeripheral *)peripheral
    didUpdateValueForCharacteristic:(CBCharacteristic *)characteristic
                              error:(NSError *)error
{
    NSLog(@"データ更新！ characteristic UUID:%@, value:%@",
        characteristic.UUID, characteristic.value);
}
```

`swift`

```swift
func peripheral(peripheral: CBPeripheral!,
    didUpdateValueForCharacteristic characteristic: CBCharacteristic!,
    error: NSError!)
{
    println("データ更新！ characteristic UUID: \(characteristic.UUID), value: \
(characteristic.value)")
}
```

　このとき、引数に入ってくる characteristic の value プロパティを見れば、更新された値を取得することができます。

konashi のスイッチ on/off の更新通知を受け取る

　ここで、konashi に標準でついているスイッチの on/off の変化を受け取る、すなわちスイッチが押されたことを検知する実装を行ってみます。

　konashi のドキュメントを調べると、該当するキャラクタリスティックの UUID は "3003" なので、キャラクタリスティック発見時に、次のように判定を行い、更新通知の受け取りを開始します。

---

　❶ 本項で出てくる "3003" という UUID は konashi 1.x のものです。konashi 2 では "229B3003-03FB-40DA-98A7-B0DEF65C2D4B" となります。

234

4-6. 接続した BLE デバイスからデータの更新通知を受け取る（Notify）

`objc`

```objc
- (void)                      peripheral:(CBPeripheral *)peripheral
    didDiscoverCharacteristicsForService:(CBService *)service
                                   error:(NSError *)error
{
    NSArray *characteristics = service.characteristics;

    for (CBCharacteristic *characteristic in characteristics) {

        // konashi の PIO_INPUT_NOTIFICATION キャラクタリスティック
        if ([characteristic.UUID isEqual:[CBUUID UUIDWithString:@"3003"]]) {

            // 更新通知受け取りを開始する
            [peripheral setNotifyValue:YES
                     forCharacteristic:characteristic];
        }
    }
}
```

`swift`

```swift
func peripheral(peripheral: CBPeripheral!,
    didDiscoverCharacteristicsForService service: CBService!,
    error: NSError!)
{
    let characteristics: NSArray = service.characteristics

    for obj in characteristics {

        if let characteristic = obj as? CBCharacteristic {

            // konashi の PIO_INPUT_NOTIFICATION キャラクタリスティック
            if characteristic.UUID.isEqual(CBUUID(string: "3003")) {

                // 更新通知受け取りを開始する
                peripheral.setNotifyValue(
                    true,
                    forCharacteristic: characteristic)
            }
        }
    }
}
```

235

試してみる

サンプル	BLENotifyExample

　konashiに電源をつないで近くに置いた状態で、サンプル「BLENotifyExample」の「START SCAN」をタップします。

　コンソールに出力されるログで当該キャラクタリスティックの発見まで成功したことを確認できたところで、konashi側のスイッチを押すと、コンソールに次のように出力されます。

```
データ更新！ characteristic UUID:3003, value:<01>
データ更新！ characteristic UUID:3003, value:<00>
```

　valueの値より、**スイッチを押した瞬間、離した瞬間にそれぞれ更新通知を受け取り、値を取得**できていることがわかります。

◎ 関連項目

- 3-9. ATT（Attribute Protocol）と GATT（Generic Attribute Profile）の詳細を知る
- 3-10. GATT と Service
- 5-6. セントラルへデータの更新を通知する（Notify）

Part2. iOSプログラミング編　5章

ペリフェラルの実装

前章「Core Bluetooth入門」では、スキャン、接続、データのやり取りなど、セントラルとしてふるまうアプリの基本的な項目について解説しました。本章では、ペリフェラルとしてふるまうアプリの実装方法、すなわちiOSデバイスをペリフェラルとする方法について解説します。

（堤修一）

ペリフェラルとしてのiOSデバイス

iOS × BLEというと、真っ先に思い浮かぶのは、たとえばMoffやFuelBandのように、**iOSアプリと外部デバイスとがBLEで連携**するようなケースではないでしょうか。

この場合、ほとんどのケースにおいて**iOSデバイスがセントラル、外部デバイスがペリフェラル**となります。

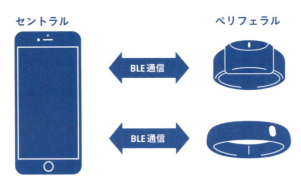

図5-1 iOSデバイスと外部デバイス

なぜなら、「**高度な処理が要求されるセントラル側にiPhoneなどの高性能なスマートフォンを用いることで、ペリフェラル側デバイスをシンプルな構造にしてコストをおさえられる**」というのが、BLEでスマホと連携するガジェットが隆盛した重要ポイントだからです。

ただ、Core Bluetoothでは、**iOSデバイスをペリフェラルとして動作させる**ことも可能です。

ここではまず、どういったケースでiOSデバイスをペリフェラルとして動作させると便利なのか、いくつか例を挙げてみたいと思います。

例1: 独自開発デバイスの代替・プロトタイプとして

独自デバイス（ハード）の開発には、ソフトウェア開発と比較してより多くの時間とお金がかかります。アプリ開発に着手したものの、BLEでつなげる対象となるデバイスの基板ができてくるまでに何週間か待つ必要がある、ということはよくあります。

そこで、**ペリフェラルデバイスの代替として、スタブ的なペリフェラルアプリを用意してiOSデバイスを代替とする**ことが考えられます。

たとえば、たいていのiOSデバイスは加速度センサとジャイロを備えているので、Moffのような加速度センサとジャイロを備えたガジェットを開発中であれば、そのデバイスの試作品ができてくるまで、あるいは試作品の台数が足りない場合に、Core Bluetoothで同様の挙動をする

ようにペリフェラルアプリを実装することで、iOSデバイスを代替として用いることができます。

　iOSデバイスは、加速度センサやジャイロ以外にも、高解像度モニタに高速なCPU、GPSなども備えているので、ペリフェラルデバイスの代替として非常に有能です。もちろん、BLEという規格はiOSに依存しないものなので、セントラルデバイスがAndroidでもMacでもOKです。

例2: iOSデバイス同士でBLE通信

　iOSデバイスがペリフェラルにもなれるということは、iPhone同士、あるいはiPhoneとiPadなど、iOSデバイス同士でBLE通信させることが可能、ということを意味します。

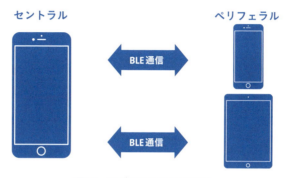

図5-2　iOSデバイス同士でのBLE通信

　すなわち、たとえば街ですれ違いざまに情報をやりとりし合う「すれちがい通信」のようなアプリケーションを実現することも可能です。[※1]

　iOSデバイス同士で近距離無線通信を行うためのフレームワークには「Multipeer Connectivity」もありますが、Core Bluetoothには次のような利点があります。[※2]

- BLEというiOSに依存しない技術仕様に準拠しているので、iOS同士に限らず、**Androidや他のデバイスとも通信が可能**
- バックグラウンドで動作可能[※3]

※1　「レシピ4: すれちがい通信アプリ」では、Core Bluetoothを使用してすれちがい通信を行うアプリの実装方法を解説しています。

※2　もちろんMultipeer Connectivityを利用したほうがよいケースもあります。Multipeer ConnectivityはクラシックBTまたはWi-Fiを利用するため、音楽や動画などのサイズの大きいデータを送受信するような用途には向いています。

※3　Core Bluetoothのバックグラウンド実行モードについては、7章で詳しく解説しています。

5. ペリフェラルの実装

5-1. セントラルから発見されるようにする （アドバタイズの開始）

　セントラル側のスキャンによって発見されるようにするために、ペリフェラル側では**自分の 存在をセントラルに知らせるために電波を発して周囲に「広告」する必要があります。** これを 「アドバタイズ」と呼びます。[4]

　本節では、このアドバタイズの開始までの実装手順を解説します。

◎ **新たに出てくるAPI**

- CBPeripheralManager
  - initWithDelegate:queue:options:
  - startAdvertising:
- CBPeripheralManagerDelegate
  - peripheralManagerDidUpdateState:
  - peripheralManagerDidStartAdvertising:error:
- CBAdvertisementDataLocalNameKey

実装方法

1: プロトコル準拠の宣言とプロパティ定義

　セントラルとしてふるまうアプリを実装する際にはCBCentralManagerクラスを使用したよ うに、**ペリフェラルとしてふるまうアプリを実装する際にはCBPeripheralManagerクラスを使 用します。**

　そのオブジェクトを保持しておくためのプロパティと、その処理結果などを受け取るため CBPeripheralManagerDelegateプロトコルへの準拠を宣言しておきます。

※4　アドバタイズ（Advertising）の仕様については「3-4-5. AdvertisingとScanning」で詳細に解説しています。またアドバタイズの概念 と実装方法を理解していると、iBeaconについての理解も深まります。詳細は「9-2. iBeaconとBLE」をご参照ください。

240

5-1. セントラルから発見されるようにする（アドバタイズの開始）

`objc`

```objc
@interface ViewController () <CBPeripheralManagerDelegate>
@property (nonatomic, strong) CBPeripheralManager *peripheralManager;
@end
```

`swift`

```swift
class ViewController: UIViewController, CBPeripheralManagerDelegate {
    var peripheralManager: CBPeripheralManager!
```

2: CBPeripheralManager を初期化する

CBPeripheralManager を初期化するには、initWithDelegate:queue:options: メソッドをコールします。

`objc`

```objc
self.peripheralManager = [[CBPeripheralManager alloc] initWithDelegate:self
                                                                queue:nil
                                                              options:nil];
```

`swift`

```swift
self.peripheralManager = CBPeripheralManager(
    delegate: self,
    queue: nil,
    options: nil)
```

この後の実装でサービスを追加したりアドバタイズを開始したりするのですが、その処理結果を受け取るため、第1引数のデリゲートを指定しておきます。

第2引数の queue、第3引数の options はここでは nil で OK です。[※5]

※5　第2引数については「6-6. イベントディスパッチ用のキューを変更する（ペリフェラル）」で、第3引数のオプションについては「7-3. アプリが停止しても、代わりにタスクを実行するようシステムに要求する（状態の保存と復元）」、「8-2. Bluetooth がオフの場合にユーザーにアラートを表示する」で解説しています。

241

3: ペリフェラルマネージャの状態変化を取得する

ペリフェラルマネージャの状態が変化すると、CBPeripheralManagerDelegate プロトコルの peripheralManagerDidUpdateState: メソッドが呼ばれます。

本メソッドは**CBPeripheralManagerDelegate**において**@required**指定されているため実装しておく必要があります。

```objc
- (void)peripheralManagerDidUpdateState:(CBPeripheralManager *)peripheral {

    NSLog(@"state:%ld", (long)peripheral.state);
}
```

```swift
func peripheralManagerDidUpdateState(peripheral: CBPeripheralManager!) {

    println("state: \(peripheral.state)")
}
```

4: アドバタイズを開始する

まず、アドバタイズを開始する前に、**アドバタイズするデータ（アドバタイズメントデータ）**を **NSDictionary 型**で作成します。

```objc
NSDictionary *advertisementData = @{CBAdvertisementDataLocalNameKey: @"Test
Device"};
```

```swift
let advertisementData: Dictionary = [CBAdvertisementDataLocalNameKey: "Test
Device"]
```

CBAdvertisementDataLocalNameKey の値にはペリフェラルの「ローカルネーム」を指定します。ローカルネームは、セントラル側で目的のペリフェラルかどうかを判定するためによく使用されます。他のキーやアドバタイズメントデータに関する詳細事項は、「8-4. アドバタイ

5-1. セントラルから発見されるようにする（アドバタイズの開始）

ズメントデータ詳解」をご参照ください。

アドバタイズを開始するには、CBPeripheralManager の startAdvertising: メソッドを
コールします。引数には、上で作成したアドバタイズメントデータを渡します。

```objc
[self.peripheralManager startAdvertising:advertisementData];
```

```swift
self.peripheralManager.startAdvertising(advertisementData)
```

5: アドバタイズ開始処理の結果を取得する

アドバタイズ開始処理が完了すると、CBPeripheralManagerDelegate プロトコルの peripheralManagerDidStartAdvertising:error: が呼ばれます。

```objc
- (void)peripheralManagerDidStartAdvertising:(CBPeripheralManager *)peripheral
                                       error:(NSError *)error
{
    NSLog(@"アドバタイズ開始成功！");
}
```

```swift
func peripheralManagerDidStartAdvertising(peripheral: CBPeripheralManager!,
error: NSError!) {

    println("アドバタイズ開始成功！")
}
```

6: アドバタイズを停止する

アドバタイズを停止するには、CBPeripheralManager の stopAdvertising をコールします。

243

`objc`

```
[self.peripheralManager stopAdvertising];
```

`swift`

```
self.peripheralManager.stopAdvertising()
```

開始処理と違い、停止処理に関しては、処理完了を受け取るデリゲートメソッドは存在しません。

試してみる

サンプル	BLEAdvertiseExample

　ここまでの実装で、他のiOSデバイスなど、セントラルとなる機器からスキャンして発見できるか試してみましょう。

　2台のiOSデバイスを用意し、一方には「BLEAdvertiseExample」を、もう一方には4-1「周辺のBLEデバイスを検索する」で実装したスキャンだけを行うセントラルのサンプル「BLEScanExample」をインストールします。

図5-3　アドバタイズ開始サンプルを試す

　セントラル側の「START SCAN」ボタンをタップすると、セントラル側コンソールに次のように出力されます。

```
発見したBLEデバイス：<CBPeripheral: 0x14e62fe0 identifier = 511C577F-D0EF-7F0B-E2D1-
D7F48ED10FA9, Name = "Test Device", state = disconnected>
アドバタイズメントデータ: {
    kCBAdvDataChannel = 38;
    kCBAdvDataIsConnectable = 1;
    kCBAdvDataLocalName = "Test Device";
}
```

　アドバタイズメントデータの`CBAdvertisementDataLocalNameKey`（このキーを表す実際の文字列は`kCBAdvDataLocalName`）の値として渡したデバイス名が入っており、きちんとペリフェラル側のアドバタイズがセントラル側から発見できていることがわかります。

◎ 関連項目

- 3-4-5. Advertising と Scanning
- 6-6. イベントディスパッチ用のキューを変更する（ペリフェラル）
- 7-3. アプリが停止しても、代わりにタスクを実行するようシステムに要求する（状態の保存と復元）
- 8-2. Bluetooth がオフの場合にユーザーにアラートを表示する
- 8-4. アドバタイズメントデータ詳解
- 9-2. iBeacon と BLE

5-2. サービスを追加する

5-1でアドバタイズの開始方法を説明しました。これでセントラルから見つけてもらうことができるようになりましたが、**ペリフェラルとして所望の動作をさせるには、多くの場合「サービスの追加」が不可欠**です。[6]

たとえば、iOSはペリフェラルとしてBattery ServiceやANCS[7]など、いくつかのサービスをデフォルトで提供していますが、「アプリ内のユーザーのプロフィール情報を交換しあう」といったアプリ独自のサービスを提供したい場合は、サービス・キャラクタリスティックを作成し、追加する必要があります。

ここでは、サービス・キャラクタリスティックを生成し、ペリフェラルが提供するサービスとして登録する実装方法について解説します。

◎ **新たに出てくるAPI**

- CBMutableServie
  - `initWithType:primary:`
- CBMutableCharacteristic
  - `initWithType:properties:value:permissions:`
- CBPeripheralManager
  - `addService`
- CBPeripheralManagerDelegate
  - `peripheralManager:didAddService:error:`
- CBUUID
  - `UUIDWithString`
- CBAttributePermissions
  - `CBAttributePermissionsReadable`

※6 サービス・キャラクタリスティックの仕様は「3-10. GATTとService」で詳細に解説しています。

※7 参照：「9-1. iOSの電話着信やメール受信の通知を外部デバイスから取得する（ANCS）」

実装方法

ペリフェラルはサービスを保持し、サービスは1つ以上のキャラクタリスティックを保持します[※8]。

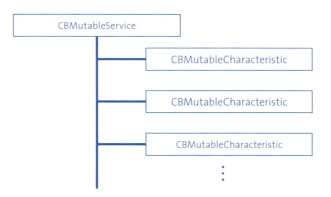

図5-4　サービスは1つ以上のキャラクタリスティックを保持する

実装の流れもこの概念そのままで、

- サービスとキャラクタリスティックをそれぞれ作成
- サービスにキャラクタリスティックを追加
- ペリフェラルにサービスを追加

という流れになります。

1: サービスを作成する

　CBMutableServiceオブジェクトを生成するには、initWithType:primary:をコールします。サービスをmutableなオブジェクトとして生成するのは、後でキャラクタリスティックを追加するためです。

※8　参考：「3-2-4. GATT (Generic Attribute Profile)」

5. ペリフェラルの実装

```objc
CBUUID *serviceUUID = [CBUUID UUIDWithString:@"0000"];
CBMutableService *service = [[CBMutableService alloc] initWithType:serviceUUID
                                                           primary:YES];
```

```swift
let serviceUUID = CBUUID(string: "0000")
let service = CBMutableService(type: serviceUUID, primary: true)
```

　第1引数には「生成するサービスのUUID」を示す CBUUID オブジェクトを渡します。CBUUID オブジェクトは、UUIDWithString: メソッドで引数に UUID の文字列を渡すことで生成できます。[※9]

> ❶ サンプルを簡単にするため、本書ではいくつかの箇所で "0000"、"0001" といった16ビットのUUIDを使用していますが、実際には**128ビットのUUIDを用意する**必要があります。16ビットUUIDを勝手につくってはいけない理由は「8-3. UUID詳解」を、128ビットUUIDの生成方法は「10-1. 128ビットUUIDを生成するコマンド『uuidgen』」をご参照ください。

　第2引数には、**生成するサービスがプライマリかどうか**をBOOL値で指定します。YESを指定するとそのサービスはプライマリに、NOを指定するとセカンダリになりますが、ひとまずYESを指定しておけばOKです。[※10]

2: キャラクタリスティックを作成する

　CBMutableCharacteristicオブジェクトを生成するには、initWithType:properties:value:permissions: メソッドをコールします。キャラクタリスティックをmutableなオブジェクトとして生成するのは、値を動的に更新するためです。

※9　CBUUIDについての詳細は「8-3. UUID詳解」で解説しています。

※10　セカンダリ・サービスを利用する場合の詳細は「8-7. サービスに他のサービスを組み込む ～「プライマリサービス」と「セカンダリサービス」」をご参照ください。

248

5-2. サービスを追加する

```objc
CBUUID *characteristicUUID = [CBUUID UUIDWithString:@"0001"];
CBMutableCharacteristic *characteristic =
[[CBMutableCharacteristic alloc] initWithType:characteristicUUID
                                   properties:CBCharacteristicPropertyRead
                                        value:nil
                                  permissions:CBAttributePermissionsReadable];
```

```swift
let characteristicUUID = CBUUID(string: "0001")
let characteristic = CBMutableCharacteristic(
    type: characteristicUUID,
    properties: CBCharacteristicProperties.Read,
    value: nil,
    permissions: CBAttributePermissions.Readable)
```

　第1引数には「生成するキャラクタリスティックのUUID」を示すCBUUIDオブジェクトを渡します。

　第2引数propertiesには、「読み（Read）」「書き（Write）」「更新通知（Notify）」など、「**生成するキャラクタリスティックでできること（＝キャラクタリスティックのプロパティ）**」を指定します。

　複数のプロパティを論理和で指定できますが、ここではシンプルにRead可能であることを示すCBCharacteristicPropertyReadを指定しています。

　第3引数valueにはキャラクタリスティックの値を指定するのですが、ここではひとまずnilを渡してください。これは、このキャラクタリスティックの値を**動的に更新する**ことを意味します。

---

❶ この引数にNSDataオブジェクトを渡すと、このキャラクタリスティックは静的な値を持つことになります。詳細については「8-6. 静的な値を持つキャラクタリスティック」をご参照ください。

249

第4引数permissionsには、「**生成するキャラクタリスティックのパーミッション**」を指定します。

こちらも複数のパーミッションを論理和で指定できますが、ここでは説明を簡単にするため、セントラルにこのキャラクタリスティックの値を読み込むことを許可するCBAttributePermissionsReadableを指定しています。

3: サービスにキャラクタリスティックを追加

CBServiceのcharacteristicsプロパティにCBCharacteristicの配列をセットします。

```objc
service.characteristics = @[characteristic];
```

```swift
service.characteristics = [characteristic]
```

ここでは1つのCBCharacteristicしか作成していませんが、サービスとして複数のキャラクタリスティックを保持できるよう、CBServiceのcharacteristicsには単体オブジェクトではなく、配列が渡せるようになっています。

4: ペリフェラルにサービスを追加

CBPeripheralManagerのaddServiceメソッドで、作成したCBServiceオブジェクトを追加します。

```objc
[self.peripheralManager addService:service];
```

```swift
self.peripheralManager.addService(service)
```

5-2. サービスを追加する

> ❶ addServiceを呼ぶタイミングによっては、サービス追加が行われない場合があります。詳細は「11. ハマりどころ逆引き辞典 - トラブル3: サービスまたはキャラクタリスティックが見つからない」をご参照ください。

5: サービス追加結果を取得する

サービス追加処理が完了すると、CBPeripheralManagerDelegate プロトコルの peripheralManager:didAddService:error: メソッドが呼ばれます。

`objc`

```objc
- (void)peripheralManager:(CBPeripheralManager *)peripheral
           didAddService:(CBService *)service
                   error:(NSError *)error
{
    if (error) {
        NSLog(@"サービス追加失敗！ error:%@", error);
        return;
    }

    NSLog(@"サービス追加成功！ service:%@", service);
}
```

`swift`

```swift
func peripheralManager(peripheral: CBPeripheralManager!, didAddService service:
CBService!, error: NSError!) {

    if (error != nil) {
        println("サービス追加失敗！ error: \(error)")
        return
    }

    println("サービス追加成功！")
}
```

これでエラーが出ていなければ、サービスの追加が成功したことになります。

251

試してみる

サンプル	BLEAddServiceExample

追加したサービス・キャラクタリスティックがセントラル側から見えるか確認してみましょう。

2台のiOSデバイスを用意し、一方には「BLEAddServiceExample」を、もう一方には「4-3. 接続したBLEデバイスのサービス・キャラクタリスティックを探索する」で実装したサンプル「BLEDiscoverServicesExample」をインストールします。

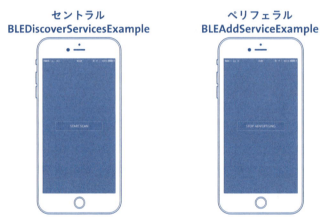

図5-5　サービスを追加するサンプルを試す

セントラル側の「START SCAN」ボタンをタップすると、セントラル側コンソールに次のように出力されます。

```
4 個のサービスを発見！:(
    "<CBService: 0x17407cf00, isPrimary = YES, UUID = Continuity>",
    "<CBService: 0x17426c6c0, isPrimary = YES, UUID = Battery>",
    "<CBService: 0x17426c7c0, isPrimary = YES, UUID = Current Time>",
    "<CBService: 0x17426c880, isPrimary = YES, UUID = 0000>"
)
1 個のキャラクタリスティックを発見！(
    "<CBCharacteristic: 0x1700937e0, UUID = Continuity, properties = 0x98, value = (null), notifying = NO>"
)
```

```
1 個のキャラクタリスティックを発見！(
    "<CBCharacteristic: 0x174093510, UUID = Battery Level, properties = 0x12,
value = (null), notifying = NO>"
)
2 個のキャラクタリスティックを発見！(
    "<CBCharacteristic: 0x1740934c0, UUID = Current Time, properties = 0x12,
value = (null), notifying = NO>",
    "<CBCharacteristic: 0x174093470, UUID = Local Time Information, properties =
0x2, value = (null), notifying = NO>"
)
1 個のキャラクタリスティックを発見！(
    "<CBCharacteristic: 0x174093420, UUID = 0001, properties = 0x9A, value =
(null), notifying = NO>"
)
```

　発見したサービス・キャラクタリスティックのUUIDを見ると、追加したサービス、キャラクタリスティックをセントラル側から発見できていることがわかります。

◎ **関連項目**

- 3-2-4. GATT（Generic Attribute Profile）
- 3-10. GATT と Service
- 4-4. 接続した BLE デバイスからデータを読み出す（Read）
- 8-3. UUID 詳解
- 8-6. 静的な値を持つキャラクタリスティック
- 8-7. サービスに他のサービスを組み込む（プライマリサービスとセカンダリサービス）
- 11. ハマりどころ逆引き辞典 - トラブル3: サービスまたはキャラクタリスティックが見つからない

5. ペリフェラルの実装

5-3. サービスをアドバタイズする

セントラルがスキャンによりペリフェラルを探す際、「所望のサービスを提供しているか」を拠り所として絞り込む場合があります。[11]

しかしながら、セントラル側は、「まだ接続していないペリフェラル」が提供しているサービスのリストをdiscoverServices:によって取得することはできません。

そのため、「自分はこのサービスを提供していますよ」ということが未接続のセントラル（スキャン中のセントラル）からもわかるよう、**ペリフェラルは必要に応じて提供しているサービスのUUIDをアドバタイズすることができる**ようになっています。

◎ **新たに出てくるAPI**

• CBAdvertisementDataServiceUUIDsKey

実装方法

アドバタイズしたいサービスのCBUUIDオブジェクトの配列を作成し、アドバタイズメントデータ作成の際にCBAdvertisementDataServiceUUIDsKeyキーの値にその配列を指定します。

---

[11] 関連：「6-1-2. 特定のサービスを指定してスキャンする」

5-3. サービスをアドバタイズする

```objc
// アドバタイズしたいサービスのUUIDのリスト
NSArray *serviceUUIDs = @[[CBUUID UUIDWithString:@"0000"]];

// アドバタイズメントデータの作成
NSDictionary *advertisementData =
@{CBAdvertisementDataLocalNameKey: @"Test Device",
  CBAdvertisementDataServiceUUIDsKey: serviceUUIDs};

[self.peripheralManager startAdvertising:advertisementData];
```

```swift
// アドバタイズしたいサービスのUUIDのリスト
let serviceUUIDs = [CBUUID(string: "0000")]

// アドバタイズメントデータの作成
let advertisementData: [String: AnyObject] = [
    CBAdvertisementDataLocalNameKey: "Test Device",
    CBAdvertisementDataServiceUUIDsKey: serviceUUIDs
]

// アドバタイズ開始
self.peripheralManager.startAdvertising(advertisementData)
```

　あとは「5-1. セントラルから発見されるようにする（アドバタイズの開始）」で解説したとおりに、アドバタイズを開始すればOKです。

◎ 関連項目

• 6-1-2. 特定のサービスを指定してスキャンする

255

5. ペリフェラルの実装

5-4. セントラルからの Read リクエストに応答する

　　セントラルから Read リクエストが来たときのペリフェラル側の処理の実装方法について説明します。[※12]

◎ 新たに出てくる API

- CBPeripheralManagerDelegate
  - peripheralManager:didReceiveReadRequest:
- CBPeripheralManager
  - respondToRequest:withResult:
- CBATTRequest
  - characteristic
  - value
- CBCharacteristic
  - service
- CBMutableService
  - UUID
- CBMutableCharacteristic
  - value
  - UUID
- CBATTError
  - CBATTErrorSuccess
  - CBATTErrorRequestNotSupported

※12　Read の仕様の詳細は、「3-9. ATT (Attribute Protocol) と GATT (Generic Attribute Profile) の詳細を知る」や「3-10. GATT と Service」で解説しています。

256

実装方法

1: キャラクタリスティックを作成する

キャラクタリスティックの初期化時に渡すプロパティとパーミッションには、それぞれCBCharacteristicPropertyReadとCBAttributePermissionsReadableを指定します。

```objc
self.characteristic =
[[CBMutableCharacteristic alloc] initWithType:characteristicUUID
                                  properties:CBCharacteristicPropertyRead
                                       value:nil
                                 permissions:CBAttributePermissionsReadable];
```

```swift
self.characteristic = CBMutableCharacteristic(
    type: characteristicUUID,
    properties: CBCharacteristicProperties.Read,
    value: nil,
    permissions: CBAttributePermissions.Readable)
```

2: キャラクタリスティックの value に値をセットする

特に値をセットしなくても、nilという値が読み出せるわけですが、せっかくなので何らかの値をセットしておきます。

これは、CBMutableCharacteristicオブジェクトに対してであれば、そのvalueプロパティにNSDataオブジェクトをセットするだけです。

```objc
Byte value = arc4random() & 0xff;
NSData *data = [NSData dataWithBytes:&value length:1];
self.characteristic.value = data;
```

```swift
let value: Byte = UInt8(arc4random() & 0xFF)
let data = NSData(bytes: [value] as [Byte], length: 1)
self.characteristic.value = data;
```

> ❶ 注意点として、addService:を呼ぶ前にキャラクタリスティックに値をセットしようと
> すると、実行時エラーになります。

```
// NG
self.characteristic.value = data;

[self.peripheralManager addService:service];
```

addService: 以降であればOKです。

```
// OK
[self.peripheralManager addService:service];

self.characteristic.value = data;
```

3: Readリクエストを受け取る

ペリフェラルがセントラルからのReadリクエストを受け取ると、CBPeripheralManagerプ
ロトコルのperipheralManager:didReceiveReadRequest:メソッドが呼ばれます。

```objc
- (void)peripheralManager:(CBPeripheralManager *)peripheral
    didReceiveReadRequest:(CBATTRequest *)request
{
    NSLog(@"Readリクエスト受信！ requested service uuid:%@ characteristic uuid:%@
value:%@",
          request.characteristic.service.UUID,
          request.characteristic.UUID,
          request.characteristic.value);
}
```

5-4. セントラルからのReadリクエストに応答する

```swift
func peripheralManager(peripheral: CBPeripheralManager!, didReceiveReadRequest
request: CBATTRequest!) {

    println("Readリクエスト受信！ requested service uuid:\(request.characteristic.
service.UUID) characteristic uuid:\(request.characteristic.UUID) value:\(request.
characteristic.value)")
}
```

第2引数にはセントラルからのReadリクエストを示すCBATTRequestオブジェクトが入っ
てきます。そのcharacteristicプロパティから読み出したい対象のキャラクタリスティック
のCBMutableCharacteristicオブジェクトが取得できます。

> ❶ CBMutableService、CBMutableCharacteristic は UUID プロパティ から その
> UUID を示す CBUUID オブジェクトにアクセス（readwrite）できます。CBServie、
> CBCharacteristic の UUID プロパティは "Available in iOS 5.0 through iOS 7.1" とさ
> れていて、iOS 8 以降では使用できなくなったのですが、CBAttribute というクラスを
> 継承するようになり、そのクラスが UUID プロパティを持つため、結果的には以前と同
> 様にアクセス（readonly）できます。

4: セントラル側に応答を返す

CBPeripheralManager クラスの respondToRequest:withResult: メソッドをコールする
ことで、リクエストに応答することができます。

```objc
[self.peripheralManager respondToRequest:request
                        withResult:CBATTErrorSuccess];
```

```swift
self.peripheralManager.respondToRequest(request, withResult: CBATTError.Success)
```

その際、CBATTRequestオブジェクトのvalueプロパティにセントラルに返したい値

259

5. ペリフェラルの実装

（NSDataオブジェクト）をセットすることで、セントラル側では値を受け取ることができます。

たとえば、「Readリクエストの対象となるキャラクタリスティック」をUUIDで判定して、該当するCBMutableCharacteristicオブジェクトのvalueをCBATTRequestのvalueにセットし、セントラル側に返す実装は次のようになります。

`objc`

```objc
- (void)peripheralManager:(CBPeripheralManager *)peripheral
    didReceiveReadRequest:(CBATTRequest *)request
{
    NSLog(@"Readリクエスト受信！ requested service uuid:%@ characteristic uuid:%@
value:%@",
          request.characteristic.service.UUID,
          request.characteristic.UUID,
          request.characteristic.value);

    // プロパティで保持しているキャラクタリスティックへのReadリクエストかどうかを判定
    if ([request.characteristic.UUID isEqual:self.characteristic.UUID]) {

        // CBMutableCharacteristicのvalueをCBATTRequestのvalueにセット
        request.value = self.characteristic.value;

        // リクエストに応答
        [self.peripheralManager respondToRequest:request
                                      withResult:CBATTErrorSuccess];
    }
}
```

`swift`

```swift
func peripheralManager(peripheral: CBPeripheralManager!, didReceiveReadRequest
request: CBATTRequest!) {

    println("Readリクエスト受信！ requested service uuid:\(request.characteristic.
service.UUID) characteristic uuid:\(request.characteristic.UUID) value:\(request.
characteristic.value)")

    // プロパティで保持しているキャラクタリスティックへのReadリクエストかどうかを判定
    if request.characteristic.UUID.isEqual(self.characteristic.UUID) {

        // CBMutableCharacteristicのvalueをCBATTRequestのvalueにセット
        request.value = self.characteristic.value;

        // リクエストに応答
```

```
    self.peripheralManager.respondToRequest(
        request,
        withResult: CBATTError.Success)
    }
}
```

リクエストに対してエラーを返す

　該当するキャラクタリスティックがない場合などは、respondToRequest:withResult:
メソッドの第2引数にCBATTErrorSuccess以外のCBATTError値を返すことでセントラ
ル側にエラーを返すことができます。

```
[self.peripheralManager respondToRequest:request
                        withResult:CBATTErrorRequestNotSupported];
```

　CBATTError の値は、Success 以外に17種類用意されています。それぞれの用途は
Apple の「Core Bluetooth Constants Reference」をご参照ください。

```
typedef NS_ENUM(NSInteger, CBATTError) {
    CBATTErrorSuccess NS_ENUM_AVAILABLE(NA, 6_0)   = 0x00,
    CBATTErrorInvalidHandle                        = 0x01,
    CBATTErrorReadNotPermitted                     = 0x02,
    CBATTErrorWriteNotPermitted                    = 0x03,
    CBATTErrorInvalidPdu                           = 0x04,
    CBATTErrorInsufficientAuthentication           = 0x05,
    CBATTErrorRequestNotSupported                  = 0x06,
    CBATTErrorInvalidOffset                        = 0x07,
    CBATTErrorInsufficientAuthorization            = 0x08,
    CBATTErrorPrepareQueueFull                     = 0x09,
    CBATTErrorAttributeNotFound                    = 0x0A,
    CBATTErrorAttributeNotLong                     = 0x0B,
    CBATTErrorInsufficientEncryptionKeySize        = 0x0C,
    CBATTErrorInvalidAttributeValueLength          = 0x0D,
    CBATTErrorUnlikelyError                        = 0x0E,
    CBATTErrorInsufficientEncryption               = 0x0F,
    CBATTErrorUnsupportedGroupType                 = 0x10,
    CBATTErrorInsufficientResources                = 0x11
};
```

試してみる

サンプル	BLEReadExamplePeripheral

セントラル側アプリから、今回実装をしたペリフェラル側アプリに対してReadリクエストを発行してみましょう。

2台のiOSデバイスを用意し、一方には今回の実装サンプルである「BLEReadExamplePeripheral」を、もう一方にはRead要求を発行するセントラルのサンプル「BLEReadExampleCentral」をインストールします。[※13]

図5-6 セントラルからのReadリクエストに応答するサンプルを試す

セントラル側アプリで「START SCAN」ボタンをタップし、当該キャラクタリスティックを発見した旨のログがコンソールに出力されたことを確認してから、「READ」ボタンをタップします。

ペリフェラル側のコンソールには次のように出力されました。

```
ペリフェラル側
Readリクエスト受信! requested service uuid:0000 characteristic uuid:0001 value:<c5>
```

UUIDから、今回Read用に用意したキャラクタリスティックに対するReadリクエストを受

※13 BLEReadExampleCentralは、4-4のサンプルを少し改変したもの。

信していることがわかります。

そして、セントラル側のコンソールには次のように出力されました。

セントラル側

```
読み出し成功！service uuid:0000, characteristice uuid:0001, value<c5>
```

サービス、キャラクタリスティックのUUID、その値ともに一致しており、正常にReadできたことが確認できます。

> ❶「BLEReadExamplePeripheral」と同じフォルダにある「BLEReadErrorExample Peripheral」は、Readリクエストへの応答としてエラー（CBATTErrorRequestNot Supported）を返すサンプルです。セントラル側のコンソールには次のように出力されます。
>
> ```
> 読み出し失敗...error:Error Domain=CBATTErrorDomain Code=6 "The request is not
> supported." UserInfo=0x17026b640 {NSLocalizedDescription=The request is not
> supported.}, characteristic uuid:0001
> ```

◎**関連項目**

- 3-9. ATT（Attribute Protocol）とGATT（Generic Attribute Profile）の詳細を知る
- 3-10. GATTとService
- 4-4. 接続したBLEデバイスからデータを読み出す（Read）

5. ペリフェラルの実装

5-5. セントラルからの Write リクエストに 応答する

　セントラルから Write リクエストが来たときのペリフェラル側の処理の実装方法について説明します。[14]

◎ 新たに出てくる API

- CBPeripheralManagerDelegate
  - peripheralManager:didReceiveWriteRequests:
- CBAttributePermissions
  - CBAttributePermissionsWriteable

実装方法

1: キャラクタリスティックを作成する

　キャラクタリスティックの初期化時に渡すプロパティとパーミッションには、それぞれ CBCharacteristicPropertyWrite（または CBCharacteristicPropertyWriteWithoutResponse）と CBAttributePermissionsWriteable を指定します。

※14　Write の仕様の詳細は、「3-9. ATT（Attribute Protocol）と GATT（Generic Attribute Profile）の詳細を知る」や「3-10. GATT と Service」で解説しています。

264

5-5. セントラルからのWriteリクエストに応答する

```objc
CBCharacteristicProperties properties =
(CBCharacteristicPropertyRead | CBCharacteristicPropertyWrite);

CBAttributePermissions permissions =
(CBAttributePermissionsReadable | CBAttributePermissionsWriteable);

self.characteristic =
[[CBMutableCharacteristic alloc] initWithType:characteristicUUID
                                  properties:properties
                                       value:nil
                                 permissions:permissions];
```

```swift
let properties =
(CBCharacteristicProperties.Read | CBCharacteristicProperties.Write)

let permissions =
(CBAttributePermissions.Readable | CBAttributePermissions.Writeable)

self.characteristic = CBMutableCharacteristic(
    type: characteristicUUID,
    properties: properties,
    value: nil,
    permissions: permissions)
```

　上のコードでは、前節のReadのプロパティとパーミッションも引き継ぐ形で、論理和をとっ
て指定しています。

2: Writeリクエストを受け取る

　ペリフェラルがセントラルからのWriteリクエストを受け取ると、CBPeripheralManagerプ
ロトコルの peripheralManager:didReceiveWriteRequests: メソッドが呼ばれます。

265

5. ペリフェラルの実装

```objc
- (void)peripheralManager:(CBPeripheralManager *)peripheral didReceiveWriteReque
sts:(NSArray *)requests {

    NSLog(@"%lu 件のWriteリクエストを受信！", (unsigned long)[requests count]);
}
```

```swift
func peripheralManager(peripheral: CBPeripheralManager!, didReceiveWriteRequests
requests: [AnyObject]!) {

    println("\(requests.count) 件のWriteリクエストを受信！")
}
```

　Readリクエスト受信時に呼ばれるperipheralManager:didReceiveReadRequest:と違うのが、第2引数に**CBATTRequestオブジェクトが単体ではなく、配列として入ってくる**という点です（この配列の取り扱い方法については後述します）。

3: 値を書き込む

　peripheralManager:didReceiveWriteRequests:メソッドの第2引数に入ってくる配列に格納されているCBATTRequestオブジェクトのvalueプロパティの値で、当該キャラクタリスティックの値を更新（＝CBMutableCharacteristicのvalueプロパティに新しい値をセット）します。

```objc
- (void)peripheralManager:(CBPeripheralManager *)peripheral didReceiveWriteReque
sts:(NSArray *)requests {

    NSLog(@"%lu 件のWriteリクエストを受信！", (unsigned long)[requests count]);

    for (CBATTRequest *aRequest in requests) {

        if ([aRequest.characteristic.UUID isEqual:self.characteristic.UUID]) {

            // CBMutableCharacteristicのvalueに、CBATTRequestのvalueをセット
            self.characteristic.value = aRequest.value;
```

266

5-5. セントラルからのWriteリクエストに応答する

```swift
        }
    }
}
```

```swift
func peripheralManager(peripheral: CBPeripheralManager!, didReceiveWriteRequests
requests: [AnyObject]!) {

    println("\(requests.count) 件のWriteリクエストを受信！")

    for obj in requests {

        if let request = obj as? CBATTRequest {

            if request.characteristic.UUID.isEqual(self.characteristic.UUID) {

                // CBMutableCharacteristicのvalueに、CBATTRequestのvalueをセット
                self.characteristic.value = request.value;
            }
        }
    }
}
```

4: セントラル側に応答を返す

CBPeripheralManager クラスの respondToRequest:withResult: メソッドをコールすることで、リクエストに応答することができます。

```objc
- (void)peripheralManager:(CBPeripheralManager *)peripheral didReceiveWriteReque
sts:(NSArray *)requests {

    NSLog(@"%lu 件のWriteリクエストを受信！", (unsigned long)[requests count]);
    for (CBATTRequest *aRequest in requests) {

        if ([aRequest.characteristic.UUID isEqual:self.characteristic.UUID]) {

            // CBCharacteristicのvalueに、CBATTRequestのvalueをセット
            self.characteristic.value = aRequest.value;
```

267

5. ペリフェラルの実装

```
        }
    }

    // リクエストに応答
    [self.peripheralManager respondToRequest:requests[0]
                                    withResult:CBATTErrorSuccess];
}
```

```swift
func peripheralManager(peripheral: CBPeripheralManager!, didReceiveWriteRequests
requests: [AnyObject]!) {

    println("\(requests.count) 件のWriteリクエストを受信！")

    for obj in requests {

        if let request = obj as? CBATTRequest {

            if request.characteristic.UUID.isEqual(self.characteristic.UUID) {

                // CBCharacteristicのvalueに、CBATTRequestのvalueをセット
                self.characteristic.value = request.value;
            }
        }
    }

    // リクエストに応答
    self.peripheralManager.respondToRequest(requests[0] as CBATTRequest,
withResult: CBATTError.Success)
}
```

　respondToRequest:withResult:の第1引数には1つのCBATTRequestオブジェクトを渡すようになっているのに対して、上述したとおりperipheralManager:didReceiveWriteRequests:メソッドのrequestsパラメータには複数のCBATTRequestオブジェクトが含まれている可能性があります。Appleの「CBPeripheralManagerDelegate Protocol Reference」によると、その場合は**先頭オブジェクトを渡せばよい**、と記載されています。

　また、同リファレンスによると、requestsパラメータが複数のリクエストを含んでいる際に、**どれか1つでも完遂できないリクエストがある場合、requestsに含まれる全リクエストを実行す**

べきではない、とされています。その場合、respondToRequest:withResult:でエラーを返すことになります。

> ❶ セントラル側で、書き込み後のキャラクタリスティックの値を使用する場合、peripheral:didWriteValueForCharacteristic:error:の第2引数に入ってくるCBCharacteristicオブジェクトのvalueプロパティの値を使用すべきではありません。詳しい内容や対策は「11. ハマりどころ逆引き辞典 - トラブル5: キャラクタリスティックの値がおかしい」をご参照ください。

試してみる

サンプル	BLEWriteExamplePeripheral

　セントラル側アプリから、今回実装をしたペリフェラル側アプリに対してWriteリクエストを発行してみましょう。

　2台のiOSデバイスを用意し、一方には今回の実装サンプルである「BLEWriteExamplePeripheral」を、もう一方にはWrite要求を発行するセントラルのサンプル「BLEWriteExampleCentral」[※15]をインストールします。

図 5-7　セントラルからのWriteリクエストに応答するサンプルを試す

※15　BLEWriteExampleCentralは、4-5のサンプルを少し改変したもの。

セントラル側アプリで「START SCAN」ボタンをタップし、当該キャラクタリスティックを発見した旨のログがコンソールに出力されたことを確認してから、「WRITE」ボタンをタップします。

ペリフェラル側のコンソールには次のように出力されました。

ペリフェラル側

```
1 件のWriteリクエストを受信！
Requested value:<f9> service uuid:0000 characteristic uuid:0001
```

その直後にセントラル側には次のように出力されました。

セントラル側

```
Write成功！
```

セントラルから発行したWriteリクエストがペリフェラル側で処理され、成功したという応答がセントラル側で取得できていることがわかります。

さらに確認として、セントラル側から同じキャラクタリスティックに対してReadリクエストを発行（「READ」ボタンをタップ）してみると、次のようにコンソール出力が得られました。

セントラル側

```
Read成功！service uuid:0000, characteristice uuid:0001, value<f9>
```

セントラル側からWriteリクエストを送った値が、きちんとペリフェラル側でそのキャラクタリスティックにセットされていることが確認できます。

◎ 関連項目

- 3-9. ATT（Attribute Protocol）と GATT（Generic Attribute Profile）の詳細を知る
- 3-10. GATT と Service
- 4-5. 接続した BLE デバイスへデータを書き込む（Write）
- 11. ハマりどころ逆引き辞典 - トラブル 5: キャラクタリスティックの値がおかしい

5-6. セントラルへデータの更新を 通知する（Notify）

ペリフェラルからセントラルへデータの更新を通知する（**Notify**）方法について説明します。[16]

◎ 新たに出てくる API

- CBPeripheralManagerDelegat
  - peripheralManager:central:didSubscribeToCharacteristic:
  - peripheralManager:central:didUnsubscribeFromCharacteristic:
- CBPeripheralManager
  - updateValue:forCharacteristic:onSubscribedCentrals:
- CBCentral
- CBMutableCharacteristic
  - subscribedCentrals
- CBCharacteristicProperties
  - CBCharacteristicPropertyNotify

実装方法

1: キャラクタリスティックを作成する

キャラクタリスティックの初期化時に渡すプロパティには、CBCharacteristicProperty Notifyを指定します（セントラル側からReadさせなくてもよいのであれば、CBAttribute PermissionsReadableパーミッションは不要）。

---

[16] Notify（Notification）の仕様の詳細は、「3-9. ATT（Attribute Protocol）とGATT（Generic Attribute Profile）の詳細を知る」や「3-10. GATTとService」で解説しています。

```objc
CBCharacteristicProperties properties = (CBCharacteristicPropertyNotify |
                                         CBCharacteristicPropertyRead |
                                         CBCharacteristicPropertyWrite);

CBAttributePermissions permissions = (CBAttributePermissionsReadable |
                                      CBAttributePermissionsWriteable);

self.characteristic =
[[CBMutableCharacteristic alloc] initWithType:characteristicUUID
                                   properties:properties
                                        value:nil
                                  permissions:permissions];
```

```swift
let properties = (
    CBCharacteristicProperties.Notify |
    CBCharacteristicProperties.Read |
    CBCharacteristicProperties.Write)

let permissions = (
    CBAttributePermissions.Readable |
    CBAttributePermissions.Writeable)

self.characteristic = CBMutableCharacteristic(
    type: characteristicUUID,
    properties: properties,
    value: nil,
    permissions: permissions)
```

　上のコードでは、前節までのRead、Writeのプロパティとパーミッションも引き継ぐ形で、論理和をとって指定しています。

2: Notify 開始リクエストを受け取る

　セントラルからNotify開始リクエストを受け取ると、CBPeripheralManagerDelegateプロトコルのperipheralManager:central:didSubscribeToCharacteristic:メソッドが呼ばれます。

5-6. セントラルへデータの更新を通知する（Notify）

```objc
- (void)          peripheralManager:(CBPeripheralManager *)peripheral
                            central:(CBCentral *)central
    didSubscribeToCharacteristic:(CBCharacteristic *)characteristic
{
    NSLog(@"Notify開始リクエストを受信");
    NSLog(@"Notify中のセントラル: %@", self.characteristic.subscribedCentrals);
}
```

```swift
func peripheralManager(peripheral: CBPeripheralManager!, central: CBCentral!,
didSubscribeToCharacteristic characteristic: CBCharacteristic!)
{
    println("Notify開始リクエストを受信")
    println("Notify中のセントラル: \(self.characteristic.subscribedCentrals)")
}
```

第2引数centralには**リクエスト元のセントラルを示すCBCentralオブジェクト**が入ってきます。
また第3引数characteristicにはNotifyを開始したい対象のキャラクタリスティック
（CBCharacteristicオブジェクト）が入ってきます。このキャラクタリスティックに更新があっ
た場合にセントラルに通知することになります。

CBMutableCharacteristicにはsubscribedCentralsというプロパティがあり、**当該キャラ
クタリスティックにNotify開始要求があると、要求元セントラルのCBCentralオブジェクトが
ここに自動的に追加**されます。

3: Notify 停止リクエストを受け取る

セントラルからNotify停止リクエストを受け取ると、CBPeripheralManagerDelegateプロト
コルのperipheralManager:central:didUnsubscribeFromCharacteristic:メソッドが
呼ばれます。

```objc
- (void)          peripheralManager:(CBPeripheralManager *)peripheral
                            central:(CBCentral *)central
    didUnsubscribeFromCharacteristic:(CBCharacteristic *)characteristic
{
    NSLog(@"Notify停止リクエストを受信");
    NSLog(@"Notify中のセントラル: %@", self.characteristic.subscribedCentrals);
}
```

273

```swift
func peripheralManager(peripheral: CBPeripheralManager!, central: CBCentral!, di
dUnsubscribeFromCharacteristic characteristic: CBCharacteristic!)
{
    println("Notify停止リクエストを受信")
    println("Notify中のセントラル: \(self.characteristic.subscribedCentrals)")
}
```

第2引数centralには**リクエスト元のCBCentralオブジェクト**が入ってきます。

また第3引数characteristicにはNotifyを停止したい対象のキャラクタリスティック（CBCharacteristicオブジェクト）が入ってきます。

Notify停止要求があると、当該キャラクタリスティックのCBMutableCharacteristicオブジェクトのsubscribedCentralsプロパティから自動的に要求元セントラルのCBCentralオブジェクトが削除されます。

4: 値を更新し、通知する

値の更新自体は、valueプロパティにNSDataオブジェクトをセットすることでできます。

```objc
self.characteristic.value = data;
```

```swift
self.characteristic.value = data;
```

そして、キャラクタリスティックの値の更新をセントラル側に通知するには、CBCentralManagerクラスのupdateValue:forCharacteristic:onSubscribedCentrals:メソッドをコールします。

```objc
[self.peripheralManager updateValue:data
                 forCharacteristic:self.characteristic
               onSubscribedCentrals:nil];
```

5-6. セントラルへデータの更新を通知する（Notify）

```swift
self.peripheralManager.updateValue(
    data,
    forCharacteristic: self.characteristic,
    onSubscribedCentrals: nil)
```

　第1引数には**新しい値となるNSDataオブジェクト**を、第2引数には**対象となるキャラクタリスティックのCBMutableCharacteristicオブジェクト**を渡します。

　第3引数には**通知先のセントラルのCBCentralオブジェクトのリスト**を渡します。この引数にnilを渡すと、（第2引数で指定されたキャラクタリスティックについて）Notify開始をリクエストしたセントラルすべてに更新通知が送られます。Notify開始をリクエストしていないセントラルを指定した場合、無視されます。

　上のコードでは利用していませんが、通知が成功すると戻り値としてYESが、失敗するとNOが返ってきます。

> ❶ 「updateValue:forCharacteristic:onSubscribedCentrals: はあくまで更新をセントラルに通知するだけで、キャラクタリスティックの値を更新することはしない」という点に注意が必要です。直接CBMutableCharacteristicオブジェクトのvalueプロパティに値をセットすることで更新が行われます。詳しくは、「11. ハマりどころ逆引き辞典 - トラブル5: キャラクタリスティックの値がおかしい」をご参照ください。

試してみる

サンプル	BLENotifyExamplePeripheral

　セントラル側アプリから、今回実装をしたペリフェラル側アプリに対してNotify開始リクエストを発行し、ペリフェラル側でデータ更新して通知が飛ぶか確認してみましょう。

　2台のiOSデバイスを用意し、一方には今回の実装サンプルである「BLENotifyExample Peripheral」を、もう一方にはデータ更新通知を受け取るセントラルのサンプル

275

「BLENotifyExampleCentral」をインストールします。[※17]

セントラル
BLENotifyExampleCentral

ペリフェラル
BLENotifyExamplePeripheral

図5-8　セントラルへデータの更新を通知するサンプルを試す

セントラル側アプリで「START SCAN」ボタンをタップし、当該キャラクタリスティックを発見した旨のログがコンソールに出力されたことを確認してから、「START NOTIFY」ボタンをタップします。

すると、セントラル側・ペリフェラル側のコンソールに、それぞれ次のように出力されます。

セントラル側

Notify状態更新成功！characteristic UUID:0001, isNotifying:1

ペリフェラル側

Notify開始リクエストを受信

その後、ペリフェラル側の「UPDATE」ボタンをタップしてください。
コンソールにはそれぞれ次のように出力されます。

ペリフェラル側

通知成功！

※17　BLENotifyExampleCentralは、4-6のサンプルを少し改変したもの。

276

5-6. セントラルへデータの更新を通知する（Notify）

```
セントラル側
データ更新！ service UUID:0000, characteristic UUID:0001, value:<b6>
```

本サンプルではUI上でもキャラクタリスティックの値を確認することができます。

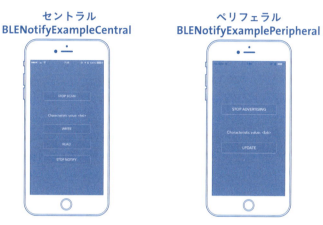

図5-9　セントラルへデータの更新が通知される

ペリフェラル側キャラクタリスティックの値が更新され、セントラル側に通知されていることがわかります。

◎ 関連項目

- 3-9. ATT（Attribute Protocol）とGATT（Generic Attribute Profile）の詳細を知る
- 3-10. GATTとService
- 4-6. 接続したBLEデバイスからデータの更新通知を受け取る（Notify）
- 11. ハマりどころ逆引き辞典 - トラブル5: キャラクタリスティックの値がおかしい

Part2. iOSプログラミング編 | 6章

電力消費量、パフォーマンスの改善

本章では、Appleの「Core Bluetoothプログラミングガイド」の「ベストプラクティス」について書かれているパートをベースにしつつ、関連事項や注意点などを加えながら、「低消費電力」「パフォーマンス向上」につながる実装方法を解説していきます。

（堤 修一）

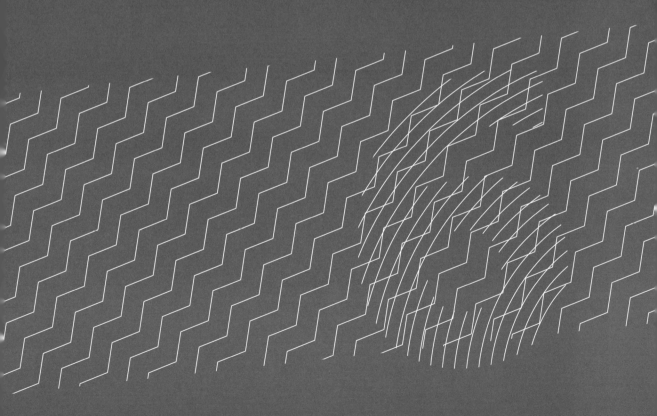

6. 電力消費量、パフォーマンスの改善

4章、5章では、「はじめの一歩」を踏みだす際にいきなり多くの用語や概念が出てきて混乱してしまわないよう、セントラル・ペリフェラルそれぞれの実装にあたって、本当に必要な最小限の情報だけにとどめて解説するようにしました。

「まずはiPhoneからBLEで周辺デバイスに接続し、通信してみる」といったお試し用途や、プロトタイプ開発などの場合は4章、5章の内容だけでも十分なのですが、**実際にプロダクトとして世に出していくのであれば、バッテリー消費をできるだけ抑える、処理を最適化してパフォーマンスを向上させる**、といった配慮が必要となってきます。

本章では、Appleより発行されているドキュメント「Core Bluetooth プログラミングガイド」の「ベストプラクティス」について書かれているパートをベースにしつつ、関連事項や注意点などを加えながら、**「低消費電力」「パフォーマンス向上」につながる実装方法**を解説していきます。

なお、**6-1～6-4がセントラル**に関する方法、**6-5、6-6がペリフェラル**に関する方法になります。

6-1. スキャンの最適化

6-1-1. スキャンを明示的に停止する

「4-1. 周辺のBLEデバイスを検索する」で軽く触れましたが、スキャンは自動的に停止しません。**明示的に停止するまでずっとスキャンし続けます。**

「接続すべきペリフェラルが見つかった」あるいは「接続すべきペリフェラルが見つかる見込みがない」といった場合にもずっとスキャンし続けるのは、電力消費量の観点からも、処理性能の観点からも非常にもったいないので、

- 接続すべきペリフェラルが見つかった
- 一定時間以上経過した（タイムアウト）
- ユーザーによる停止操作

などをトリガに、CBCentralManager の stopScan をコールしてスキャンを停止しましょう。

280

6-1-2. 特定のサービスを指定してスキャンする

「4-1. 周辺のBLEデバイスを検索する」では、CBCentralManagerのスキャン開始メソッド scanForPeripheralsWithServices:options:の第1引数servicesにnilを指定していましたが、これは、**すべてのペリフェラルを検出対象とする**ことを意味します。

この第1引数に、サービスのUUIDを表すCBUUIDオブジェクトの配列を渡すと、**該当するサービスをアドバタイズしているペリフェラルだけが検出される**ようになります。

```
NSArray *serviceUUIDs = @[[CBUUID UUIDWithString:kServiceUUID]];
[self.centralManager scanForPeripheralsWithServices:serviceUUIDs
                                            options:nil];
```

これにより、スキャン対象を絞り込むので、**電力消費やパフォーマンスの観点から、この第1引数にはnilではなく具体的なサービス（のリスト）を指定することが推奨**されています。

> ❶ ペリフェラル側が当該サービスを提供していても、そのサービスをアドバタイズしていない場合、セントラル側でそのサービスUUIDを指定してスキャンしていると、検出できません。セントラルからそのペリフェラルが当該サービスを提供していることがわかるよう、ペリフェラル側ではそのサービスのUUIDをアドバタイズする[1]必要があります。この問題についての詳細は、11章の「トラブル1: スキャンに失敗する」で解説しています。

また、ペリフェラル側がiOSデバイスの場合は、バックグラウンドでの挙動についても注意が必要です。ペリフェラルのバックグラウンドにおける挙動の詳細については7-2-4を、起こりうる問題の詳細については11章の「トラブル6: バックグラウンドでのスキャンが動作しない」をご参照ください。

※1　サービスをアドバタイズする方法については「5-3. サービスをアドバタイズする」で解説しています。

6. 電力消費量、パフォーマンスの改善

6-1-3. できるだけスキャンの検出イベントをまとめる

◎ 新たに出てくるAPI

• CBCentralManagerScanOptionAllowDuplicatesKey

次のように、CBCentralManagerのスキャン開始メソッドscanForPeripheralsWithServices:options:の第2引数optionsに、CBCentralManagerScanOptionAllowDuplicatesKeyの値としてYESを指定すると、

```
NSDictionary *options = @{CBCentralManagerScanOptionAllowDuplicatesKey: @YES};
[centralManager scanForPeripheralsWithServices:nil
                                       options:options];
```

スキャンによって検出したペリフェラルが検出済みのものであろうとなかろうと、検出のつどCBPeriperalManagerDelegateのcentralManager:didDiscoverPeripheral:advertisementData:RSSI:を呼び出すようになります。

　ペリフェラルは一定時間間隔で何度もアドバタイズパケットを送出して自身の存在を知らしめようとするので、このオプションをYES指定すると同じペリフェラルが何度も検出されることになります。ペリフェラルによっては1秒間に何度も検出され、centralManager:didDiscoverPeripheral:advertisementData:RSSI:が呼ばれることになります。

　本オプションは、「繰り返しアドバタイズパケットを受け取って、RSSIの変化を見たい」といったケースでは有用ですが、そうでない場合は、電力消費の観点からもパフォーマンスの観点からも無駄が多くなってしまうので、必要がない限り指定すべきではありません。

　デフォルトはNOなので、本オプションを明示的に指定しなければ、ペリフェラルを繰り返し検出しても検出イベントは1件にまとめられ、1回だけcentralManager:didDiscoverPeripheral:advertisementData:RSSI:が呼ばれます。

　なお、本オプションを指定しない場合、あるいはNOとした場合でも、アドバタイズの内容が変化した場合には、検出済みのペリフェラルであってもcentralManager:didDiscoverPeripheral:advertisementData:RSSI:が呼ばれます。

282

6-2. ペリフェラルとの通信の最適化

6-2-1. 必要なサービスのみ探索する

4章では、ペリフェラルが提供するサービスのリストをCBPeripheralクラスのdiscoverServices:メソッドで探索する際、引数にnilを渡していました。この場合、**すべてのサービスが探索対象**となります。

しかし実際には、ペリフェラルは当該アプリケーションでは必要としていないサービスを多数提供している可能性があります。**あらかじめ必要なサービスがわかっている場合にも、全サービスを対象として探索を行うのは電力消費やパフォーマンスの観点から好ましくありません。**

そこで、「Core Bluetooth プログラミングガイド」では、必要なサービスを指定して探索を行うことが推奨されています。

特に、スキャン時と違い、このサービス探索処理の場合は全対象サービスが見つかってからデリゲートメソッドが呼ばれるためか、**"considerably slower"**（かなり遅い）と**Appleのクラスリファレンスでも明記**されているため、nil指定はできるだけ避けるべきでしょう。

実装としては、CBPeripheralクラスのdiscoverServices:メソッドの引数に、**探索対象としたいサービスのUUIDを表すCBUUIDオブジェクトのリスト**（配列）を渡します。

```
NSArray *serviceUUIDs = @[[CBUUID UUIDWithString:kServiceUUID]];
[peripheral discoverServices:serviceUUIDs];
```

283

6-2-2. 必要なキャラクタリスティックのみ探索する

　前項で説明したサービスの場合と同様に、キャラクタリスティックも、**あらかじめ必要なものがわかっている場合は、それらを指定して探索することが推奨**されています。こちらも **Apple のクラスリファレンスに、「全キャラクタリスティック探索は "considerably slower"（かなり遅い）」と明記**されているので、できる限り nil 指定は避けましょう。

　実装としては、CBPeirpheral クラスの discoverCharacteristics:forService: メソッドの引数に、**探索対象としたいキャラクタリスティックの UUID を表す CBUUID オブジェクトのリスト（配列）**を渡します。

```
NSArray *characteristicUUIDs = @[[CBUUID UUIDWithString:kCharacteristicUUID]];
[peripheral discoverCharacteristics:characteristicUUIDs forService:service];
```

6-3. ペリフェラルとの接続の最適化

6-3-1. 接続の必要がなくなり次第すぐに切断する／
　　　ペンディングされている接続要求をキャンセルする

◎新たに出てくるAPI

- CBCentralManager
  - `cancelPeripheralConnection:`
- CBCentralManagerDelegate
  - `centralManager:didDisconnectPeripheral:error:`

　電波の使用を抑制するために、「接続の必要がなくなり次第すぐに切断する」ことが推奨されています。
　接続の切断には、CBCentralManagerクラスの`cancelPeripheralConnection:`メソッドをコールします。

```
[centralManager cancelPeripheralConnection:peripheral];
```

　引数には**切断したい対象のペリフェラル**を表すCBPeripheralオブジェクトを渡します。
　メソッド名のとおり、接続中のペリフェラルを切断する以外にも、**ペンディングされている接続要求をキャンセルする**効果もあります。
　切断が完了すると、CBCentaralManagerDelegateの`centralManager:didDisconnectPeripheral:error:`メソッドが呼ばれます。

285

> ⓘ `centralManager:didDisconnectPeripheral:error:`が呼ばれることは、「当該ア
> プリケーションに関する限り、切断されたとみなしてよい状態になった」ことを意味し
> ているのであって、必ずしも「物理リンクが切断された」ことを意味しません。他のア
> プリケーションがまだ接続しているかもしれないためです。
>
> 　また、Appleのドキュメント「Core Bluetooth プログラミングガイド」や
> 「CBCentralManager Class Reference」によると、「切断対象のペリフェラルの
> CBPeripheralオブジェクトのコマンドで、保留状態にあるものは、この切断処理によっ
> て実行を停止するかどうかわからない」とされています。

6-3-2. ペリフェラルに再接続する

　既知のペリフェラル（過去に接続したことのあるペリフェラル）や他のアプリケーションに
よってiOSデバイス自体には接続済みのペリフェラルなど、特定の条件下においては「再接続」
という手段をとることができ、その場合、**スキャンを省略**することができます。

　こちらについては「8-1. ペリフェラルに再接続する」にて詳細に解説しています。

6-4. イベントディスパッチ用の キューを変更する（セントラル）

　4章のサンプルでは、CBCentralManagerオブジェクトを初期化するメソッドinitWith
Delegate:queue:の第2引数にはnilを渡していましたが、これは、セントラルマネージャが
イベントディスパッチの際に、メインキューを使用することを意味しています。

　iOSではUIまわりの処理をすべてメインキューで行うため、セントラルマネージャがディス
パッチしたイベントに対して重い処理を行ったりすると、描画処理が遅れアニメーションがカ
クついたり、ユーザーからの操作の受け付けが鈍くなったりとUIに支障をきたす可能性があり
ます。その場合、次のようにイベントディスパッチで使わせたいキューを指定します。

```objc
// キューを保持するプロパティ
@property (nonatomic, strong) dispatch_queue_t centralQueue;
```

```objc
// セントラルのイベントをディスパッチするキューの作成
self.centralQueue =
dispatch_queue_create("com.shu223.BLEExample", DISPATCH_QUEUE_SERIAL);

// キューを指定してセントラルマネージャを初期化
self.centralManager =
[[CBCentralManager alloc] initWithDelegate:self
                                     queue:self.centralQueue];
```

試してみる

サンプル	BLECentralQueueExample

　確認のため、次のようにCBCentaralManagerDelegateプロトコルのデリゲートメソッドや、

CBPeriphralManagerDelegate プロトコルのデリゲートメソッドに、**実行キューのラベル**をログ出力するコードを追加します。

```
- (void)    centralManager:(CBCentralManager *)central
     didDiscoverPeripheral:(CBPeripheral *)peripheral
         advertisementData:(NSDictionary *)advertisementData
                      RSSI:(NSNumber *)RSSI
{
    // （割愛）

    const char *label = dispatch_queue_get_label(DISPATCH_CURRENT_QUEUE_LABEL);
    NSLog(@"実行キュー: %s", label);

    // （割愛）
}
```

```
- (void)      peripheral:(CBPeripheral *)peripheral
     didDiscoverServices:(NSError *)error
{
    // （割愛）

    const char *label = dispatch_queue_get_label(DISPATCH_CURRENT_QUEUE_LABEL);
    NSLog(@"実行キュー: %s", label);

    // （割愛）
}
```

実行してみると、各デリゲートメソッドが呼ばれるタイミングで、

```
実行キュー: com.shu223.BLEExample
```

とログ出力されるので、**セントラルマネージャ初期化の際に指定したキューが、イベントディスパッチの際に使用されている**ことが確認できます。

6-5. アドバタイズの最適化

　ペリフェラル側の「アドバタイズ」は電波を発して周囲に自らの存在を知らしめる行為なので、**消費電力をおさえるには、アドバタイズによる電波の使用を最小限にする**ことが指針となります。

　たとえば、セントラルとの接続がいったん完了してしまえば、サービスやキャラクタリスティックを直接探索し、値を読み出すことができるので、アドバタイズパケットは不要となります。また、周囲に対応するセントラルがないと判断できる場合にユーザーが停止できるようUIを用意しておいたり、アドバタイズを開始して一定時間経過したらアドバタイズを自動停止するといった方法も考えられます。

　アドバタイズを停止するには、CBPeripheralManagerクラスのstopAdvertisingメソッドをコールします。

```
[peripheralManager stopAdvertising];
```

6-6. イベントディスパッチ用のキューを変更する（ペリフェラル）

「6-4. イベントディスパッチ用のキューを変更する（セントラル）」では、セントラルマネージャのイベントディスパッチ用のキューを変更することで、メインキューによるUIまわりの処理を妨げないようにする方法について説明しましたが、ペリフェラルマネージャの場合も同様に、初期化メソッドinitWithDelegate:queue:options:の第2引数にイベントディスパッチの際に使用するキューを指定することができます（nilを指定するとメインキューが使用されるのもセントラルマネージャと同様）。

```
// キューを保持するプロパティ
@property (nonatomic, strong) dispatch_queue_t peripheralQueue;
```

```
// ペリフェラルのイベントをディスパッチするキューの作成
self.peripheralQueue =
dispatch_queue_create("com.shu223.BLEExample", DISPATCH_QUEUE_SERIAL);

// キューを指定してペリフェラルマネージャを初期化
self.peripheralManager =
[[CBPeripheralManager alloc] initWithDelegate:self
                                        queue:self.peripheralQueue
                                      options:nil];
```

Part2. iOSプログラミング編 | 7章

バックグラウンド実行モード

本章では、Core Bluetoothで実装したBLEの機能をバックグラウンドで動作させる方法と、バックグラウンドにおける制約（できること／できないこと）について解説します。また「状態の保存と復元」という、非常に強力な機能についても詳細に解説します。

（堤修一）

Core Bluetoothで実装したBLEの機能は、**デフォルトではフォアグラウンドにおいてのみ動作**します。すなわち、バックグラウンド状態に移行するとそのアプリのBLE関連のタスクは動作しなくなります。

これは、たとえば外部デバイスをリモートコントロールするアプリや、UIでコンテンツを選んで遊ぶアプリのように、iOSアプリのUIを操作することが前提（＝**フォアグラウンド状態で使用することが前提**）となっている場合は特に支障はありません。

しかし、たとえばペリフェラル側で計測している心拍数をアプリ側でモニタリングするようなプロダクトで、「当該アプリがバックグラウンドにある場合でも常時ペリフェラル側からデータを取得し続け、心拍数が一定以上になるとローカル通知を発行してユーザーに知らせる」といったことをしたいとすると、バックグラウンドでの動作が必要になってきます。

そこで、iOSでは、**ユーザーからの許可が得られれば、バックグラウンドでBLE関連のタスクを行うことができる**「バックグラウンド実行モード」というものが用意されています。

7-1. バックグラウンド実行モードへの 対応方法

BLEのバックグラウンド実行モードへの対応方法は、**コードを書く必要もなく、Info.plistに項目を追加するだけ**です。

XcodeのCapabilitiesパネルを使用する方法と、Info.plistを直接編集する方法の2種類を説明します。

7-1-1. 対応方法1：Capalitiesパネルを利用

XcodeのCapabilitiesパネルを開きます。

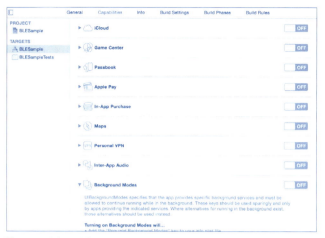

図7-1　Capabilities パネル

「Background Modes」のスイッチをONにすると、選択可能なモードのチェックボックス付きリストが表示されます。
　ここで、**セントラルとしてバックグラウンドで動作させたい場合は、「Uses Bluetooth LE accessory」の項目にチェック**を入れます。

図7-2　セントラルとしてバックグラウンドで動作させる場合の設定

　ペリフェラルとしてバックグラウンドで動作させたい場合は、「Acts as a Bluetooth LE accessory」の項目にチェックを入れます。

7. バックグラウンド実行モード

図7-3 ペリフェラルとしてバックグラウンドで動作させる場合の設定

　　セントラルとしても、ペリフェラルとしてもバックグラウンドで動作させたい場合は、両方にチェックを入れます。

　　Capabilitiesパネルでの変更内容に応じて、Info.plistに必要な項目が自動的に追加（チェックを外した場合は削除）されます。

7-1-2. 対応方法2：Info.plistを直接編集

　　Capabilitiesパネルを使用せず、Info.plistを直接編集しても同じ結果が得られます。Xcodeはバージョンアップによって UIが変わる可能性があるので、こちらの方法のほうが普遍的かもしれません。

　　Info.plistに、「**Required background modes**」というキーを追加し、その配列のアイテムとして、セントラルの場合は「**App communicates using CoreBluetooth**」を、ペリフェラルの場合は「**App shares data using CoreBluetooth**」を追加します。

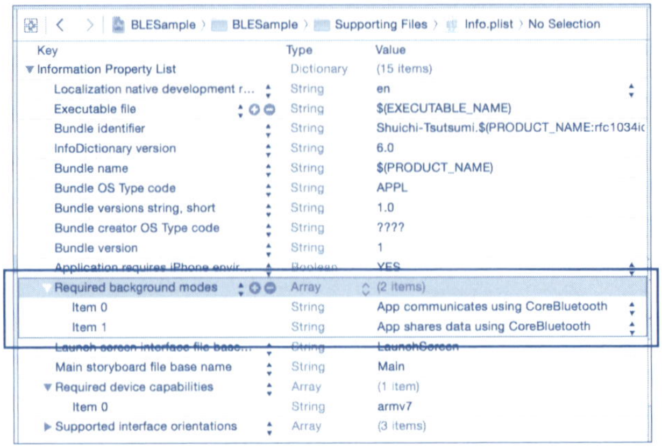

図7-4　Info.plist に Required background modes を追加

Info.plist を Xcode のプロパティリストエディタではなく、直接テキストとして編集する場合は、**UIBackgroundModes** キーを追加し、その値となる配列の要素として、セントラルの場合は文字列「**bluetooth-central**」を、ペリフェラルの場合は文字列「**bluetooth-peripheral**」を追加してください。

```
<key>UIBackgroundModes</key>
<array>
        <string>bluetooth-central</string>
        <string>bluetooth-peripheral</string>
</array>
```

試してみる

サンプル	BLEBackgroundExampleCentral、BLEBackgroundExamplePeripheral

2台のiOSデバイスを用意し、一方には「BLEBackgroundExampleCentral」を、もう一方には「BLEBackgroundExamplePeripheral」をインストールします。

それぞれ、次のような**バックグラウンド実行の許可をユーザーに求めるダイアログ**が表示されるので、「OK」を選択します。

図7-5 バックグラウンド実行の許可を求めるダイアログ

セントラルのバックグラウンド実行モードを試す

①いったん、ペリフェラル側の「STOP ADVERTISING」をタップし、アドバタイズを止めます。
②セントラル側では「START SCAN」ボタンをタップしてスキャンを開始し、iOSデバイスのホームボタンを押して、バックグラウンド状態にします。
③ペリフェラル側の「START ADVERTISING」ボタンをタップします。

セントラル側のiOSデバイスで、ペリフェラルを発見した旨のローカル通知のバナーが表示されます。

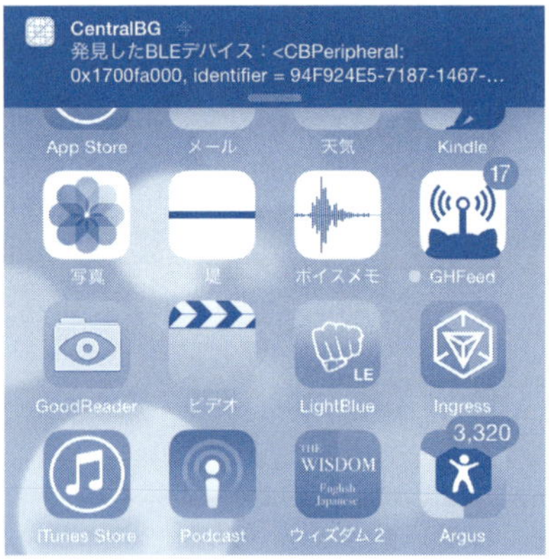

図7-6　ペリフェラル発見を知らせるローカル通知

ペリフェラルのバックグラウンド実行モードを試す

①セントラル側では「STOP SCAN」ボタンをタップしてスキャンを停止しておきます。
②ペリフェラル側では、「START ADVERTISING」ボタンをタップしてアドバタイズを開始し、iOSデバイスのホームボタンを押して、バックグラウンド状態にします。
③セントラル側の「START SCAN」ボタンをタップします。

ペリフェラル側のiOSデバイスで、Notify開始リクエストを受信した旨のローカル通知のバナーが表示されます。

図7-7　セントラルからのリクエスト受信を知らせるローカル通知

7-2. バックグラウンド実行モードの挙動

7-2-1. バックグラウンド実行モードでできること

　バックグラウンド実行モードへの対応を宣言すると、アプリケーションがバックグラウンド状態にあっても、**BLE関係のイベントが発生するとシステムが当該アプリケーションを起こす**ようになり、そのイベントを処理できるようになります。

　セントラル側でいうと、スキャン、接続、サービス・キャラクタリスティック探索、Read・Write・Notifyといった**ひととおりのことがバックグラウンドで実行可能**です。

　そして、**CBCentralManagerDelegate** や **CBPeripheralDelegate** のデリゲートメソッドが呼ばれるタイミングで当該アプリケーションが起こされるので、

- セントラルマネージャの状態が変化した
- ペリフェラルを検出した
- 接続が確立した／切断された
- データ更新通知（Notify）を受け取った

といったイベントをバックグラウンドの状態で処理できることになります。このタイミングでローカル通知を発行してユーザーに知らせることもできますし、バックグラウンドのまま、ペリフェラルから受け取ったデータを保存することもできます。

　同様に、ペリフェラル側では、バックグラウンドでの**アドバタイズの送出**も可能ですし、**読み取り・書き込み要求への応答や、データ更新通知（Notify）も可能**です。必要に応じてシステムが当該アプリケーションを起こし、**CBPeripheralManagerDelegate プロトコルの該当するメソッドが呼ばれる**ようになります。

　以上のように、バックグラウンド実行モードへの対応を宣言すれば、**セントラル側、ペリフェラル側ともに、バックグラウンドでもたいていのことができる**ようになります。

しかし、バックグラウンドでの実行はバッテリー消費量に大きく影響するため、バックグラウンドでは制限されることや、できないこともあります。それらは次項以降にて説明します。

7-2-2. バックグラウンドにおける制約 (ペリフェラル・セントラル共通)

バックグラウンド実行モードに対応すると、状態変化やペリフェラル検出などのイベント発生のタイミングでアプリを起こしてくれるようになりますが、無制限にタスクを実行できるわけではありません。**バックグラウンドからアプリが起こされてからタスク実行に与えれる時間は10秒**です。これ以上の時間をかけてバックグラウンドでタスク実行しようとすると、システムによって抑制されるか、強制終了させられる可能性があります。

7-2-3. バックグラウンドにおける制約 (セントラル)

スキャン間隔が長くなる

バックグラウンドでもスキャンは可能ですが、フォアグラウンドの場合と比べ、スキャン間隔が長くなります。これにより、**ペリフェラルの検出に時間がかかる**可能性があります。

ただし、フォアグラウンドで他のアプリがスキャンを行っている場合、バックグラウンドでスキャンを行っているアプリもフォアグラウンドの場合と同じスキャン間隔となります。

> ❶ スキャン間隔（scanInterval）については、「3-4-5. Advertising と Scanning」の項「Scannning」で詳細に解説しています。

◎ **関連項目**

- 3-4-5. Advertising と Scanning
- トラブル6: バックグラウンドでのスキャンが動作しない → バックグラウンドでのスキャン間隔は長くなることを考慮しているか？

スキャン開始時のサービス指定が必須

スキャン開始メソッド scanForPeripheralsWithServices:options: の第1引数に nil を指定すると、バックグラウンドではペリフェラルを発見できなくなります。**1つ以上のサービスの UUID を指定**する必要があります。

◎ **関連項目**

- 6-1-2. 特定のサービスを指定してスキャンする
- トラブル6: バックグラウンドでのスキャンが動作しない → サービスを指定しているか？

スキャン開始時のオプション CBCentralManagerScanOption AllowDuplicatesKey が無視される

バックグラウンドでは、スキャン開始メソッド scanForPeripheralsWithServices:options: のオプションに指定できるキー CBCentralManagerScanOptionAllowDuplicatesKey が無視されます。

すなわち、スキャンにより同じペリフェラルを繰り返し検出しても検出イベントは1件にまとめられ、1回だけ centralManager:didDiscoverPeripheral:advertisementData:RSSI: が呼ばれます。

◎ **関連項目**

- 6-1-3. できるだけスキャンの検出イベントをまとめる

7-2-4. バックグラウンドにおける制約（ペリフェラル）

ローカルネームがアドバタイズされなくなる

アドバタイズメントデータのキー CBAdvertisementDataLocalNameKey は、バックグラウンドでは無視されます。そのため、ペリフェラルのローカルネームはアドバタイズされません。

299

7. バックグラウンド実行モード

◎ 関連項目

- 5-1. セントラルから発見されるようにする（アドバタイズの開始）
- トラブル7: バックグラウンドのペリフェラルが見つからない

サービスUUIDが、特別なオーバーフロー領域に入る

アドバタイズメントデータのキーCBAdvertisementDataServiceUUIDsKeyに指定される
サービスUUIDは、「オーバーフロー領域」に入るため、セントラル側が明示的にこのUUIDを
指定してスキャンしないと、発見できなくなります。[1]

◎ 関連項目

- 8-4. アドバタイズメントデータ詳解
- トラブル6: バックグラウンドでのスキャンが動作しない → 相手のペリフェラルがバックグラ
ウンドで動作していないか？
- トラブル7: バックグラウンドのペリフェラルが見つからない → サービスUUIDを指定せずス
キャンしていないか？

アドバタイズ頻度が落ちる

アドバタイズを行うアプリケーションがすべてバックグラウンド状態にある場合、アドバタ
イズの頻度が落ちる可能性があります。そのため、**セントラルから発見されにくくなる、ある
いは発見まで時間がかかる**可能性があります。

◎ 関連項目

- トラブル7: バックグラウンドのペリフェラルが見つからない

※1　オーバーフロー領域については、「8-4. アドバタイズメントデータ詳解」でも説明しています。

300

7-3. アプリが停止しても、代わりにタスクを実行するようシステムに要求する（状態の保存と復元）

7-3-1. バックグラウンド実行モードだけでは問題となるケース

7-1や7-2で説明してきたように、iOSではさまざまなCore Bluetoothのタスクをバックグラウンドで実行することができますが、たとえばそのタスクが数日間にわたり動作しつづけるようなアプリの場合、その間に**システムがアプリを停止**したり、**ユーザーが明示的に停止**したりする可能性があります。**アプリが停止するとバックグラウンドタスクも停止する**ため、期待する動作をしないことになります。

これでは困るのが、長時間にわたりCore Bluetoothのタスクを実行しなければならないケースです。その一例として、iOSアプリと施錠システムをBLEで連携させ、**ユーザーが家を出れば（＝BLEの通信範囲から出ると）自動的にドアをロック**し、帰ってくれば（＝BLEの通信範囲に入ってくると）**ロックを解除する**、という施錠システムを考えてみます。

「自動的に」施錠・解錠を行うためには、アプリを立ち上げていない状態、すなわち**バックグラウンドもしくは停止状態でも動作**する必要があります。

ユーザーが家を出るときにBLEの接続が切れることにより施錠され、次に家に帰ってきたときに自動的に再接続して解錠できるよう、**バックグラウンドで接続要求 connectPeripheral:options:を動作させておく**とします。

この場合に、外出が数日間にわたり、その間にシステムがアプリを停止したり、ユーザーが明示的に停止したりすると、**接続要求のタスクも停止され、家に帰ってきたときに自動的にロックが解除されず、家に入れない**、という事態になってしまいます。

7-3-2. 「状態の保存と復元」機能でできること

iOSでは、こういったケースを考慮し、**アプリケーションが停止していても、代わりにBLE関係のタスクを実行するよう、システムに要求する**ための機能が用意されています。これを、Appleの「Core Bluetoothプログラミングガイド」では「状態の保存と復元」（State Preservation and

Restoration）と呼んでいるので、本書でもそう呼ぶことにします。

　この機能を利用すると、システムはアプリケーションを停止してメモリを解放する際、**状態の復元で必要になるオブジェクトの情報を保存**します。

　具体的には、次のような情報を保存します。

アプリケーションがセントラルとしての役割を持つ場合

- セントラルマネージャがスキャンしていたサービスと、スキャンオプション
- セントラルマネージャが接続を試みていた、あるいは既に接続していたペリフェラル
- セントラルマネージャがサブスクライブ[※2]していたキャラクタリスティック

アプリケーションがペリフェラルとしての役割を持つ場合

- ペリフェラルマネージャがアドバタイズしていたデータ
- ペリフェラルマネージャが登録したサービスとキャラクタリスティック
- キャラクタリスティックをサブスクライブしていたセントラル

　そして、スキャンによりペリフェラルを発見したり、接続が完了したりすると、**システムはアプリケーションを起動し直してバックグラウンド状態**にします。したがってアプリケーションでは、状態を復元し、イベントを適切に処理できることになります。

　たとえば、先程の自動でロックを施錠・解錠するシステムでいうと、家を離れている間にアプリケーションが停止させられても、システムが接続タスクを代わりに実行し、接続が完了するとアプリケーションをバックグラウンド状態にしてくれるので、デリゲートメソッドcentralManager:didConnectPeripheral:で解錠などの処理を行うことができます。

7-3-3. 実装にあたっての注意点

　「状態の保存と復元」機能を利用するために必要な実装は、基本的には、

- セントラルマネージャ／ペリフェラルマネージャをオプションつきで初期化する
- 復元時に呼ばれるデリゲートメソッドを実装する

※2　「サブスクライブ」（Subscribe）は「セントラルが、ペリフェラルにキャラクタリスティックのNotifyを申し込んでいる状態」を意味します。

の2点だけなのですが、何から何まで自動的に元通りになるわけではないので、「**システムが復元してくれるのはどこまでで、どこからを自分のアプリで実装しなければならないか**」を把握することが重要です。

　また、「状態の保存と復元」機能はバックグラウンドでの動作を補強するものなので、**バックグラウンド実行モードの指定は前提**となります。

　バックグラウンド実行モードの利用を宣言せず、復元オプションを指定してマネージャオブジェクトを初期化しようとすると、実行時に次のようなエラーになります。（以下はペリフェラルの場合）

```
Terminating app due to uncaught exception 'NSInternalInconsistencyExceptio
n', reason: 'State restoration of CBPeripheralManager is only allowed for
applications that have specified the "bluetooth-peripheral" background mode'
```

7-3-4. セントラルにおける「状態の保存と復元」機能の実装方法

　セントラルの「状態の保存と復元」の機能を利用するための実装手順を解説します。

◎**新たに出てくるAPI**

- `CBCentralManagerOptionRestoreIdentifierKey`
- CBCentralManager
  - `initWithDelegate:queue:options:`
- CBCentralManagerDelegate
  - `centralManager:willRestoreState:`
- `CBCentralManagerRestoredStateScanServicesKey`
- `CBCentralManagerRestoredStateScanOptionsKey`
- `CBCentralManagerRestoredStatePeripheralsKey`

1：セントラルマネージャをオプションつきで初期化する

CBCentralManagerを生成・初期化する際に、**復元識別子を与えることで、システムはオブジェクトの状態を保存する必要があると認識**するようになります。

復元識別子となる文字列はアプリ側で自由に決めてOKです。

復元識別子を指定するには、**CBCentralManagerOptionRestoreIdentifierKey キーに復元識別子を値として指定**したオプション用の辞書を作成し、initWithDelegate:queue:options メソッドの第3引数に渡します。

```objc
// オプション辞書の作成
NSDictionary *options = @{CBCentralManagerOptionRestoreIdentifierKey:
@"myRestoreIdentifierKey"};

// CBCentralManagerを生成・初期化
self.centralManager = [[CBCentralManager alloc] initWithDelegate:self
                                                            queue:nil
                                                          options:options];
```

2：復元時に呼ばれるデリゲートメソッドを実装する

システムがアプリケーションを立ち上げ直してバックグラウンド状態にする際、CBCentralManagerDelegateのcentralManager:willRestoreState:メソッドが呼ばれるので、これを実装しておきます。

7-3. アプリが停止しても、代わりにタスクを実行するようシステムに要求する（状態の保存と復元）

```objc
- (void)centralManager:(CBCentralManager *)central
      willRestoreState:(NSDictionary *)dict
{
    NSString *msg = [NSString stringWithFormat:@"セントラル復元：%@", dict];

    // バックグラウンドではローカル通知を発行
    if ([UIApplication sharedApplication].applicationState !=
UIApplicationStateActive) {

        UILocalNotification *localNotification = [UILocalNotification new];
        localNotification.alertBody = msg;
        localNotification.fireDate = [NSDate date];
        localNotification.soundName = UILocalNotificationDefaultSoundName;
        [[UIApplication sharedApplication] scheduleLocalNotification:localNotifica
tion];
    }
}
```

　上記のコードでは、復元されたことがわかるよう、ローカル通知を発行するようにしています。

　ただし、先にも述べた通り、復元機能はアプリケーションのすべてを元通りにしてくれるわけではありません。システムによるアプリケーションの起動により復元されるもの、されないものを整理すると、次のようになります。

305

復元されるもの	
セントラルマネージャオブジェクト	centralManager:willRestoreState: メソッドの第1引数に入ってくる
アプリを起動し直す際に通る、各種メソッドで生成・初期化されるオブジェクト	UIApplicationDelegate の application:didFinishLaunchingWithOptions: や、イニシャルビューコントローラの viewDidLoad などは実行される
スキャンしていたサービス	centralManager:willRestoreState: メソッドの第2引数に CBCentralManagerRestoredStateScanServicesKey キーの値として入ってくる
スキャン開始時に指定されたオプション	centralManager:willRestoreState: メソッドの第2引数に CBCentralManagerRestoredStateScanOptionsKey キーの値として入ってくる
接続を試みていた、あるいはすでに接続していたペリフェラル	centralManager:willRestoreState: メソッドの第2引数に CBCentralManagerRestoredStatePeripheralsKey キーの値として入ってくる **発見済みのサービス・キャラクタリスティック**も復元されている **キャラクタリスティックの Notify 状態**も復元されている
復元されないもの	
アプリ起動時に生成・初期化されないオブジェクト・それらを保持するプロパティなど	
復元された **CBPeriphral オブジェクト**の、**delegate プロパティ**	

表7-1 システムによるアプリケーションの起動により復元されるもの/されないもの（セントラル）

　こうまとめてみると逆にややこしい感じがするかもしれませんが、要するに、復元時には、**アプリケーションの起動時に実行される各種処理まではすでに行われているので、他に必要なプロパティなどがあれば、centralManager:willRestoreState: の引数に入ってくる情報を使ってアプリ側で元に戻す**、ということになります。

　たとえば、セントラル側でNotifyをすでに開始していて、アプリがそこで停止した場合に、**復元時に速やかに Notify が再開**されるようにしたい場合のcentralManager:willRestoreState: の実装は次のようになります。

```objc
- (void)centralManager:(CBCentralManager *)central
      willRestoreState:(NSDictionary *)dict
{
    // 復元された、接続を試みている、あるいは接続済みのペリフェラル
    NSArray *peripherals = dict[CBCentralManagerRestoredStatePeripheralsKey];

    // 接続済みであればプロパティにセットしなおす
    for (CBPeripheral *aPeripheral in peripherals) {

        if (aPeripheral.state == CBPeripheralStateConnected) {

            self.peripheral = aPeripheral;

            // delegateをセットしなおす
            self.peripheral.delegate = self;
        }
    }
}
```

上記コードでやっていることは、

- CBCentralManagerRestoredStatePeripheralsKeyから接続済みペリフェラルを取り出し、プロパティにセットし直す
- ペリフェラルのdelegateプロパティをセットし直す

の2点です。これで、セントラルマネージャの状態がCBCentralManagerStatePoweredOnになり次第、Notifyが再開されます。

また、スキャンもシステムによって続行されるので、スキャン中にアプリが停止した場合でも、指定サービスを持つペリフェラルを発見すると、アプリがバックグラウンドで立ち上げられます。

試してみる

サンプル	BLERestoreExampleCentral

307

① アプリ実行

　2台のiOSデバイスを用意し、1台でセントラル側のアプリ（BLERestoreExampleCentral）を、もう1台でペリフェラル側のアプリ（BLERestoreExamplePeripheral）を実行します。

② スキャン開始

　ペリフェラル側は自動的にアドバタイズを開始するようになっているので、セントラル側で「START SCAN」ボタンをタップしてスキャンを開始します。ペリフェラルを発見次第、その後自動的にNotify開始まで進みます。

③ セントラル側アプリを停止

　セントラル側コンソールで

```
Notify状態更新成功！characteristic UUID:1112, isNotifying:1
```

と出たら、ホームボタンをダブルタップ、BLERestoreExampleCentralのプレビューを上にスワイプしてアプリを停止します。

図7-8　セントラル側アプリを停止

④ 復元

　ペリフェラル側のデバイスにインストールしたアプリから、「UPDATE」ボタンをタップしてキャラクタリスティックの値を更新し、通知を発行します。

　すると、セントラル側ではシステムがアプリを復元し、データ更新通知（Notify）受け取り時

に呼ばれる peripheral:didUpdateValueForCharacteristic:error: が実行されます。そこでローカル通知が発行され、復元により Notify が再開されていることが確認できます。

図7-9　Notify受信を知らせるローカル通知

　Xcodeと接続していれば、Devicesウィンドウから復元時の各種ログ出力を確認することもできます。

```
セントラル復元：{
        kCBRestoredPeripherals =     (
            "<CBPeripheral: 0x1700ebd80, identifier = 94F924E5-7187-1467-2D9F-9255E1ADBD78, name = shuPhone5s, state = connected>"
        );
        kCBRestoredScanServices =     (
            1111
        );
    }
```

309

7-3-5. ペリフェラルにおける「状態の保存と復元」機能の実装方法

ペリフェラルの「状態の保存と復元」の機能を利用するための実装手順を解説します。

◎新たに出てくるAPI

- CBPeripheralManagerOptionRestoreIdentifierKey
- CBPeripheralManagerDelegate
  - peripheralManager:willRestoreState:
- CBPeripheralManagerRestoredStateAdvertisementDataKey
- CBPeripheralManagerRestoredStateServicesKey

1：ペリフェラルマネージャをオプションつきで初期化する

セントラルマネージャと同様に、CBPeripheralManager を生成・初期化する際に、**復元識別子を与えることで、システムはオブジェクトの状態を保存する必要があると認識**するようになります。

復元識別子を指定するには、**CBPeripheralManagerOptionRestoreIdentifierKey キーに復元識別子を値として指定**したオプション用の辞書を作成し、initWithDelegate:queue:options: メソッドの第3引数に渡します。

```
NSDictionary *options = @{CBPeripheralManagerOptionRestoreIdentifierKey:
@"myRestoreIdentifierKey"};
self.peripheralManager = [[CBPeripheralManager alloc] initWithDelegate:self
                                                    queue:nil
                                                    options:options];
```

2：復元時に呼ばれるデリゲートメソッドを実装する

システムがアプリケーションを立ち上げ直してバックグラウンド状態にする際、CBPeripheralManagerDelegate の peripheralManager:willRestoreState: メソッドが呼ばれるので、これを実装しておきます（復元されたことがわかるよう、ローカル通知を発行するように実装しています）。

```objc
- (void)peripheralManager:(CBPeripheralManager *)peripheral
        willRestoreState:(NSDictionary *)dict
{
    NSString *msg = [NSString stringWithFormat:@"ペリフェラル復元：%@", dict];

    // バックグラウンドではローカル通知を発行
    if ([UIApplication sharedApplication].applicationState !=
UIApplicationStateActive) {

        UILocalNotification *localNotification = [UILocalNotification new];
        localNotification.alertBody = msg;
        localNotification.fireDate = [NSDate date];
        localNotification.soundName = UILocalNotificationDefaultSoundName;
        [[UIApplication sharedApplication] scheduleLocalNotification:localNotifica
tion];
    }
}
```

　ただし、セントラル同様、復元機能はアプリケーションのすべてを元どおりにしてくれるわ
けではありません。システムによるアプリケーションの起動により復元されるもの、されない
ものを整理すると、次のようになります。

復元されるもの	
ペリフェラルマネージャオブジェクト	peripheralManager:willRestoreState: メソッドの第1引数に入ってくる **アドバタイズ状態**も復元される
アプリを起動し直す際に通る、各種メソッドで生成・初期化されるオブジェクト	UIApplicationDelegate の application:didFinishLaunchingWithOptions: や、イニシャルビューコントローラの viewDidLoad などは実行される
アドバタイズしていたデータ	peripheralManager:willRestoreState: メソッドの第2引数に CBPeripheralManagerRestoredStateAdvertisementDataKey キーの値として入ってくる
登録したサービスとキャラクタリスティック	centralManager:willRestoreState: メソッドの第2引数にCBPeripheralManagerRestoredStateServicesKey キーの値として入ってくる **キャラクタリスティックをサブスクライブしていたセントラルのリスト**も復元される
復元されないもの	
アプリ起動時に生成・初期化されないオブジェクト・それらを保持するプロパティなど	

表7-2　システムによるアプリケーションの起動により復元されるもの／されないもの（ペリフェラル）

たとえば、「サービスを登録済みで、アドバタイズもすでに開始していて、セントラルからサブスクライブもされている状態」でアプリが停止した場合に、**復元時に速やかにNotifyが再開**されるようにしたい場合のperipheralManager:willRestoreState:の実装は次のようになります。

```objc
- (void)peripheralManager:(CBPeripheralManager *)peripheral
        willRestoreState:(NSDictionary *)dict
{
    // 復元された登録済みサービス
    NSArray *services = dict[CBPeripheralManagerRestoredStateServicesKey];

    // キャラクタリスティックをプロパティにセットしなおす
    for (CBService *aService in services) {

        NSArray *characteristics = aService.characteristics;

        for (CBMutableCharacteristic *aCharacteristic in characteristics) {

            if ([aCharacteristic.UUID isEqual:self.characteristicUUID]) {

                self.characteristic = aCharacteristic;
            }
        }
    }
}
```

ペリフェラルの場合、もう1点注意が必要です。**ペリフェラルマネージャ復元時に、サービスの二重登録が発生しないように**しましょう。詳細は11章の「トラブル9: ペリフェラルの『状態の保存と復元』に失敗する → 復元時にサービスを二重登録していないか？」をご参照ください。

試してみる

サンプル	BLERestoreExamplePeripheral

① アプリ実行

2台のiOSデバイスを用意し、1台でセントラル側のアプリ「BLERestoreExampleCentral」を、もう1台でペリフェラル側のアプリ「BLERestoreExamplePeripheral」を実行します。

② スキャン開始

　ペリフェラル側は自動的にアドバタイズを開始するようになっているので、セントラル側で「START SCAN」ボタンをタップしてスキャン開始します。

　セントラルでスキャン開始すると、ペリフェラルを発見次第、その後自動的にNotify開始まで進みます。

③ ペリフェラル側アプリを停止

　セントラル側コンソールで

```
Notify状態更新成功！characteristic UUID:1112, isNotifying:1
```

と出たら、ペリフェラル側アプリをインストールしたiOSデバイスのホームボタンをダブルタップ、BLERestoreExamplePeripheralのプレビューを上にスワイプしてアプリを停止します。

④ 復元

　その後、セントラル側のデバイスにインストールしたアプリから、「READ」ボタンをタップしてキャラクタリスティックの値を読み取ります。

　すると、ペリフェラル側ではシステムがアプリを復元し、Readリクエスト受信時に呼ばれる`peripheralManager:didReceiveReadRequest:`が実行されます。そこでローカル通知が発行されるので、復元によりNotifyが再開されていることが確認できます。

313

7. バックグラウンド実行モード

図7-10 Readリクエスト受信を知らせるローカル通知

　Xcodeと接続していれば、Devicesウィンドウから復元時の各種ログ出力を確認することもできます。

```
ペリフェラル復元：{
        kCBRestoredAdvertisement =     {
        kCBAdvDataLocalName = "Test Device";
        kCBAdvDataServiceUUIDs =      (
            <1111>
        );
    };
        kCBRestoredServices =     (
        "<CBMutableService: 0x1702803c0 Primary = YES, UUID = 1111,
Included Services = (null), Characteristics = (\n    \"<CBMutableCharacteristic:
0x1740d99f0 UUID = 1112, Value = <>, Properties = 0x0, Permissions = 0x3,
Descriptors = (null), SubscribedCentrals = (\\n    \\\"<CBCentral: 0x174263dc0
identifier = 94F924E5-7187-1467-2D9F-9255E1ADBD78, MTU = 155>\\\"\\n)>\"\n)>"
    );
}
```

7-4. バックグラウンド実行モードを使用せず、バックグラウンドでのイベント発生をアラート表示する

バックグラウンド実行モードを使用せず、バックグラウンドでのイベント発生をユーザーに**知らせる**ことができます。セントラルの下記3つのイベントがサポートされています。

- ペリフェラルとの接続が成功した
- ペリフェラルとの接続が解除された
- ペリフェラルからデータ更新通知が届いた

バックグラウンドでの当該イベント発生時に、次のようなアラートが表示されるようになります。

図7-11　バックグラウンドでのイベント発生のアラート（左：接続解除、右：データ更新通知）

バックグラウンド実行モードと違い、**アラート表示の時点では該当するデリゲートメソッドはまだ呼ばれていません**。ユーザーがアラートの「表示」をタップしてアプリを起動した時点で該当するデリゲートメソッドが呼ばれます。

315

実際のところバックグラウンド実行モードへの対応は「7-1. バックグラウンド実行モードへの対応方法」に書いたとおり非常に簡単なので、実装が簡単になるというメリットはない（むしろこちらのほうがコードは増える）のですが、バックグラウンド実行モードはアプリ起動時にユーザー許可が求められ、そこで拒否されると使用できないので、そのバックアップ手段として用いるのも1つの使いどころかもしれません。

実装手順

◎ 新たに出てくるAPI

- `CBConnectPeripheralOptionNotifyOnConnectionKey`
- `CBConnectPeripheralOptionNotifyOnDisconnectionKey`
- `CBConnectPeripheralOptionNotifyOnNotificationKey`

CBCentralManagerクラスのconnectPeripheral:options:メソッドの第2引数であるoptionsを指定することで、指定したオプションに該当するイベントについてアラート表示されるようになります。

```
NSDictionary *options =
@{CBConnectPeripheralOptionNotifyOnConnectionKey: @YES,
  CBConnectPeripheralOptionNotifyOnDisconnectionKey: @YES,
  CBConnectPeripheralOptionNotifyOnNotificationKey: @YES};
[self.centralManager connectPeripheral:peripheral
                               options:options];
```

指定できるオプションのキーは次の3種類です。

オプション	概要
`CBConnectPeripheralOptionNotifyOnConnectionKey`	値がYESのとき、バックグラウンドにおけるペリフェラルとの接続成功時にアラートを表示する
`CBConnectPeripheralOptionNotifyOnDisconnectionKey`	値がYESのとき、バックグラウンドにおけるペリフェラルとの接続解除時にアラートを表示する
`CBConnectPeripheralOptionNotifyOnNotificationKey`	値がYESのとき、バックグラウンドにおけるペリフェラルからのデータ更新通知（Notification）受け取り時にアラートを表示する

表7-3 ペリフェラルへの接続時に指定できるオプションのキー

Part2. iOSプログラミング編 | 8章

Core Bluetooth その他の機能

本章では、これまでの章では説明していないさまざまなAPIや、それを利用した実装方法について解説していきます。「その他」といっても、ペリフェラルへ再接続する方法や、UUIDやアドバタイズメントデータの詳細、サービス変更を検知する方法など、BLEを利用したアプリ開発をしていると避けては通れない重要事項が多くありますので、ひととおりおさえておくことをおすすめします。

（堤修一）

8-1. ペリフェラルに再接続する

　4章で説明したペリフェラルとの接続方法では、［スキャン］→［接続］という順序を踏みましたが、

- **過去に検出または接続したことのあるペリフェラル**
- **他のアプリケーションによってシステムに接続済みのペリフェラル**

に対しては「**再接続**」という手段をとることができ、その場合、**スキャンが不要**になります。
　不特定多数のペリフェラルを検出するために一定時間後のタイムアウトを設けてスキャンするようにしているアプリの場合などは、そのスキャンを省略できるぶん、**接続までの時間が短縮**されますし、処理が簡単になれば省電力化のメリットも期待できます。
　それぞれの再接続の方法を解説してきます。

8-1-1. 既知のペリフェラルへの再接続

CBCentralManagerのretrievePeripheralsWithIdentifiers:メソッドを使用すると、**「過去に検出または接続したことのあるペリフェラル」**の**CBPeripheral**オブジェクトのリストを**瞬時に取得**することができます。

この中に所望のペリフェラルがあれば、**スキャンなしで、そのまま接続を試みる**ことができます。

◎新たに出てくるAPI

- CBCentralManager
  - retrievePeripheralsWithIdentifiers:
- CBPeer
  - identifier
- NSUUID
  - UUIDString

実装方法

1: 既知のペリフェラルのリストを取得する

CBCentralManager の retrievePeripheralsWithIdentifiers:をコールすると、戻り値として、既知のペリフェラル（CBPeripheralオブジェクト）のリストを取得できます。

```
NSArray *peripherals =
[self.centralManager retrievePeripheralsWithIdentifiers:identifiers];
```

引数には取得したい（再接続したい）ペリフェラルのUUIDのNSUUIDオブジェクトのリストを渡します。

> ❶ nilを渡すことは許可されておらず、実行時に"Invalid parameter not satisfying: identifiers != nil"というエラーになります。

319

8. Core Bluetooth その他の機能

　この引数に渡したペリフェラルのNSUUIDリスト内に既知のペリフェラルのものがあれば、そのペリフェラルのCBPeripheralオブジェクトのリストが戻り値として返されます。該当するものが1つもなければ空の配列が返ってきます。

　NSUserDefaultsに保存したUUIDのリストからNSUUIDオブジェクトのリストを生成して渡すのであれば、次のようになります。

```objc
// 保存したUUID文字列のリストを取得
NSArray *savedUUIDStrings =
[[NSUserDefaults standardUserDefaults] arrayForKey:kUserDefaultsKeyIdentifiers];

NSMutableArray *identifiers = @[].mutableCopy;
for (NSString *anUUIDStr in savedUUIDStrings) {
    // NSUUIDオブジェクトを生成
    NSUUID *anIdentifier = [[NSUUID alloc] initWithUUIDString:anUUIDStr];
    [identifiers addObject:anIdentifier];
}

// retrieve実行
NSArray *peripherals =
[self.centralManager retrievePeripheralsWithIdentifiers:identifiers];
```

2: 接続する

　接続は、スキャンして発見したペリフェラルに接続するのと同様、CBCentralManagerのconnectPeripheral:options:メソッドをコールします。引数には手順1で取得したCBPeripheralオブジェクトのいずれか（再接続したいペリフェラルのもの）を渡します。[※1]

```objc
[self.centralManager connectPeripheral:peripheral options:nil];
```

（補足）「再接続したいペリフェラルのUUIDのリスト」を保持する

　実装方法の1で説明したように、retrievePeripheralsWithIdentifiers:をコールする際、引数に「再接続したいペリフェラルのUUIDのリスト」を渡す必要があります。

※1　ペリフェラルへの接続方法の基礎は「4-2. BLEデバイスに接続する」で、接続時に指定できるオプションについては「7-4. バックグラウンド実行モードを使用せず、バックグラウンドでのイベント発生をアラート表示する」で解説しています。

そのため、何らかの方法でそれらのUUIDのリストを保持しておきます。たとえば、「過去に接続したことのあるペリフェラル」を再接続の対象としたい場合は、次のように、ペリフェラルとの接続成功時に、NSUserDefaultsにそのペリフェラルのUUIDを保存します。

```objc
// ペリフェラルとの接続が成功すると呼ばれる
- (void)  centralManager:(CBCentralManager *)central
    didConnectPeripheral:(CBPeripheral *)peripheral
{
    // ---- ペリフェラルのUUIDを保存する ----

    // 保存済みの配列を取り出す
    NSUserDefaults *userDefaults = [NSUserDefaults standardUserDefaults];
    NSArray *savedIdentifiers =
    [userDefaults arrayForKey:kUserDefaultsKeyIdentifiers];
    NSMutableArray *identifiers =
    [[NSMutableArray alloc] initWithArray:savedIdentifiers];

    // 今回接続成功したペリフェラルのUUIDを配列に追加
    NSString *uuidStr = peripheral.identifier.UUIDString;
    if (![identifiers containsObject:uuidStr]) {
        [identifiers addObject:uuidStr];
    }

    // 改めて保存する
    [userDefaults setObject:identifiers forKey:kUserDefaultsKeyIdentifiers];
    [userDefaults synchronize];
}
```

ペリフェラルのUUIDは、CBPeripheral（実際にはその親クラスのCBPeer）のidentifierプロパティからNSUUIDオブジェクトとして取得することができます。[2]

しかし、NSUUIDオブジェクトはnon-property-list objectなので、このままではNSUserDefaultsに保存することはできません。そこで、NSUUIDのUUIDStringプロパティより、NSStringオブジェクトとしてUUIDを取り出してから、NSUserDefaultsに保存しています。

※2　関連：「8-3. UUID詳解」

8-1-2. 接続済みのペリフェラルに再接続する

CBCentralManager の `retrieveConnectedPeripheralsWithServices:` メソッドを使用すると、「**接続済みのペリフェラル**」の **CBPeripheral オブジェクトを瞬時に取得**することができます。

「接続済みのペリフェラル」とは？

これから「再接続」しようとしているのに、「接続済みのペリフェラル？？」と疑問に思った読者の方もいらっしゃるかもしれません。

ここでいう「接続済みのペリフェラル」はどういうことかというと、「**他のアプリケーションによってシステムに接続済み**」という意味です。

他のアプリケーションによって接続済みでも、当該アプリケーションが未接続であれば、改めて接続を確立する必要があります。そのためにスキャンなしで速やかにそのペリフェラルのオブジェクトを取得し、接続処理を開始することを「接続済みのペリフェラルへの再接続」と呼んでいます。

◎ **新たに出てくるAPI**

- CBCentralManager

  - retrieveConnectedPeripheralsWithServices:

実装方法

「接続済みのペリフェラル」のリストを取得するには、CBCentralManager の `retrieveConnectedPeripheralsWithServices:` メソッドを呼ぶだけです。

```
// UUIDのリストを作成
NSArray *serviceUUIDs = @[[CBUUID UUIDWithString:kServiceUUID]];

// retrieve実行
NSArray *peripherals =
[self.centralManager retrieveConnectedPeripheralsWithServices:serviceUUIDs];
```

引数には、サービスのUUIDを示すCBUUIDオブジェクトの配列を渡します。

戻り値には、**システムに接続済み、かつ引数に指定したサービスを提供**するペリフェラルのCBPeripheralオブジェクトの配列が返されます。この中に所望のペリフェラルがあれば、**スキャンなしで、そのまま接続を試みる**ことができます。

試してみる

サンプル	BLERetrieveConnectedPeripherals

接続済みのペリフェラルへの再接続は、実装方法こそシンプルなのですが、「試してみる」ための状況をつくりだしづらいところがあるので、その手順を示しておきます。

2台のiOSデバイスを用意し、ペリフェラル側iOSデバイスには7-1で作成した「BLEBackgroundExamplePeripheral」を、セントラル側iOSデバイスには同じく7-1で作成した「BLEBackgroundExampleCentral」と、本節のサンプル「BLERetrieveConnectedPeripherals」の2つをインストールしてください。

セントラル側iOSデバイス
BLEBackgroundExampleCentral
BLERetrieveConnectedPeripherals

ペリフェラル側iOSデバイス
BLEBackgroundExampleCentral

図8-1 ペリフェラルへ再接続するサンプルを試す

①ペリフェラル側はアドバタイズを開始した状態にしておきます。

②セントラル側ではまず「BLEBackgroundExampleCentral」を起動し、「START SCAN」ボタンをタップして、スキャンを開始してください。

③（セントラル側の）コンソール出力からペリフェラルと接続が確立されたことが確認できた

ら、セントラル側iOSデバイスのホームボタンをタップし、「BLEBackgroundExampleCentral」をバックグラウンド状態にします。

「BLEBackgroundExampleCentral」はセントラルのバックグラウンド実行モードを有効にしているので、この状態で**接続が維持されている**ところがポイントです。

④次に「BLERetrieveConnectedPeripherals」を起動して、「START RETRIEVE」ボタンをタップしてください。

図 8-2　「BLERetrieveConnectedPeripherals」サンプルの画面

システムに接続済みのペリフェラルのローカル名とUUIDが表示され、セルをタップすると再接続できます（接続の成功はセントラル側コンソール出力で確認できます）。

8-1-3. 再接続処理のフロー

8-1-1、8-1-2で解説したように、Core Bluetoothではペリフェラルへ再接続する方法が、「スキャンして発見したペリフェラルに接続する」以外に、

- 既知のペリフェラルのリストを取得し、接続する
- 接続済みのペリフェラルのリストを取得し、接続する

の2つ用意されています。

Appleの「Core Bluetooth プログラミングガイド」では「**再接続の都度、同じペリフェラルを走査、検出するのは、あまり望ましくない**」とし、次のようなフローで再接続を試みることが提案されています。

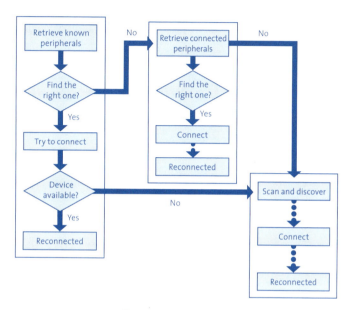

図8-3　再接続処理の流れの例

このフローをざっくりかみ砕くと、

①**まず既知のペリフェラルを取得**する
②失敗したら、**次に接続済みペリフェラルを取得**する
③**最後の手段として、スキャン**を実行する

という流れになっています。

◎ 関連項目

- 4-2. BLEデバイスに接続する
- 8-3. UUID詳解

8-2. Bluetoothがオフの場合に
ユーザーにアラートを表示する

　iOSのBluetooth設定を普段はオフにしてiPhoneやiPadを使用しているユーザーはわりと多くいます。そういう場合に、BLEを利用するアプリとしてはもちろん**ユーザーにBluetooth設定をオンにするよう促したい**わけですが、Core Bluetoothにはそのための機能（オプション）が用意されています。

　このオプションを使用すると、アプリ利用時にBluetoothがオフだった場合、次のようなアラートが表示されます。

図 8-4　Bluetoothの設定を促すアラート

　このアラートの「設定」ボタンをタップすると、次のようにiOSの「設定」アプリ内の「Bluetooth」設定が開きます。

図 8-5　iOS の Bluetooth 設定画面

> ❶ iOS 8 より、**URL スキーム UIApplicationOpenSettingsURLString で iOS の「設定」アプリへ遷移させることが可能となりましたが、この方法では Bluetooth 設定画面に直接遷移させることはできず**、設定画面のトップか（プリファレンス設定画面を持っていないアプリからの遷移の場合）、アプリごとの設定画面（プリファレンス設定画面を持っているアプリからの遷移の場合）へ遷移させることしかできません。
>
> したがって、本項で紹介している Core Bluetooth の Power Alert 機能は自前実装では実現できない、地味ながらも重要な機能といえます。

◎新たに出てくる API

- `CBCentralManagerOptionShowPowerAlertKey`
- `CBCentralManagerStatePoweredOff`
- `CBPeripheralManagerOptionShowPowerAlertKey`
- `CBPeripheralManagerStatePoweredOff`

セントラルの場合は、`CBCentralManager` を `initWithDelegate:queue:options:` メソッドで初期化する際に、`CBCentralManagerOptionShowPowerAlertKey` の値を YES として options 引数に渡します。

327

8. Core Bluetooth その他の機能

```
NSDictionary *options = @{CBCentralManagerOptionShowPowerAlertKey: @YES};

self.centralManager = [[CBCentralManager alloc] initWithDelegate:self
                                                  queue:nil
                                                  options:options];
```

セントラルマネージャの状態が変化するとCBCentralManagerDelegateのcentralManager
DidUpdateState:が呼ばれますが、ここでBluetooth設定がオフの場合、**CBCentralManagerオ
ブジェクトのstateプロパティはCBCentralManagerStatePoweredOffとなり、このタイミン
グで上述したアラートが表示**されます。

ペリフェラルの場合もほぼ同様で、CBPeripheralManagerをinitWithDelegate:queue:
options:メソッドで初期化する際に、CBPeripheralManagerOptionShowPowerAlertKey
キーの値をYESとしてoptions引数に渡します。

```
NSDictionary *options = @{CBPeripheralManagerOptionShowPowerAlertKey: @YES};

self.peripheralManager = [[CBPeripheralManager alloc] initWithDelegate:self
                                                       queue:nil
                                                       options:options];
```

ペリフェラルマネージャの状態が変化するとCBPeripheralManagerDelegateのperipheral
ManagerDidUpdateState:が呼ばれますが、ここでBluetooth設定がオフの場合、**CBPeri
pheralManagerオブジェクトのstateプロパティはCBPeripheralManagerStatePoweredO
ffとなり、このタイミングで上述したアラートが表示**されます。

328

8-3. UUID 詳解

BLEでは、**128 ビットの UUID を使用してペリフェラルのサービスやキャラクタリスティックを一意に識別**します。※3 この UUID を Core Bluetooth では CBUUID オブジェクトで表します。

UUID および CBUUID の話は複雑でも難解でもないのですが、Core Bluetooth で BLE を使用するアプリケーションを実装する際には、この UUID（CBUUID オブジェクト）を使用してサービスやキャラクタリスティックを特定し、所望のペリフェラルであるかの判定を行ったり、必要なキャラクタリスティックを抽出したりといった処理が頻繁に必要となるので、本節で解説する内容は必ずおさえておきましょう。

◎新たに出てくる API

- CBUUID
  - UUIDString
  - data
  - isEqual

8-3-1. CBUUID の生成

CBUUID オブジェクトの生成には、UUIDWithString: メソッドを使用し、次のように 128 ビットの UUID を表す文字列から生成することができます。

```
CBUUID *uuid = [CBUUID UUIDWithString:@"00009999-0000-1000-8000-00805F9B34FB"];
```

引数に渡す文字列は、**128 ビット UUID のフォーマットに則っている必要があります。**たとえ

※3　UUID の仕様については、「3-9-2. Attribute の構造」の「Attribute Type (UUID)」という項で詳細に解説しています。

8. Core Bluetooth その他の機能

ば次のようにハイフンを取り除くと、**実行時エラー**となります。

```
// 実行時エラーになる
CBUUID *uuid = [CBUUID UUIDWithString:@"0000180D000010008000000805F9B34FB"];
```

8-3-2. 16ビット短縮表現

UUIDには、**16ビットの短縮表現**があります。

たとえば、Heart RateサービスのUUIDは "180D" とBluetooth SIGにより定められていますが、これは128ビットの "0000180D-0000-1000-8000-00805F9B34FB" を短縮したものです。**Bluetooth Base UUID**と呼ばれる "0000XXXX-0000-1000-8000-00805F9B34FB" の「XXXX」の部分を抜き出したものが、16ビット短縮表現となります。

CBUUIDもUUIDWithString:メソッドでオブジェクトを生成・初期化する際、16ビット短縮表現の文字列を引数に渡すことができます。

```
CBUUID *uuid = [CBUUID UUIDWithString:@"9999"];
```

この16ビットUUID文字列 "9999" は、128ビットUUID文字列 "00009999-0000-1000-8000-00805F9B34FB" の短縮形です。

> ❶ **16ビットの短縮表現は、Bluetooth SIGが割り当てを決めており、勝手に利用することはできません。**プロダクトで独自UUIDを定義する際は、128ビットUUIDを生成して使用しましょう。Mac OS Xではuuidgenというコマンドで128ビットUUIDを簡単に生成できます。[4]

※4 関連：「10-1. 128ビットUUIDを生成するコマンド『uuidgen』」

330

8-3-3. CBUUID の比較

CBUUID を isEqual で比較すると、**同じ UUID を表すかどうか**の比較結果を返してくれます。

すなわち、次のように 128 ビット UUID と、その 16 ビット短縮表現で生成した CBUUID オブジェクトを isEqual で比較すると、

```objc
// 128ビットUUID文字列から生成
CBUUID *uuidFrom128 = [CBUUID UUIDWithString:@"00009999-0000-1000-8000-
00805F9B34FB"];

// 16ビット短縮表現の文字列から生成
CBUUID *uuidFrom16 = [CBUUID UUIDWithString:@"9999"];

// 両者を比較
NSLog(@"isEqual: %d", [uuidFrom16 isEqual:uuidFrom128]);
```

ちゃんと同一の UUID であるという結果が返ってきます。

```
isEqual: 1
```

8-3-4. ペリフェラルの UUID について

「8-1-1. 既知のペリフェラルへの再接続」では、「スキャンで発見・および接続したペリフェラルの UUID」を保存しておいて、再接続する際に「再接続したいペリフェラルの UUID のリスト」を retrievePeripheralsWithIdentifiers: の引数に渡す、という方法を説明しました。

ここで用いたペリフェラルの UUID は、**サービスやキャラクタリスティックの UUID とは似て非なるもの**です。

まず、このペリフェラルの UUID は、**CBUUID ではなく、NSUUID オブジェクト**で表されます（CBPeriphral は CBPeer を継承しており、CBPeer が identifier という NSUUID 型のプロパティを持ちます）。

もう1つの大きな違いは、**ペリフェラルを一意に識別するものではなく、システム（iOS）が初めて検出したペリフェラルに対して生成する識別子**である、という点です。

すなわち、「iOSデバイスA」（セントラルA）で取得した「ペリフェラル1」のUUIDを、「iOSデバイスB」（セントラルB）で「ペリフェラル1」を識別するために使用することはできない、という点に注意が必要です。

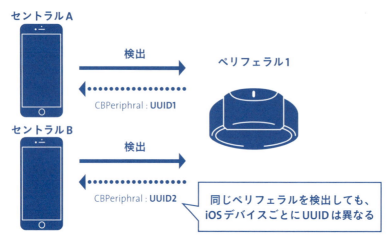

図8-6 iOSにおけるペリフェラルのUUIDの注意点

◎**関連項目**

- 8-1-1. 既知のペリフェラルへの再接続
- 10-1. 128ビットUUIDを生成するコマンド「uuidgen」

8-4. アドバタイズメントデータ詳解

「アドバタイズ」はペリフェラルがセントラルに発見してもらうための重要な機能であり、その際に周囲に配信する「アドバタイズメントデータ」の中身や制約について知ることは非常に重要です。これを十分に把握してないと、

- セントラルがペリフェラルを検出できない
- 検出した複数のペリフェラルから、目的のペリフェラルを特定できない

といった非常にクリティカルな問題が起こり得ます。

本節では、アドバタイズメントデータの内容やサイズの制約など、これまでの章でまだ説明していない事項について解説します。

◎新たに出てくるAPI

- CBAdvertisementDataManufacturerDataKey
- CBAdvertisementDataServiceDataKey
- CBAdvertisementDataServiceUUIDsKey
- CBAdvertisementDataOverflowServiceUUIDsKey
- CBAdvertisementDataTxPowerLevelKey
- CBAdvertisementDataIsConnectable
- CBAdvertisementDataSolicitedServiceUUIDsKey

333

8. Core Bluetooth その他の機能

8-4-1. アドバタイズメント・データの辞書で使用されるキー

アドバタイズメントデータの辞書で使用されるキーには以下の8種類があります。

キー	値
CBAdvertisementDataLocalNameKey	ローカルネームを表すNSStringオブジェクト
CBAdvertisementDataManufacturerDataKey	ペリフェラルの製造者を表すNSDataオブジェクト
CBAdvertisementDataServiceDataKey	サービス固有のアドバタイズメントデータを持つNSDictionaryオブジェクト
CBAdvertisementDataServiceUUIDsKey	サービスUUIDのリストを表すNSArrayオブジェクト
CBAdvertisementDataOverflowServiceUUIDsKey	オーバーフロー領域で見つかったサービスUUIDのリストを表すNSArrayオブジェクト
CBAdvertisementDataTxPowerLevelKey	ペリフェラルの送信電力を表すNSNumberオブジェクト
CBAdvertisementDataIsConnectable	そのペリフェラルが接続可能かどうかを示す真偽値のNSNumberオブジェクト
CBAdvertisementDataSolicitedServiceUUIDsKey	サービスUUIDのリストを表すNSArrayオブジェクト

表8-1 アドバタイズメントデータの辞書で使用されるキー

これらのうち、**CBPeripheralManager**の**startAdvertising:**メソッドの引数に渡す辞書で指定できるのは**CBAdvertisementDataLocalNameKey**、**CBAdvertisementDataServiceUUIDsKey**の**2種類だけです。**[5]

他のキーは、セントラル側で、スキャンによりペリフェラルを検出した際に呼ばれるCBCentralManagerDelegateプロトコルのcentralManager:didDiscoverPeripheral:advertisementData:RSSI:メソッドの第3引数に入ってくるNSDictionaryオブジェクトの値を取り出す際に使用できます。

---

[5] それぞれ「5-1. セントラルから発見されるようにする（アドバタイズの開始）」「5-3. サービスをアドバタイズする」で解説しています。

```objc
// ペリフェラル検出時に、アドバタイズメントデータからローカル名を取得する例
- (void)   centralManager:(CBCentralManager *)central
    didDiscoverPeripheral:(CBPeripheral *)peripheral
        advertisementData:(NSDictionary *)advertisementData
                     RSSI:(NSNumber *)RSSI
{
    NSString *localName = advertisementData[CBAdvertisementDataLocalNameKey];
    NSLog(@"ローカルネーム:%@", localName);
}
```

8-4-2. アドバタイズメントデータの制約

「Core Bluetooth プログラミングガイド」および「CBPeripheralManager Class Reference」によると、**データのアドバタイズは「ベストエフォート」で行われる**とあります。アドバタイズメントパケットの合計サイズには制限があり、iOSでは複数のアプリケーションが同時にアドバタイズすることもあり得るためです。

まず、アプリがフォアグラウンドの場合、アドバタイズメントデータには**28バイトまで使用可能**です。「8-3. UUID詳解」で解説したように、通常、サービスUUIDは128ビット、すなわち16バイトあるため、サイズ制限が28バイトということは、**2つ以上の128ビットサービスUUIDをアドバタイズできない**ということになります。これで不足する場合、スキャンへの応答時にローカルネーム（CBAdvertisementDataLocalNameKey）用にだけ追加の10バイトを利用できます。

CBAdvertisementDataServiceUUIDsKeyキーの値に指定したサービスUUIDのうち、与えられたサイズに収まりきらなかったものは、「オーバーフロー領域」に格納されます。この**オーバーフロー領域にあるサービスUUIDは、スキャン開始時に明示的にそのサービスUUIDを指定していた場合にだけ発見可能**で、centralManager:didDiscoverPeripheral:advertisementData:RSSI: メソッドの第3引数advertisementData より、キー CBAdvertisementDataOverflowServiceUUIDsKeyの値として取得できます。

また、バックグラウンドにおけるアドバタイズメントデータに関する制約は、「7-2-4. バックグラウンドにおける制約（ペリフェラル）」に書いてあるので、ご参照ください。

◎関連項目

- 5-1. セントラルから発見されるようにする（アドバタイズの開始）
- 5-3. サービスをアドバタイズする
- 7-2-4. バックグラウンドにおける制約（ペリフェラル）

8. Core Bluetooth その他の機能

8-5. CBPeripheralのnameが示す 「デバイス名」について

CBPeripheralのnameプロパティの内容は、ペリフェラルの「デバイス名」を意味します。「CBPeripheral Class Reference」によると、この「デバイス名」は、

- ペリフェラルがアドバタイズするローカル名[※6]
- Generic Access Profile（GAP）のデバイス名

のいずれかが使用されます。

当該ペリフェラルが**どちらも持っている場合は、GAPのデバイス名が優先**して使用されます。

> ℹ GAPのデバイス名とは、GAPサービスが持つ「Device Name Characteristic」の値のことを指します。その仕様については、「3-10-4. GAPによるService、Characteristic」の「Device Name Characteristic 値」で詳細に解説しています。

※6　関連：「5-1. セントラルから発見されるようにする（アドバタイズの開始）」

336

8-6. 静的な値を持つ
キャラクタリスティック

CBMutableCharacteristic の initWithType:properties:value:permissions: メソッド
の第3引数value に NSData オブジェクトを渡すと、そのキャラクタリスティックの値はキャッ
シュされ、**このキャラクタリスティックは静的な値を持つ**ことになります。

```
Byte value = 0xff;
NSData *data = [NSData dataWithBytes:&value length:1];

self.characteristic =
[[CBMutableCharacteristic alloc] initWithType:characteristicUUID
                                properties:CBCharacteristicPropertyRead
                                     value:data
                                permissions:CBAttributePermissionsReadable];
```

この場合、このキャラクタリスティックは**必然的にread-onlyとなる**ため、たとえば
次のようにWrite可能なことを示すプロパティやパーミッションをセットしていると、
CBPeripheralManager の addService: 実行時に **"Characteristics with cached values must be
read-only"** **というエラー**になります。データ更新もしないので、Notify 可能なことを示すプロ
パティをセットしていても実行時エラーとなります。

8. Core Bluetooth その他の機能

```objc
// NG（実行時エラーになる）
CBCharacteristicProperties properties = (
                                        CBCharacteristicPropertyNotify |
                                        CBCharacteristicPropertyRead |
                                        CBCharacteristicPropertyWrite
                                        );
CBAttributePermissions permissions =
(CBAttributePermissionsReadable | CBAttributePermissionsWriteable);

self.characteristic =
[[CBMutableCharacteristic alloc] initWithType:characteristicUUID
                                   properties:properties
                                        value:data
                                  permissions:permissions];;
```

次のように**Read のプロパティパーミッションだけにすれば OK** です。

```objc
// OK
self.characteristic =
[[CBMutableCharacteristic alloc] initWithType:characteristicUUID
                                   properties:CBCharacteristicPropertyRead
                                        value:data
                                  permissions:CBAttributePermissionsReadable];
```

　静的な値を持つキャラクタリスティックに対してセントラル側から Read リクエストが発行された場合、**CBPeripheralManager プロトコルの peripheralManager:didReceiveReadRequest は呼ばれません。**自動的に value 引数にセットした値がセントラルに返されます。

338

8-7. サービスに他のサービスを組み込む 〜「プライマリサービス」と「セカンダリサービス」

「5-2. サービスを追加する」では、まずはシンプルに基本事項を説明するため、CBMutableServiceオブジェクトを生成する際、initWithType:primary:の第2引数にはひとまずYESを渡しておけばをOK、と説明しました。

この引数は、**生成するサービスがプライマリかどうか**を意味し、YESを指定するとそのサービスはプライマリに、NOを指定するとセカンダリになります。

本節ではこのセカンダリサービスについて解説します。

8-7-1. セカンダリサービスとは？

セカンダリサービスは、**他のサービスに組み込まれて（参照されて）用いられる**ものです。プライマリサービスも、他のサービスがこれを組み込む（参照する）ことは可能ですが、セカンダリサービスは専ら組み込まれて利用される点が違います。

たとえば、サービスA（プライマリ）がサービスB（セカンダリ）を組み込んで利用する場合、図にすると次のようになります。[※7]

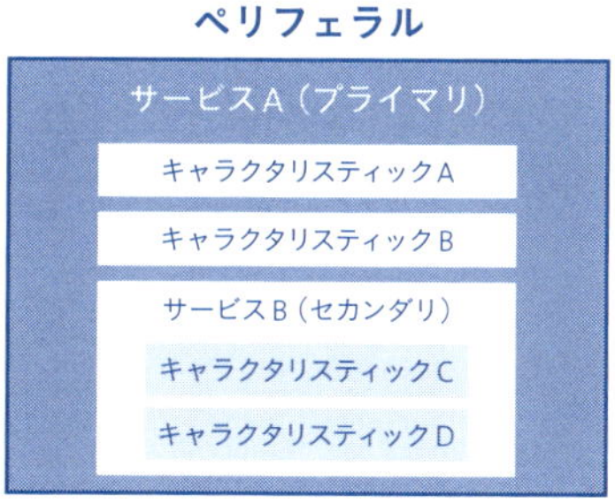

ペリフェラル

```
サービスA（プライマリ）

  キャラクタリスティックA

  キャラクタリスティックB

  サービスB（セカンダリ）

  キャラクタリスティックC

  キャラクタリスティックD
```

図8-7 プライマリサービスとセカンダリサービス

※7　プライマリサービス・セカンダリサービスの仕様については、「3-10-1. Serviceの構造」で解説しています。

8. Core Bluetooth その他の機能

◎ 新たに出てくるAPI

- CBMutableService

  - isPrimary

  - includedServices

実装方法

サービスをプライマリにするかセカンダリにするかは、前述したとおり初期化メソッドの引数にYESを渡すかNOを渡すかの違いしかありませんが、**プライマリサービスにセカンダリサービスを組み込む際に、そのセカンダリサービスは追加（ローカルデータベースへの登録）が完了している必要がある**、という点にだけ注意が必要です。

1: セカンダリサービスを追加する

```
// セカンダリサービスを生成
CBUUID *serviceUUID = [CBUUID UUIDWithString:kServiceUUIDSecondary];
self.serviceSecondary = [[CBMutableService alloc] initWithType:serviceUUID
                                                       primary:NO];
NSLog(@"isPrimary:%d", self.serviceSecondary.isPrimary);

// セカンダリサービスのキャラクタリスティックを作成
CBUUID *characteristicUUID =
[CBUUID UUIDWithString:kCharacteristicUUIDSecondary];

CBMutableCharacteristic *characteristic =
[[CBMutableCharacteristic alloc] initWithType:characteristicUUID
                             properties:CBCharacteristicPropertyRead
                                  value:nil
                            permissions:CBAttributePermissionsReadable];

// キャラクタリスティックをセカンダリサービスにセット
self.serviceSecondary.characteristics = @[characteristic];

// セカンダリサービスを追加
[self.peripheralManager addService:self.serviceSecondary];
```

2: セカンダリサービスの追加が完了したら、プライマリサービスに組み込む

サービスの追加が完了すると呼ばれるperipheralManager:didAddService:error:で、セカンダリサービスの追加（ローカルデータベースへの登録）完了が確認できたところで、プライマリサービスを生成し、セカンダリサービスをプライマリサービスに組み込みます。

```
- (void)peripheralManager:(CBPeripheralManager *)peripheral
        didAddService:(CBService *)service
                error:(NSError *)error
{
    //（割愛）

    // セカンダリサービスの追加が完了してから、プライマリサービスを追加
    if ([service.UUID isEqual:self.serviceSecondary.UUID]) {

        // ここでプライマリサービス生成
        // → セカンダリサービスを組み込む
        // → 追加（ローカルデータベースに登録）
    }
}
```

8. Core Bluetooth その他の機能

プライマリサービスの生成、セカンダリサービスの組み込みは次のようになります。

セカンダリサービスを組み込むには、プライマリサービスのCBMutableServiceオブジェクトのincludedServicesプロパティに、組み込みたいセカンダリサービスのCBMutableServiceオブジェクトの配列をセットします。

```objc
// プライマリサービスを生成
CBUUID *serviceUUID = [CBUUID UUIDWithString:kServiceUUIDPrimary];
self.servicePrimary = [[CBMutableService alloc] initWithType:serviceUUID
                                                     primary:YES];
NSLog(@"isPrimary:%d", self.servicePrimary.isPrimary);

// プライマリサービスのキャラクタリスティックを作成
CBUUID *characteristicUUID = [CBUUID UUIDWithString:kCharacteristicUUIDPrimary];
CBMutableCharacteristic *characteristic;
characteristic = [[CBMutableCharacteristic alloc] initWithType:characteristicUUID
                                    properties:CBCharacteristicPropertyRead
                                         value:nil
                                   permissions:CBAttributePermissionsReadable];

// キャラクタリスティックをプライマリサービスにセット
self.servicePrimary.characteristics = @[characteristic];

// セカンダリサービスをプライマリサービスに組み込む
self.servicePrimary.includedServices = @[self.serviceSecondary];
```

あとはプライマリサービスを追加（ローカルデータベースに登録）すればOKです。

```objc
[self.peripheralManager addService:self.servicePrimary];
```

342

8-8. サービスの変更を検知する

iOS では GATT の内容をキャッシュするため、**開発途中でペリフェラル側で GATT を変更した場合、そのまま再接続しても、その変更が反映されていない**（ペリフェラルが提供するサービスやキャラクタリスティックが以前のまま）、ということが起こり得ます。[8]

その場合、**iOS の「設定」から Bluetooth を Off → On する**、という方法でキャッシュをクリアし、改めてサービスとキャラクタリスティックの探索を行う、という方法で解決できるのですが、**プロダクトリリース後に GATT を変更したい場合**、エンドユーザーにこの対処を行ってもらうのはユーザー体験／ユーザビリティとして厳しいものがあります。ユーザーにとって不可解な操作ですし、アラートなどで促しても読んでくれない・実行してくれない可能性が大いにあります。

そこで、本節では **GATT サービスの変更をセントラルに知らせるためのサービス「Service Changed」を利用する方法**を紹介します。この方法を用いれば、**ユーザーの手を煩わせることなくサービス変更への対応を自動で行える**ようになります。

> ⓘ 「Service Changed」サービスは、Bluetooth SIG による承認済みサービスの1つです。[9] このサービス（および同名のキャラクタリスティック）の仕様については、「3-10-3. GATT による Service Changed、Characteristic」で詳細に解説しています。

◎ **新たに出てくる API**

- CBPeripheralDelegate
  - `peripheral:didModifyServices:`
- CBPeripheralManager
  - `removeService:`

※8　関連：「Chapter 11: ハマりどころ逆引き辞典 - トラブル 3: サービスまたはキャラクタリスティックが見つからない」

※9　https://developer.bluetooth.org/gatt/characteristics/Pages/CharacteristicViewer.aspx?u=org.bluetooth.characteristic.gatt.service_changed.xml

343

実装方法（セントラル）

　あらかじめペリフェラル側でこのサービスをサポートしておけば、サービス変更時に、セントラル側ではCBPeripheralDelegate プロトコルのperipheral:didModifyServices: が呼ばれます。

　ここで改めてdiscoverServices:を呼ぶことで、更新後のサービスを取得することができます。

```
- (void)   peripheral:(CBPeripheral *)peripheral
    didModifyServices:(NSArray *)invalidatedServices
{
    NSLog(@"didModifyServices: %@", invalidatedServices);

    [self.peripheral discoverServices:nil];
}
```

　第2引数には無効になったサービスのCBServiceオブジェクトのリストが入ってきます。

実装方法（ペリフェラル）

　このService Changedサービスを利用してGATTの変更をセントラルに知らせる（peripheral:didModifyServices:を発火させる）方法は、ペリフェラル側をCore Bluetoothで実装して試すこともできます。次のように**Service Change サービスのUUID「2A05」を指定してサービス生成・追加**を行います。

```
CBUUID *uuid = [CBUUID UUIDWithString:@"2A05"];
CBMutableService *service = [[CBMutableService alloc] initWithType:uuid
                                                           primary:YES];

[self.peripheralManager addService:service];
```

8-8. サービスの変更を検知する

> ❶ Service Changed サービスの UUID 文字列 "2A05" を表す定数として以前は CBUUIDServiceChangedString が用意されていましたが、iOS 7 より "deprecated"（非推奨）となりました。

また、サービス変更時には以前のサービスを CBPeripheralManager の removeService: メソッドで削除し、追加（addService:）し直します。

```
// 変更前のサービスを削除
[self.peripheralManager removeService:previousService];

// （変更後のサービスを生成する処理）

// 変更後のサービスを追加
[self.peripheralManager addService:updatedService];
```

他はこれまでに出てきたペリフェラル側の実装と同様です。

345

Part2. iOSプログラミング編 | 9章

Core Bluetooth 以外の BLE 関連機能

iOSでは、Core Bluetooth以外にも、さまざまな機能やフレームワークでBLEが用いられています。ANCSやiBeaconなど、いずれもiOSアプリの可能性を広げる重要な機能ばかりです。本章では、それらの「iOSにおけるCore Bluetooth以外のBLE関連機能」について解説します。

（堤修一）

9-1. iOSの電話着信やメール受信の通知を外部デバイスから取得する（ANCS）

9-1-1. ANCSとは？

ANCSは「Apple Notification Center Service」の略で、**電話着信やメール受信等、iOSで発生するさまざまな種類の通知に、BLEで繋がっている外部デバイスからアクセスするためのサービス**です。

iOSアプリ開発者にとってなじみのある**リモート通知（プッシュ通知）のAPNS（Apple Push Notification Service）**と混同しそうになる略称ですが、もちろん別モノです。

IoTやウェアラブル的な文脈では、たいていのケースでiOSデバイスがセントラルになり、外部デバイスがペリフェラルとなりますが、ANCSはiOSデバイスがサービス提供側となるため、その立場が逆転し、**iOSデバイスがペリフェラル、外部デバイスがセントラル**となります。

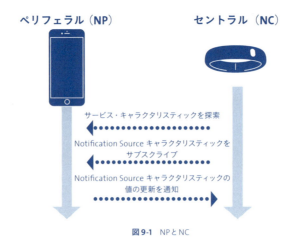

図9-1 NPとNC

用語について

Appleが提供しているドキュメント「Apple Notification Center Service (ANCS) Specification」

では、サービス提供側（つまりiOSデバイス）を **NP (Notification Provider)**、サービスを受ける側（外部デバイス）を **NC (Notification Consumer)** と呼んでいるので、本書でも以降そのように表現します。

また、同ドキュメントでは、iOSにおけるPush NotificationやLocal Notificationといった通知と、GATTにおけるNotificationを呼び分けるため、"iOS Notification", "GATT Notification" という表現が使用されています。本書でも、本節ではこれらの区別のため「iOS通知」「GATT通知」という表現を使用します。

9-1-2. ANCSのGATT

ANCSサービスのUUIDは次のように定義されています。

```
7905F431-B5CE-4E99-A40F-4B1E122D00D0
```

そして、ANCSサービスは、以下のキャラクタリスティックを持っています。

Characteristic	UUID	Properties
Notification Source	9FBF120D-6301-42D9-8C58-25E699A21DBD	notifiable
Control Point	69D1D8F3-45E1-49A8-9821-9BBDFDAAD9D9	writeable with response
Data Source	22EAC6E9-24D6-4BB5-BE44-B36ACE7C7BFB	notifiable

表9-1 ANCSサービスのキャラクタリスティック

Notification Sourceは、「**NPでのiOS通知の到着／変更／削除**」のイベントをNCに知らせるためのキャラクタリスティックです。

また、Control PointはNCがNPにiOS通知より詳細な情報を要求するためのWriteキャラクタリスティックで、Control Pointへの書き込みが成功すると、NPはData SourceキャラクタリスティックでのGATT通知によりリクエストに応答します。

これらのサービス／キャラクタリスティックでは、**別のiOSデバイスからセントラルとして接続しても見つからない**ようになっています。ANCSが提供されるようになったiOS7より前の

iOSデバイス、あるいはそれ以外のMacなどのデバイスからは見つけることができます。[※1]

9-1-3. ANCSの実装方法

Notification Source キャラクタリスティックを介して、iOS通知の到着や変更をNC側で受け取る実装方法について説明します。

NPの実装

NC側からペリフェラル名で発見できるように、CBAdvertisementDataLocalNameKey に何らかのデバイス名を指定してアドバタイズ開始しておきます（一般的なペリフェラルマネージャの実装なのでコードは紙面上では割愛します。「ANCS_iOS」サンプルのソースコードをご参照ください）。

NCの実装

上述したとおりiOSデバイスはNCになれないため、ここではMac OS Xのアプリとして実装します。

なお、スキャン、接続、サービス／キャラクタリスティックの探索まではセントラルとしては通例どおりの処理なので説明を省略します。[※2]

1.Notification Source をサブスクライブする

Notification Source キャラクタリスティックの値の更新通知を有効にします。

[※1]　10-3 で、Apple製開発用ツール「Bluetooth Explorer」を用いてANCSのサービス・キャラクタリスティックを見る方法について解説しています。

[※2]　これらセントラルの一連の処理は「4. Core Bluetooth 入門」で解説しています。

```objc
- (void)                    peripheral:(CBPeripheral *)peripheral
   didDiscoverCharacteristicsForService:(CBService *)service
                                  error:(NSError *)error
{
    CBUUID *notificationSourceUuid =
    [CBUUID UUIDWithString:@"9FBF120D-6301-42D9-8C58-25E699A21DBD"];
    
    for (CBCharacteristic *aCharacteristic in service.characteristics) {
        
        if ([aCharacteristic.UUID isEqualTo:notificationSourceUuid]) {
            
            self.notificationSourceCharacteristic = aCharacteristic;
            
            // Notification Source の subscribeを開始する
            [peripheral setNotifyValue:YES
                     forCharacteristic:aCharacteristic];
        }
    }
}
```

2. Notification Source の値を読む

Notification Sourceキャラクタリスティックの値は、次のような8バイトで構成されています。

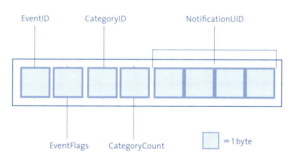

図9-2 Notification Sourceキャラクタリスティックの値のフォーマット

本サンプルでは、どのようなiOS通知があったのかを最低限判別できるよう、「EventID」「CategoryID」の2つを読み取ることにします。

EventIDはiOS通知が「新規」「変更」「削除」のどれなのかを示す値で、次のように定義されています。

EventID	値
EventIDNotificationAdded	0
EventIDNotificationModified	1
EventIDNotificationRemoved	2
Reserved EventID values	3–255

表9-2 EventID の値の定義一覧

また、CategoryID は iOS 通知の種類を示す値で、次のように定義されています。

CategoryID	値
CategoryIDOther	0
CategoryIDIncomingCall	1
CategoryIDMissedCall	2
CategoryIDVoicemail	3
CategoryIDSocial	4
CategoryIDSchedule	5
CategoryIDEmail	6
CategoryIDNews	7
CategoryIDHealthAndFitness	8
CategoryIDBusinessAndFinance	9
CategoryIDLocation	10
CategoryIDEntertainment	11
Reserved CategoryID values	12–255

表9-3 CategoryID の値の定義一覧

Notification Source キャラクタリスティックの値に変更があると、すなわち NP 側で電話着信などの iOS 通知が新規で発生した／変更された、などのイベントが発生すると、サブスクライブしている NC に対して GATT 通知が送られます。

このタイミングでキャラクタリスティックから EventID と CategoryID を読み取り、ログ出力するコードは次のようになります。

9-1. iOSの電話着信やメール受信の通知を外部デバイスから取得する（ANCS）

```objc
- (void)                    peripheral:(CBPeripheral *)peripheral
    didUpdateValueForCharacteristic:(CBCharacteristic *)characteristic
                            error:(NSError *)error
{
    // 8バイト取り出す
    unsigned char bytes[8];
    [characteristic.value getBytes:bytes length:8];

    // Event ID
    unsigned char eventId = bytes[0];
    switch (eventId) {
        case 0:
            NSLog(@"Notification Added");
            break;
        case 1:
            NSLog(@"Notification Modified");
            break;
        case 2:
            NSLog(@"Notification Removed");
            break;
        default:
            // reserved
            break;
    }

    unsigned char categoryId = bytes[2];
    switch (categoryId) {
        case 0:
            // Other
            break;
        case 1:
            NSLog(@"Incoming Call");
            break;
        case 2:
            NSLog(@"Missed Call");
            break;
        case 3:
            NSLog(@"Voice Mail");
            break;
        case 4:
            NSLog(@"Social");
            break;
```

353

```
        case 5:
            NSLog(@"Schedule");
            break;
        case 6:
            NSLog(@"Email");
            break;
        case 7:
            NSLog(@"News");
            break;
        case 8:
            NSLog(@"Health and Fitness");
            break;
        case 9:
            NSLog(@"Business and Finance");
            break;
        case 10:
            NSLog(@"Location");
            break;
        case 11:
            NSLog(@"Entertainment");
            break;
        default:
            // Reserved
            break;
    }
}
```

試してみる

サンプル	ANCS_iOS, ANCS_Mac

　NPとしてのiOSデバイスと、NCとしてのMacを用意し、それぞれ「ANCS_iOS」「ANCS_Mac」をインストールします。

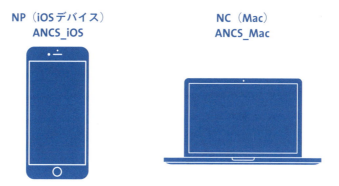

図9-3 ANCSのサンプルを試す場合の機器構成

iOSの「設定」から［通知］→［メール］と進み、メールの通知を許可しておいてください。

図9-4 メールの通知設定画面

iOS側のアプリを起動すると自動でアドバタイズ開始するので、次にMac側アプリの「START SCAN」ボタンを押下します。

9. Core Bluetooth 以外のBLE関連機能

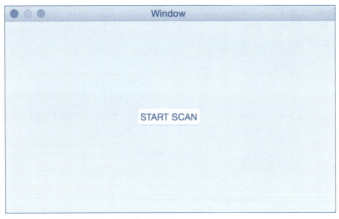

図 9-5　Mac側の「ANCS_Mac」サンプルの画面

　Mac側アプリは、ローカルネームが「ANCS_NP」のペリフェラルを発見するとそのまま接続〜Notify開始を行い、GATT通知を受け取り次第ログに出力します。

　たとえば、次のようにログ出力されます（実際に出力されるものを、見やすいよう各通知のログを1行にまとめています）。

```
<001d0201 00000000>, Notification Added, Missed Call
<001d0202 01000000>, Notification Added, Missed Call
<001d0203 02000000>, Notification Added, Missed Call
<00150601 03000000>, Notification Added, Email
<00150602 04000000>, Notification Added, Email
<00150401 08000000>, Notification Added, Social
<00150b01 09000000>, Notification Added, Entertainment
<00150a01 0c000000>, Notification Added, Location
<00150801 0d000000>, Notification Added, Health and Fitness
<00150901 0f000000>, Notification Added, Business and Finance
<02100604 04000000>, Notification Removed, Email
<02100603 03000000>, Notification Removed, Email
<00100604 2c000000>, Notification Added, Email
<02100406 25000000>, Notification Removed, Social
<02100405 18000000>, Notification Removed, Social
```

　電話着信やメール受信、SNSのiOS通知の発生や削除がNC側（ここではMacアプリ）で検知できていることがわかります。

356

9-2. iBeacon と BLE

　iBeaconの概要や、iBeaconの実装方法などは他著やWebの記事でも多く出ており、APIもそれほど複雑ではないので本書では割愛し、代わりに「**BLEをどのように利用することでiBeaconという領域観測サービスが実現されているか**」にフォーカスして解説します。[※3]

　このあたりを理解していれば、**iBeaconという技術の特長や本質を捉えたサービス設計**が可能となりますし、開発中や運用時に何かトラブルがあった際に、問題の切り分けやデバッグ、接続性などの改善にCore Bluetoothでの開発と同様のノウハウを活かせるようになります。

9-2-1. ビーコン＝アドバタイズ専用デバイス

　iBeaconにおける「ビーコン」というのは、BLEの観点から簡単にいうと、「**アドバタイズに特化したペリフェラル**」です。[※4]

　通常のBLEペリフェラルデバイスの場合は、アドバタイズしてセントラルから見つけてもらい、そのあと接続し、データのやり取りを行うわけですが、ビーコンはそれらの機能を持たず自分の存在を知らせる機能（アドバタイズ）だけに特化することで、**シンプル、低コスト、低消費電力に振り切っている**、というのが最大のポイントです。

> ❶ そもそもBLEにおけるセントラル・ペリフェラルという概念には、「高度な機能はセントラル側に持たせ、ペリフェラル側のデバイスはシンプル・低コスト・低消費電力に済むように」という思想が込められているのですが、さらにそれをシンプルにしたものがiBeaconです。

[※3]　iBeaconの実装・挙動はiOS7-Samplerというオープンソースで試すことができます。
https://github.com/shu223/iOS7-Sampler
[※4]　アドバタイズの仕様については「3-4-5. Advertising と Scanning」で詳細に解説しています。

357

9. Core Bluetooth 以外の BLE 関連機能

　BLE ガジェットは安いものでも 5000 円以上はする中で、ビーコンモジュールは安いものでは、ある程度の台数をまとめて購入すれば 1 台数百円程度だったり、寿命が数年間と謳われていたりするのは、このためです。

　またビーコンの中には、ケースが糊付けされていて電池交換するにはケースをカッターなどで切らないといけない、すなわち事実上電池交換できないようになっているものもあります。一見不可解な仕様にも思えますが、

- 電池交換ができない…安価・長寿命なので、電池が切れたら使い捨てて交換すればよい
- シリコンケース糊付け…安価な防水効果 → 設置して放置しておける

というように考えると、iBeacon の思想に合致した製品設計であることがわかります。

アドバタイズ周期・電波強度とバッテリー消費

　上述したとおり、ビーコンはアドバタイズに（ほぼ）特化したデバイスであり、アドバタイズはざっくり言うと「電波を発して自身の存在を知らせる」機能なので、**バッテリー寿命について「アドバタイズ周期」「電波強度」からシンプルに考えられる**ことになります。
　アドバタイズ周期を上げれば電波を発する頻度が多くなるので、ビーコンが発見されやすくなる代わりに、バッテリー消費量が大きくなります。
　また、**電波強度を強くすれば、より広い範囲で検出できるようになる代わりに、やはりバッテリー消費量は大きくなります。**

> ❶ BLE の規格ではアドバタイズ周期は最小 20ms、最大 10.24s の範囲で 0.625ms の整数倍、と定められています。[※5]

　逆に、バッテリー消費を抑えるためにアドバタイズ周期を下げればビーコンの発見されやすさが下がりますし、電波強度を下げれば領域観測の範囲が狭まります（たとえば、アドバタイズ周期を 10.24s にして、アドバタイズが終わった直後に領域観測側がスキャンを行ったとする

※5　これらの数値については、「3-4-5. Advertising と Scanning」内の「Advertising インターバル」の項でより詳細に解説しています。

と、**約10.24s ビーコンの発見が遅れる**ことになります）。

　多くのビーコンモジュールはこれら「アドバタイズ周期」「電波強度」を変更できるように
なっているので、**適用しようとしているサービスに応じてバッテリー消費とのトレードオフを
考慮しながら適切に設定**することが肝要です。

　また、ビーコンモジュールを販売している各社のページには、（バッテリーが）「約1年持ち
ます」「2年持ちます」などと書かれている場合がありますが、**アドバタイズ周期や電波強度を
どのように設定した上での話なのか**、に注意する必要があります。

9-2-2. iBeacon のアドバタイズメントパケット

　iBeaconのビーコン側の仕様は一般には公開されていない[6]のですが、上述のとおり要はBLE
のペリフェラルなので、容易にそのアドバタイズメントパケットを観測できます。

　そのフォーマットに沿ってパケットを構成してアドバタイズを行えば、**MacやAndroidなど
でもiBeaconのビーコンモジュールとしてふるまえます**し、そのルールに従ってビーコンのアド
バタイズメントパケットを解析すれば、**iOSデバイス以外からもそのビーコンのUUIDやmajor、
minorを取得可能**（すなわち、**領域観測と同じような挙動を実現可能**）です。

アドバタイズメントパケットのフォーマット

　BLEのアドバタイズメントパケットの各バイトがどのように構成されているかは、Bluetooth
SIGによるドキュメント「Bluetooth Specification[7]」にある次の図9-6がわかりやすいです。

　この図で重要なのが、AD Typeです。**AD Type が FF の場合、その AD Structure は "Manu
facturer Specific Data"であることを意味し、Manufacturer が自由にその AD Structure の長さ
と内容を決めることができます。**[8]

　AppleはこのAD Typeを利用し、AppleはiBeaconのアドバタイズメントパケットのフォー
マットを定義しているわけです。

※6　要 iBeacon ライセンス取得

※7　https://www.bluetooth.org/ja-jp/specification/adopted-specifications

※8　アドバタイズメントパケット（Advertising Packet）のフォーマットについては、「3-4-5. Advertising と Scanning」内の「Advertising
Packet と Scan Response Packet」の項、および「3-6. BLE のパケットフォーマット」でより詳細に解説しています。

359

9. Core Bluetooth以外のBLE関連機能

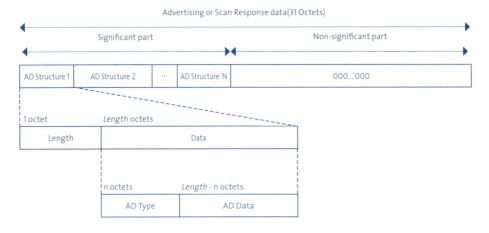

図9-6　アドバタイズメントパケットのフォーマット

iBeaconのアドバタイズメントパケットの詳細

　iBeaconのアドバタイズメントパケットのうち、iBeacon特有の部分、すなわちAD TypeがFFであるAD Structureだけ抜き出すと、そのパケットのフォーマットは "1A FF 4C 00 02 15 XX XX XX XX XX XX XX XX XX XX XX XX XX XX XX XX XX XX XX XX XX XX" のようになり、それぞれの値の内訳は次の表のようになります。

値	内容
1A	AD Structureの長さ（bytes）
FF	AD type
4C 00	Company identifier code（0x004CはAppleを示す）
02	Byte 0 of iBeacon advertisement indicator
15	Byte 1 of iBeacon advertisement indicator
XX XX XX XX XX XX XX XX XX XX XX XX XX XX XX XX	iBeaconのproximity uuid
XX XX	major
XX XX	minor
XX	Tx Power

表9-4　iBeaconのアドバタイズメントパケットの内容

XXとした部分以外のバイト値はiBeaconにおいて固定値です。

Bluetooth ExplorerなどのアプリケーションでiBeaconのアドバタイズメントパケットを監視してみると、上記のフォーマットに則っていることが確認できます。[※9]

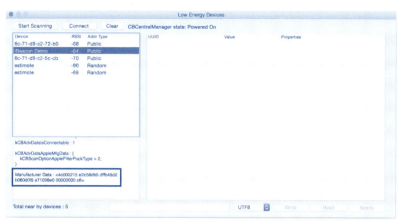

図9-7　Bluetooth ExplorerでiBeaconのアドバタイズメントパケットを監視

9-2-3. Core Bluetoothに対するiBeaconのアドバンテージ

ここまでで、**iBeaconにおける「ビーコン」はBLEにおけるペリフェラルのサブセット仕様である**、ということを書いてきました。BLEのペリフェラルになれるあらゆるBLEモジュールは、「ビーコン」になれます。

そして、ビーコン自体がアドバタイズだけを行うペリフェラルだとすると、セントラルとしてふるまうiOSアプリからは、当然 Core Locationのビーコン領域観測の機能を使用しなくても、**Core Bluetoothを使えば問題なく検出できる**、ということになります。むしろ、Core Bluetoothを使用したほうが、ペリフェラルのより詳細な情報を得られるというメリットさえあります。

しかし、**Core Bluetoothでの実装では実現できない、Core Locationの領域観測サービスと統合されたiBeaconならではのアドバンテージ**もあります。

[※9]　「Bluetooth Explorer」のインストール方法や使い方は、10-3で解説しています。

ロック画面表示をトリガとするビーコン検出

ビーコン自体はただのペリフェラルなので、Core Bluetoothで検出できるわけですが、**バックグラウンドモードにおけるCore Bluetoothのスキャンにはいくつかの制限**があり、その1つにスキャン間隔が長くなる、というものがあります。[※10]

一方、Core Locationの領域観測サービスを使用してビーコン領域を検出する場合、**ユーザーがiOSデバイスの画面を表示したときにバックグラウンドでビーコン領域検出を行う**という機能を利用することができます。[※11]

ユーザーがポケットから何かをするためにiPhoneを取り出し、ロック画面を表示したときに近くにビーコンを検出したら、そのアプリの`locationManager:didDetermineState:forRegion:`が呼ばれる、というわけです。

Core Bluetoothではロック画面表示をトリガとして何かを行うようなAPIは提供されていませんし、**ユーザビリティの観点からも、バッテリー消費の観点からも、非常にメリットの大きい機能**です。

ロック画面へのアプリアイコン表示

iOS 8より、**あるアプリで観測している領域が検出された場合に、そのアプリのアイコンがロック画面の左下に表示**されるようになりました（図9-8）。

この状態で**アイコンをドラッグして上方向にスライドすると、そのアプリが起動**します。
Core Bluetoothを利用してバックグラウンドでペリフェラルを検出しても、iOSのロック画面に直接の動線を置くなどということはできないので、これもまたiBeaconならではの大きなアドバンテージといえます。

図9-8　ロック画面の左下に領域検出されたアプリのアイコンが表示される

※10　関連：「7-2-3. バックグラウンドにおける制約（セントラル）」

※11　CLBeaconRegionの`notifyEntryStateOnDisplay`プロパティにYESをセットすることで有効になります。デフォルトではNOです。

9-2-4. BLE の知見を iBeacon 利用アプリの開発に活かす

iBeacon の仕組みを利用したアプリ・サービスの開発現場で必ず起きる問題が、「ビーコンが検出できたりできなかったりする」という問題です。

ここで、ビーコンが BLE のアドバタイザに過ぎないということを知っていれば、Core Location の `locationManager:didEnterRegion:` や `locationManager:didRangeBeacons:` でビーコン検出を観測する以外に、いろいろな**検証手段の選択肢**が増えてきます。

たとえば、LightBlue[12] でスキャンしてビーコンが検出されるか確認してみたり、そちらでは検出されるようであれば、Bluetooth Explorer でアドバタイズメントパケットのフォーマットが正しいかを確認したり[13]、といった手段を取ることができます。

またビーコン本体のアドバタイズ周期が長すぎると検出されにくくなりますし、電波強度が弱く設定されていると電波が届いていない可能性も考えられます。

その他、iBeacon が検出されない際のトラブルシューティングについては、「11. ハマりどころ逆引き辞典 - トラブル 10: iBeacon が見つからない」にまとめてあります。

◎**関連項目**

- 3-4-5. Advertising と Scanning
- 3-6. BLE のパケットフォーマット
- 7-2-3. バックグラウンドにおける制約（セントラル）
- 10-2. 開発に便利な iOS アプリ「LightBlue」
- 10-3. Apple 製開発用ツール「Bluetooth Explorer」

※12　関連：「10-2. 開発に便利な iOS アプリ『LightBlue』」

※13　アドバタイズメントパケットの中身を確認する方法は「10-3. Apple 製開発用ツール『Bluetooth Explorer』」で解説しています。

363

9. Core Bluetooth 以外の BLE 関連機能

9-3. MIDI 信号を BLE で送受信する （MIDI over Bluetooth LE）

　MIDI とは、「Musical Instrument Digital Interface」の略で、電子楽器の演奏データを機器間でやり取りするための世界共通規格です。そして、iOS 8 より、その **MIDI の信号を BLE を使ってワイヤレスで送受信**できるようになりました（このことを Apple は MIDI over Bluetooth LE と呼んでいます）。

9-3-1. CoreAudioKit

　CoreAudioKit は、**iOS 8 で新規追加**されたフレームワークです。2014 年 12 月現在、まだ Apple によるリファレンスは公開されておらず、公式ドキュメントでは唯一「iOS 8.0 API Diffs」で CoreAudioKit の API 一覧を確認できます。

　クラスは以下の 4 つのみ。

- CABTMIDICentralViewController
- CABTMIDILocalPeripheralViewController
- CAInterAppAudioSwitcherView
- CAInterAppAudioTransportView.h

　本節では、MIDI over BLE に関連する CABTMIDICentralViewController、CABTMIDILocalPeripheralViewController の 2 つを使用します。

　どちらも UIViewController のサブクラスで、CABTMIDICentralViewController を使うとアプリは**セントラル側としてふるまい、MIDI over BLE をサポートしているペリフェラルデバイスをスキャン、接続**することができるようになります。

　また、CABTMIDILocalPeripheralViewController を使うと、アプリは**ペリフェラル側としてふるまい、サービスをアドバタイズ**します。すなわち、MIDI over BLE をサポートしている

364

9-3. MIDI信号をBLEで送受信する（MIDI over Bluetooth LE）

セントラルデバイスによって発見・接続できるようになります。

どちらも**パブリックなプロパティ・メソッドは持っていません。**

実装方法

実装方法といっても、前述したとおり CABTMIDICentralViewController、CABTMIDILoc alPeripheralViewController のどちらもメソッドやプロパティは持っていないので、特筆するようなことはありません。他の UIViewController サブクラスと同様に、遷移させてその画面を表示するだけです。

まず CoreAudioKit を import して、

```
#import <CoreAudioKit/CoreAudioKit.h>
```

CABTMIDICentralViewController、CABTMIDILocalPeripheralViewController というビューコントローラに遷移するよう実装します。

```
- (IBAction)centralBtnTapped:(id)sender {

    // CABTMIDICentralViewController オブジェクト生成
    CABTMIDICentralViewController *centralCtr;
    centralCtr = [[CABTMIDICentralViewController alloc] init];

    // CABTMIDICentralViewController に遷移
    [self.navigationController pushViewController:centralCtr
                                        animated:YES];
}
```

365

```
- (IBAction)peripheralBtnTapped:(id)sender {

    // CABTMIDILocalPeripheralViewController オブジェクト生成
    CABTMIDILocalPeripheralViewController *peripheralCtr;
    peripheralCtr = [[CABTMIDILocalPeripheralViewController alloc] init];

    // CABTMIDILocalPeripheralViewController に遷移
    [self.navigationController pushViewController:peripheralCtr animated:YES];
}
```

試してみる

サンプル	BLEMIDI

試しに、MacからiOSへ、MIDI信号をBLEで送信してみましょう。

iOSデバイスとMacを1台ずつ用意し、iOSデバイスには「BLEMIDI」サンプルをインストールしておきます。

図9-9 「BLEMIDI」サンプル

Mac 側の準備

① MIDI Studio の起動

`/Applications/Utilities`フォルダに「Audio MIDI設定.app」というアプリがあるので、これを起動します。

メニューから［ウィンドウ］→［MIDIスタジオを表示］でMIDIスタジオを起動します。

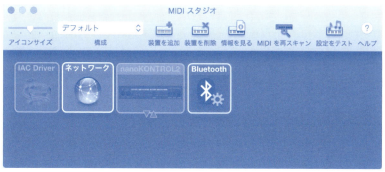

図 9-10 「Audi MIDI 設定」の「MIDI スタジオ」ウィンドウ

②スキャン／アドバタイズの開始

「Bluetooth」と書かれたアイコンをダブルクリックすると、「Bluetooth構成」ウィンドウが表示されます。

図 9-11 「Bluetooth 構成」ウィンドウ

スキャンは自動的に開始されています。ペリフェラルとしてアドバタイズする場合は、「アドバタイズ」ボタンをクリックします。

アドバタイズを開始すると、ボタン名が「アドバタイズを停止」に変わります。

9. Core Bluetooth 以外のBLE関連機能

接続する

①iOS側で「BLEMIDI」サンプルの「MIDIPeripheral」ボタンをタップし、CABTMIDILocalPeripheralViewController を立ち上げます。

図 9-12　CABTMIDILocalPeripheralViewController

②「Advertise MIDI Service」セルにあるスイッチをオンにし、アドバタイズを開始します。
③その後 Mac 側の MIDI スタジオの「Bluetooth 構成」ウィンドを見ると、アドバタイズを開始したiOSデバイスが発見されています。

図 9-13　Mac 側で、MIDI デバイスとして iPhone を発見

　ここで「接続」ボタンをクリックすると、iOS側ではCABTMIDILocalPeripheralViewControllerでのSTATUSの表示が「Connected to {セントラル名}. Advertising disabled.」に変わり、Mac側ではMIDIスタジオにペリフェラルのアイコンが追加されます。

図 9-14 　MIDI スタジオにペリフェラルのアイコンが追加される

④この状態で、MIDI データ出力ポートを選べる Mac アプリから MIDI を送信し、iOS 側では MIDI を受け取れるアプリで受信すると、MIDI データがワイヤレスで受け取れていることが確認できます。

図 9-15 　Mac の MIDI アプリから MIDI データを送る

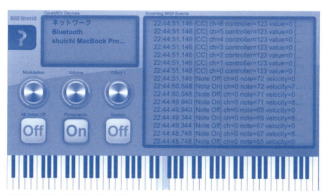

図 9-16 　iOS の MIDI アプリで MIDI データを受け取る

369

9-4. BLE が利用可能な iOS デバイスの みインストールできるようにする

本節で解説する内容は、これまでに本章で紹介してきた機能やフレームワークと毛色が違う話になりますが、Core Bluetooth を含め **iOS で BLE を利用するアプリすべてに関連**する重要な事項ですので、必ずおさえておきましょう。

9-4-1. Required device capabilities

BLE の利用が前提となっているアプリの場合、BLE をサポートしていない iOS デバイスにインストールされてしまうと無駄なクレームや低評価につながってしまう可能性があります。そのような場合、Info.plist の「**Required device capabilities**」キーに「**bluetooth-le**」を追加することで、BLE をサポートしていないデバイスに App Store からダウンロード＆インストールできないようにすることができます。

Required device capabilities に指定できる値については、Apple のドキュメント「iOS Device Compatibility Reference」の、「Table 1-1 Dictionary keys for the UIRequiredDeviceCapabilities key」にまとまっています。

9-4-2. これまでに販売された iOS デバイスの BLE 対応状況一覧

上で紹介した Apple のドキュメント「iOS Device Compatibility Reference」の「Table 1-2」〜「Table 1-7」は、**これまでに販売された全 iOS デバイス**（2014 年 11 月現在）の Required device capabilities の各値への対応状況をまとめた一覧となっています。

以下に、それらの表から bluetooth-le についての対応を抜き出し、再構成した表を示します。

9-4. BLE が利用可能な iOS デバイスのみインストールできるようにする

	対応	非対応
iPhone	iPhone 4s iPhone 5 iPhone 5c iPhone 5s iPhone 6 iPhone 6 Plus	iPhone iPhone 3G iPhone 3GS iPhone 4
iPad	iPad (3rd gen) iPad (4th gen) iPad Air iPad Air 2 iPad mini iPad mini with Retina display iPad mini 3	iPad iPad 2
iPod touch	iPod touch 5th gen	iPod touch iPod touch 2nd gen iPod touch 3rd gen iPod touch 4th gen

表9-5 iOSデバイスの BLE 対応状況

iPhoneについては**iPhone 4s以降の全機種**、iPadについては**第3世代以降の全機種とmini全機種**、iPod touchについては第5世代以降の全機種でBLEをサポートしていることがわかります。

371

Part2. iOSプログラミング編 | 10章

開発ツール・ユーティリティ

本章では、BLEを利用したiOSアプリ開発に役立つ開発ツールや、コマンドラインユーティリティを紹介していきます。

（堤修一）

10. 開発ツール・ユーティリティ

10-1. 128 ビット UUID を生成する コマンド「uuidgen」

　独自のサービスやキャラクタリスティックを定義する際、それらを識別する 128 ビット UUID を新たに生成する必要があります。

　この 128 ビット UUID は、コマンドラインユーティリティ「uuidgen」で簡単に生成できます。ターミナルを開き、uuidgen コマンドを実行するだけです。

```
$ uuidgen
```

　引数も不要で、非常に簡単に次のようにハイフン区切りの 128 ビット UUID が生成されます。

```
$ uuidgen
4EF1E579-9F40-4F0C-B710-EBEC4F8D0900
```

　この UUID 文字列は**そのままコピー＆ペーストして、CBUUID の UUIDWithString: の引数に渡す**ことができます。

```
CBUUID *uuid = [CBUUID UUIDWithString:@"4EF1E579-9F40-4F0C-B710-EBEC4F8D0900"];
```

◎関連項目

- 5-2. サービスを追加する
- 8-3. UUID 詳解
- レシピ 2：活動量計デバイスとアプリ
- レシピ 4：すれちがい通信アプリ

374

10-2. 開発に便利なiOSアプリ「LightBlue」

BLEを利用するアプリを開発していると、「スキャンで見つからない」「接続できない」「サービスが見つからない」といった事態に遭遇することもあるかと思います。そんな場合に、アプリ側実装に何か問題があるのか、それともペリフェラル側デバイスに問題があるのか、といった原因を切り分けるために筆者がよく使うiOSアプリが、「LightBlue」です。

図10-1 LightBlue

LightBlueはApp Storeより無料（2014年11月現在）でダウンロードできます。
本節ではLightBlueのさまざまな機能と、使いどころを紹介します。

周辺にあるBLEデバイスを一覧表示

LightBlueを起動すると自動的にスキャンが開始され、発見可能なBLEデバイス、すなわちアドバタイズしているペリフェラルを一覧表示してくれます。

10. 開発ツール・ユーティリティ

図10-2　周辺にあるペリフェラルを一覧表示

　開発中のアプリでスキャンしたときにペリフェラル側デバイスが見つからない場合、同じiOSデバイスに入っているLightBlueでスキャンして見つかるのであれば、自分の実装に何らかの問題があると考えられますし、LightBlueでも見つからないのであればペリフェラルデバイスに何らかの問題（バッテリー切れ、アドバタイズできていない、など）があると考えられます。

ペリフェラルに接続／サービス・キャラクタリスティックの情報表示

　スキャンして見つかったペリフェラルに実際に接続し、そのペリフェラルが提供しているサービス・キャラクタリスティックの一覧を見ることができます。

　たとえば、LightBlueでkonashiに接続すると、次のようにペリフェラル名、UUIDと、提供しているサービス・キャラクタリスティックが一覧表示されます。

図10-3　ペリフェラルが提供しているサービス・キャラクタリスティックを一覧表示

プロパティの内容も「Read」「Write Without Response」といったように、人間が読みやすい形で表示される点も便利です。

通知のサブスクライブ

表示したサービス一覧から、「Notify」プロパティを持つキャラクタリスティックを選択してみると、次のような画面が表示されます。

図10-4　キャラクタリスティックの詳細画面

ここで、「Listen for notifications」ボタンをタップすると、そのキャラクタリスティックのサブスクライブを開始（データ更新通知の受け取りを開始）します。

377

仮想ペリフェラル

LightBlueは、ペリフェラルとしての機能も充実しています。

トップ画面の右上にある「+」ボタンをタップすると、次のようなリストが表示されます。

図10-5　選択可能な「仮想ペリフェラル」のリスト

リストを見ればおわかりのとおり、Bluetooth SIGによって仕様が策定されているプロファイル、またはサービスがひととおり用意されています。

ここで、たとえばHeart Rateを選択すると、次のようにトップ画面の「Virtual Peripherals」セクションにセルが追加されます。

図10-6　Heart RateがVirtual Peripheralsセクションに追加された

セルの左端にあるボタンをタップして有効にすると、他のBLEデバイスからHeart Rateサービスを持ったペリフェラルとしてアクセスできるようになります。

ペリフェラルのクローン

もう1つペリフェラルとしての便利な機能が、「Clone」です。**セントラル側としてスキャン、接続したペリフェラルのサービス・キャラクタリスティックを複製し、そのペリフェラルとしてふるまう**ことができるようになります。[※1]

ペリフェラルに接続したときの画面（図10-4）の右上にある「Clone」ボタンを押すことでクローンできます。

クローンするとトップ画面の「Virtual Peripherals」セクションにセルが追加されます。

ここからキャラクタリスティックの値を変更して、そのキャラクタリスティックをサブスクライブしているペリフェラルに通知を送ることもできるので、konashiのようにいつも持ち歩くわけではないペリフェラルなどはクローンしておくと便利です。

[※1]　もちろん、クローンできるのはあくまでGATTの内容のみです。キャラクタリスティックの値をいつどのように更新するかといったふるまいまでは複製されません。

10-3. Apple 製開発用ツール「Bluetooth Explorer」

Appleが提供する開発用ツールに、「Bluetooth Explorer」というMacアプリがあります。

図 10-7　Bluetooth Explorer

Bluetoothにまつわる諸々の解析や設定を行うためのツールで、非常に多くの機能を持っています。

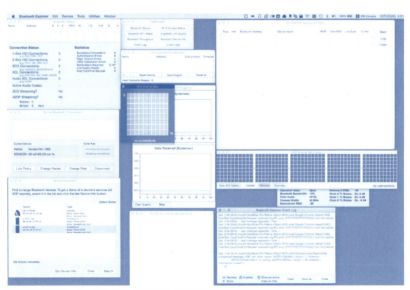

図 10-8　すべて Bluetooth Explorer のウィンドウ。画面内に収まりきらないほど多機能であることがわかる

10-3. Apple製開発用ツール「Bluetooth Explorer」

そしてもちろん、BLE向けの機能も持っています。**Bluetooth Low Energy**のデバイスをスキャン、接続し、提供するサービス／キャラクタリスティックを確認 する機能です。

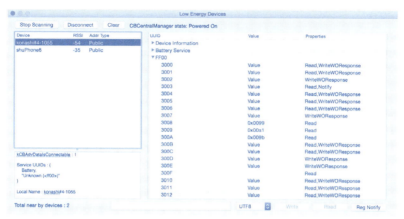

図 10-9　Low Energy Devices ウィンドウ

Bluetooth Explorer インストール方法

　Xcodeのメニューの［Xcode］→［Open Developer Tool］→［More Developer Tools］を選択するとブラウザが起動し、Appleの開発用ツールのダウンロードページが開きます。
　そこから「Hardware IO Tools」をダウンロードすると、その中にBluetooth Explorer.appが含まれています。

Low Energy Devices ウィンドウの起動方法

　スキャン・接続などのBLE関連の機能は、「Low Energy Devices」ウィンドウより利用できます。
　「Low Energy Devices」ウィンドウは、Bluetooth Explorerのメニューの［Devices］→［Low Energy Devices］で起動します。

381

Bluetooth Explorerを使用するメリット

BLEデバイスをスキャン、接続し、サービス・キャラクタリスティックを確認できる、といっても、同様のことはiOSアプリの「LightBlue」でも可能です。ただし、これらのiOSアプリにはないメリットもあります。

ANCSのサービス・キャラクタリスティックが見える

1つは、**ANCS（Apple Notification Center Service）** のサービス・キャラクタリスティックが**見える**という点です。

ANCSとは、**iOSからの電話着信やメール受信などの通知を外部デバイスで受け取るためのサービス**です。[※2]

このANCS、iOS自体が提供するサービスなので、iOSデバイスはサービス利用側にはなれません。したがって、**別のiOSデバイスからスキャンして接続しても、ANCSサービスは見つからないようになっています。**

というわけで、iPhoneにインストールしたLightBlueなどのiOSアプリからはこのサービスは見えないのですが、**Bluetooth Explorer**はMacアプリなので、その制限を受けないため、ANCSのサービス・キャラクタリスティックの存在を確認することができます。

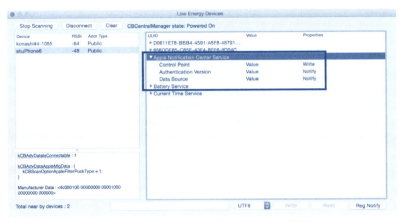

図10-10　Bluetooth ExplorerからはANCSのサービス・キャラクタリスティックを確認可能

※2　ANCについて詳細は、「9-1. iOSの電話着信やメール受信の通知を外部デバイスから取得する（ANCS）」で解説しています。

ANCSを実装する際、iOSが実際にそのサービスを提供していることを確認できると、うまくつながらない場合の問題の切り分けなどに役立ちます。

アドバタイズメントパケットの中身が表示される

iOSのLightBlueでは、アドバタイズメントパケットはあらかじめ定義されているAD Typeの内容しか表示してくれません。すなわち、"Manufacturer Specific Data" を示す、AD TypeがFFの場合のAD Structureの内容を確認することができません。[※3]

これで困るケースの一例が、iBeaconです。

iBeaconのUUIDやMajor / Minorは、AD TypeがFFのAD Structureに格納されているため、iOSのLightBlueでは見ることができません。[※4]

Bluetooth Explorerでは、アドバタイズメントパケットの内容が左下のビューに表示されるため、iBeaconのUUIDなども確認することができます。

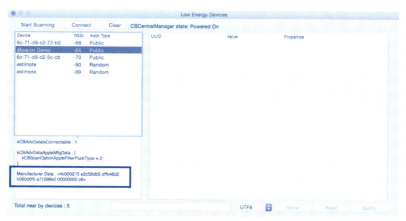

図10-11　Bluetooth Explorer では "Manufacturer Specific Data" も確認可能

※3　AD Type はアドバタイズメントパケットのフォーマットにおけるデータ領域の1つです。詳細は「3-4-5. Advertising と Scanning」で解説しています。

※4　iBeacon のアドバタイズメントパケットの詳細は「9-2. iBeacon と BLE」で解説しています。

10-4.「PacketLogger」で BLEのパケットを見る

「PacketLogger」というAppleのMacアプリを使用すると、BLEのアドバタイズメントパケットや、ReadやWriteでやり取りされるパケットをロギングをし、中身を見ることができます。

図10-12　PacketLogger

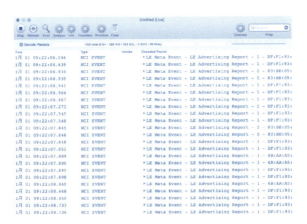

図10-13　PacketLoggerの画面

たとえばBLE関連開発に携わるiOSエンジニアのPacketLoggerの使いどころとしては、次のようなものがあります。

変化するアドバタイズメントパケットの内容を時系列で確認する

　Bluetooth Explorerではアドバタイズメントパケットの最新の内容しか見ることができないため、iOSデバイスをiBeaconのビーコンとして動作させた場合のように、**刻々と変化するアドバタイズメントパケットの内容を確認**したい場合にはいささか不便です。このPacketLoggerでは1つ1つのパケットがログとして残るので、アドバタイズメントパケットの内容がいつどのように変わっているのか確認することができます。

自分のiOSアプリと挙動を比較する

　たとえば、キャラクタリスティックの値を50msごとに更新し通知するペリフェラルデバイスがあり、セントラル側アプリで受け取った通知のタイムスタンプを見ると、遅延していたり、間隔がまちまちだったりする場合に、Macでも同じキャラクタリスティックをサブスクライブし、**同様に遅延するのかどうか比較して確認**する、といった使い方もあります。

パケットログを保存する

　取得したログは、拡張子「.pklg」というファイルに保存することができます。もちろんこのファイルはまたPacketLoggerで開いて確認することができるので、問題の解析などに役立ちます。

PacketLogger インストール方法

　Bluetooth Explorerと同様、Appleの開発用ツールなので、入手方法も同じです。
　Xcodeのメニューの［Xcode］→［Open Developer Tool］→［More Developer Tools］を選択するとブラウザが起動し、Appleの開発用ツールのダウンロードページが開くので、そこから「Hardware IO Tools」をダウンロードします。
　この中にPacketLogger.appが含まれています。

使用方法

　PacketLogger自体にBLEのペリフェラルをスキャンしたり接続したりする機能はないので、同じMac上で、別のアプリでBLEの制御を行います。ここでは、先に紹介した「Bluetooth Explorer」を使用します（同じMacでBLEを制御するアプリであれば何でもいいので、LightBlueのMac版や自作Macアプリなどでも OKです）。
　まず、PacketLoggerを起動します（管理者権限を要求するダイアログが立ち上がり、自動的

10. 開発ツール・ユーティリティ

にロギングがスタートします)。

　次に、Bluetooth Explorerを起動し、「Low Energy Device」ウィンドウから、スキャンを開始してみましょう。周辺にBLEのペリフェラルデバイスがあれば、PacketLoggerに大量のアドバタイズメントパケット検出イベントのログが流れ始めます。

　アドバタイズメントパケットのさまざまなイベントのログが流れてきて見づらいので、イベントのパケットだけをフィルタするため、上部にある「Decoders」ボタンをクリックし（右側にビューが出てきます）、「CommandEventDecoder」以外のチェックを外します。

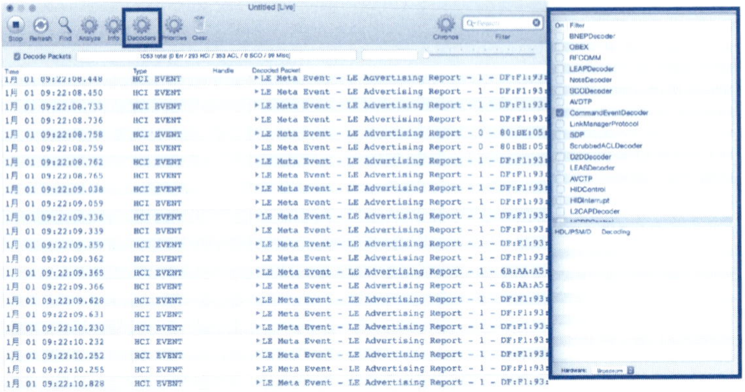

図10-14　パケットをフィルタリング

　アドバタイズメントパケットは青色のテキストで表示され、「Decoded Packet」欄の先頭の三角ボタンをクリックすると、アドバタイズメントパケットの詳細が表示されます。

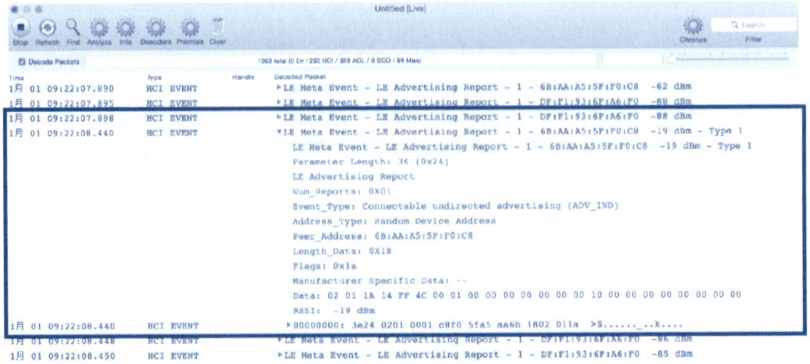

図10-15　アドバタイズメントパケットの詳細を表示

　さらに、Bluetooth Explorerから、ペリフェラルに接続し、Notifyをサポートしているキャ

386

ラクタリスティックを選んで「Reg Notify」ボタンをクリックしてNotificationの受け取りを開始しましょう。

図10-16 Bluetooth ExplorerでNotifyを開始

するとPacketLoggerでは、次のようにNotification受信パケットのログが流れはじめます。

図10-17 Notification受信パケットのログ

ReadやNotificatoinのパケットは緑色のテキストで表示されるので、一目瞭然です。またアドバタイズメントパケットと同様に、「Decoded Packet」欄の三角形のボタンをクリックすると、詳細な内容を見ることができます。

387

Part2. iOSプログラミング編 | 11章
ハマりどころ逆引き辞典

iOSでBLEを利用するアプリを開発していると、「スキャンで見つからない」「つながらない」といった場面はよく出てきます。通信相手が新規開発デバイスだとそちらを疑いたくなることもありますが、iOS側でのよくある実装ミスや勘違いというのも多くあります。また、原因の判断方法や対処法を知っていれば一瞬で解決できるところを、それらを知らずに、さまざまな検証やコードの修正のトライ＆エラーで時間を費やしてしまう、といったこともよくあります。本章では、そんなiOS×BLE開発におけるよくあるトラブルと、その解決のためのチェックポイントについて解説します。

（堤修一）

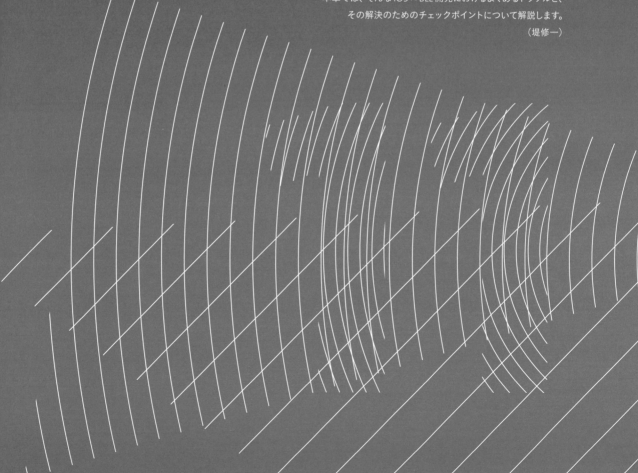

トラブル1: スキャンに失敗する

≫ スキャンの直前にCBCentralManagerを初期化していないか？

たとえば「1回目のスキャンに失敗するけど、2回目ではたいていうまくつながる」という場合には、**CBCentralManagerの初期化タイミングが遅く、スキャンを開始するタイミングでまだCBCentralManagerStatePoweredOnになってない**、という可能性があります。

```
// NG実装例
// これだとセントラルマネージャの準備が間に合わない可能性がある
- (IBAction)scanBtnTapped:(UIButton *)sender {

    self.centralManager = [[CBCentralManager alloc] initWithDelegate:self
                                                               queue:nil];

    // スキャン開始
    [self.centralManager scanForPeripheralsWithServices:nil
                                                options:nil];
}
```

この実装ミスは、再試行ではうまくいくだけに、「何かハード側の調子悪いのかな」「電波だしそういうものなのかな」ぐらいに思い過ごしがちなので要注意です。

この対策としては、「4-1. 周辺のBLEデバイスを検索する」でも軽く触れたように、「centralManagerDidUpdateState:内でセントラルマネージャの状態を判定して、CBCentralManagerStatePoweredOnになったらスキャン開始OKとする」といった実装がもっともシンプルで間違いがありません。

390

```objc
- (void)centralManagerDidUpdateState:(CBCentralManager *)central {

    // PoweredOnになったらスキャン開始OK
    switch (central.state) {
        case CBCentralManagerStatePoweredOn:

            // （スキャンを開始 or スキャン開始を有効にする）

            break;
        default:
            break;
    }
}
```

　また、このミスが起こりやすいのが、「セントラルマネージャのオブジェクトを保持するシングルトンクラスがあり、初めて参照される際に初期化メソッドが呼ばれセントラルマネージャもそこで初期化される」という実装ケースです。

```objc
+ (id)sharedManager {

    static id instance = nil;

    static dispatch_once_t onceToken;
    dispatch_once(&onceToken, ^{

        instance = [[self alloc] init];
        [instance initInstance];
    });

    return instance;
}

- (void)initInstance {

    self.centralManager = [[CBCentralManager alloc] initWithDelegate:self
                                                               queue:nil
                                                             options:nil];

    // （他の初期化処理）
}
```

このケースで問題が起こりやすいのは、「**初めて参照される**」タイミングが、**スキャン実行時**、という場合が多いためです。この場合、セントラルマネージャが`CBCentral ManagerStatePoweredOn`にならないうちにスキャンが実行され、失敗します。

こういった実装ケースでは、アプリ起動時などのタイミングでいったん初期化が実行されるようにシングルトンクラスに一度アクセスしておくといった対策が考えられます（もちろん前述の`centralManagerDidUpdateState:`で状態を見る手法も有効です）。

1発でバシッとつながるようになるのはユーザー体験の改善効果としても大きく、修正も簡単なので、ぜひいま一度のご確認をおすすめします。

◎ **関連項目**

- 4-1. 周辺のBLEデバイスを検索する

≫ サービスを指定している場合、そのサービスをペリフェラル側でアドバタイズしているか？

セントラル側で`scanForPeripheralsWithServices:options:`の第1引数にサービスのリストを渡している場合に、**ペリフェラル側でそのサービスを提供はしていてもアドバタイズメントデータに入れていないと**、スキャン時に発見できないことになります。

たとえば`scanForPeripheralsWithServices:options:`の第1引数に`nil`を渡してみるとそのペリフェラルが見つかるようになる、といった場合はこのケースに当てはまっている可能性があります（もしくは、単純にサービスUUIDを間違って指定している可能性も）。

◎ **関連項目**

- 5-3. サービスをアドバタイズする
- 6-1-2. 特定のサービスを指定してスキャンする
- 6-2-1. 必要なサービスのみ探索する

トラブル2: 接続に失敗する

≫ 発見した**CBPeripheral**の参照を保持しているか？

　Core Bluetoothに慣れていないと忘れがちなのが、**スキャンにより発見したCBPeripheralオ**
ブジェクトを、strongのプロパティなり配列に格納するなりして参照を保持しないと解放され
てしまう可能性がある、という点です。

　centralManager:didDisconnectPeripheral:error:の引数に入ってくるCBPeripheral
オブジェクトは、必要であれば（接続したりするのであれば）きちんとその参照を保持する必
要があります。

```
- (void)   centralManager:(CBCentralManager *)central
    didDiscoverPeripheral:(CBPeripheral *)peripheral
        advertisementData:(NSDictionary *)advertisementData
                     RSSI:(NSNumber *)RSSI
{
    // strong属性のプロパティにセット
    self.peripheral = peripheral;

    // 接続開始
    [self.centralManager connectPeripheral:peripheral
                                   options:nil];
}
```

　これを怠ると、connectPeripheral:options:をコールしても失敗するとか、**デリゲート**
メソッドが呼ばれない、といった事態を引き起こします。

　ただし、上述の参照の持ち方をした場合、**周囲に発見可能なBLE機器が複数ある場合にバグ**
を誘発する可能性があります。

　最初のペリフェラルAが検出され、プロパティに保持し、接続しようとしている間に次のペ
リフェラルBが見つかった場合に、ペリフェラルBのオブジェクトがプロパティにセットされ

393

るので、ペリフェラルAのオブジェクトが解放されてしまうためです。

そういったことが起こりうる場合は、配列としてプロパティに保持するようにします。

```objc
- (void)   centralManager:(CBCentralManager *)central
    didDiscoverPeripheral:(CBPeripheral *)peripheral
        advertisementData:(NSDictionary *)advertisementData RSSI:(NSNumber *)RSSI
{
    // strong属性の配列 (NSMutableArray) に保持
    if (![self.peripherals containsObject:peripheral]) {

        [self.peripherals addObject:peripheral];
    }

    // 接続開始
    [central connectPeripheral:peripheral options:nil];
}
```

◎ **関連項目**

• 4-2. BLEデバイスに接続する

トラブル 3: サービスまたは キャラクタリスティックが見つからない

≫ UUID が間違っていないか？

discoverServices:、discoverCharacteristics:forService:で検索対象のサービス／キャラクタリスティックのCBUUIDオブジェクト（の配列）を渡しているのであれば、いったん確認のためnilを渡してみます。

```
[peripheral discoverServices:nil];
```

```
[peripheral discoverCharacteristics:nil forService:service];
```

これで見つかるようなら、渡してるUUIDが間違っている、と考えられます。

◎ 関連項目

- 4-3. 接続したBLEデバイスのサービス・キャラクタリスティックを探索する
- 6-2-1. 必要なサービスのみ探索する
- 6-2-2. 必要なキャラクタリスティックのみ探索する

≫ ペリフェラル側で GATT を変更したのではないか？

iOSではGATTの内容をキャッシュするため、**開発途中でペリフェラル側でGATTを変更した場合、そのまま再接続しても、その変更は反映されません**（ペリフェラルが提供するサービスやキャラクタリスティックが以前のまま）。

BLEでiOSと連携する新規ハードウェア開発をしていると「独自に定義したGATTの仕様を開発途中に変更する」というのはよくあることなので、このトラブルは非常によく起こり得ます。

395

この問題のもっとも手っ取り早い解決方法は、**iOS の「設定」から Bluetooth を Off / On する**、という方法です。これで GATT のキャッシュがクリアされます。

たったこれだけのことで解決するのですが、このトラブルの怖い点は、「GATT はキャッシュされる」という挙動を知らないと、

- BLE の接続状態を疑う
- Central / Peripheral 間での UUID の食い違いを疑う

など、無駄なデバッグ作業をしてしまいかねない点です。

また、プロダクト.リリース後に GATT を変更する必要がある場合に、前述の iOS の Bluetooth を off/on する方法をエンドユーザーに行ってもらうのはユーザビリティの観点から好ましくありません。ユーザーにとって不可解な操作ですし、アラートなどで促しても読んでもらえない・実行してもらえない可能性が大いにあります。

そこで、**GATT サービスの変更をセントラルに知らせるためのサービス「Service Changed」**[※1] を**利用する方法**があります。実装方法の詳細は「8-8. サービスの変更を検知する」をご参照ください。また仕様の詳細は「3-10-3. GATT による Service Changed、Characteristic」で解説しています。

◎ **関連項目**

- 8-8. サービスの変更を検知する

≫ CBPeripheral の delegate をセットしているか？

これはハマりどころというより単純ミスですが、「discoverServices しても peripheral: didDiscoverServices: が呼ばれない」という場合には一度確認してみると良いかもしれません。

※1　Bluetooth SIG によって承認された承認済みサービスの1つ。
https://developer.bluetooth.org/gatt/characteristics/Pages/CharacteristicViewer.aspx?u=org.bluetooth.characteristic.gatt.service_changed.xml

```
- (void)  centralManager:(CBCentralManager *)central
   didConnectPeripheral:(CBPeripheral *)peripheral
{
    // サービス探索開始前に必ずdelegateをセットする
    peripheral.delegate = self;
    [peripheral discoverServices:nil];
}
```

◎ 関連項目

• 4-3. 接続したBLEデバイスのサービス・キャラクタリスティックを探索する

≫ ペリフェラル側でのサービス追加タイミングは正しいか？

CBPeripheralManager の state が CBPeripheralManagerStatePoweredOn に な る 前 に addService: しても、サービスは追加されません。

この場合、**デリゲートメソッドperipheralManager:didAddService:error: も呼ばれず、つまりエラーも出ない**ため、知らないと気づきづらいハマりどころです。

◎ 関連項目

• 5-2. サービスを追加する

トラブル4: Write で失敗する

≫ CBCharacteristicWriteType を間違って指定していないか？

writeValue:forCharacteristic:type: の第3引数に指定する CBCharacteristicWriteType（レスポンスありの場合は CBCharacteristicWriteWithResponse、なしの場合は CBCharacteristicWriteWithoutResponse）は、**GATT の当該キャラクタリスティックのプロパティ設定と合ってないとエラー**になります。

たとえば、アプリ側では「確認のためレスポンスが欲しい」という動機で次のように WriteWithResponse を指定したくなる場合もあるかもしれませんが、

```
[self.peripheral writeValue:data
        forCharacteristic:self.characteristic
                    type:CBCharacteristicWriteWithResponse];
```

これでペリフェラル側で当該キャラクタリスティックを WriteWithoutResponse として定義していると、Write に失敗します。

◎**関連項目**

- 4-5. 接続した BLE デバイスへデータを書き込む（Write）

トラブル5: キャラクタリスティックの値がおかしい

≫ Write のデリゲートメソッドの引数に入ってくるキャラクタリスティックの値を見ていないか？

　セントラルから Write し、成功（失敗）すると CBPeripheralDelegate プロトコルのデリゲートメソッド peripheral:didWriteValueForCharacteristic:error: が呼ばれますが、この第2引数に入ってくる **CBCharacteristic** オブジェクトの **value** プロパティには書き込み後の値が反映されていません。

```
- (void)             peripheral:(CBPeripheral *)peripheral
    didWriteValueForCharacteristic:(CBCharacteristic *)characteristic
                         error:(NSError *)error
{
    // ※ このキャラクタリスティックの値には実はまだ更新が反映されていない
    self.valueLabel.text = [NSString stringWithFormat:@"value: %@",
characteristic.value];
}
```

　書き込み後の値を取得したければ、**セントラル側から改めて Read** するか、

```
[self.peripheral readValueForCharacteristic:self.characteristic];
```

もしくは**セントラル側でNotifyを開始**しておいて、

```
[self.peripheral setNotifyValue:YES
            forCharacteristic:self.characteristic];
```

ペリフェラル側でWriteリクエストを処理した後に通知を発行するようにします。

```
// Writeリクエスト受信時に呼ばれる
- (void)  peripheralManager:(CBPeripheralManager *)peripheral
    didReceiveWriteRequests:(NSArray *)requests
{
    for (CBATTRequest *aRequest in requests) {

        if ([aRequest.characteristic.UUID isEqual:self.characteristic.UUID]) {

            // CBCharacteristicのvalueに、CBATTRequestのvalueをセット
            self.characteristic.value = aRequest.value;
        }
    }

    // リクエストに応答
    [self.peripheralManager respondToRequest:requests[0]
                             withResult:CBATTErrorSuccess];

    // 更新を通知する
    [self.peripheralManager updateValue:self.characteristic.value
                forCharacteristic:self.characteristic
             onSubscribedCentrals:nil];
}
```

◎**関連項目**

- 4-5. 接続したBLEデバイスへデータを書き込む（Write）
- 5-5. セントラルからのWriteリクエストに応答する

≫ ペリフェラルからデータ更新通知を発行（Notify）する前に値の更新を行っているか？

ペリフェラル側でキャラクタリスティックの値を更新する際に、updateValue:forCharacteristic:onSubscribedCentrals:を呼ぶだけだと、次のような挙動になります。

- セントラル側のperipheral:didUpdateValueForCharacteristic:error:の第2引数に入ってくるCBCharacteristicオブジェクトのvalueには更新後の値が入っている
- **ペリフェラル側でプロパティに保持しているCBCharacteristicオブジェクトのvalueは更新されていない**

たとえば、ここで改めてセントラルからReadしてみると、返ってくるキャラクタリスティックは、古い値が入ったままになっています。

こうならないよう、**直接CBCharacteristicオブジェクトのvalueプロパティに値をセットし更新を行ってから、更新を通知する**ようにします。

```
// 値を更新
self.characteristic.value = data;

// 更新を通知
[self.peripheralManager updateValue:data
                  forCharacteristic:self.characteristic
               onSubscribedCentrals:nil];
```

◎ 関連項目

- 4-6. 接続したBLEデバイスからデータの更新通知を受け取る（Notify）
- 5-6. セントラルへデータの更新を通知する（Notify）

401

11. ハマりどころ 逆引き辞典

トラブル 6: バックグラウンドでの
スキャンが動作しない

≫ サービスを指定しているか？

　バックグラウンドでのスキャン時は、scanForPeripheralsWithServices:options:の第
1引数に**スキャン対象とするサービスを1つ以上渡す必要**があります。

```
// バックグラウンドでこのようにスキャン開始しても動作しない
[self.centralManager scanForPeripheralsWithServices:nil
                                            options:nil];
```

◎ **関連項目**
- 7-2-3. バックグラウンドにおける制約（セントラル）

≫ 相手のペリフェラルがバックグラウンドで動作していないか？

　Core Bluetoothのペリフェラルがバックグラウンドで動作している場合、アドバタイズメ
ントデータのキーCBAdvertisementDataServiceUUIDsKeyに指定されるサービスUUIDは、
「オーバーフロー領域」に入れられます。

　このオーバーフロー領域にあるサービスUUIDは、セントラルがフォアグラウンドで動作し
ている場合は、スキャン開始時に明示的にそのサービスUUIDを指定することで取得可能とな
りますが、バックグラウンドで動作しているセントラルからは取得することができません。

402

トラブル6: バックグラウンドでのスキャンが動作しない

◎ 関連項目

- 7-2-4. バックグラウンドにおける制約（ペリフェラル）
- 8-4-2. アドバタイズメントデータの制約

≫ バックグラウンドでのスキャン間隔は長くなることを考慮しているか？

　フォアグラウンドのときと比べ、**バックグラウンドでのスキャンは間隔が長く**なります。そのため、ペリフェラルの検出までにもう少し待つ必要があるかもしれません。

◎ 関連項目

- 7-2-3. バックグラウンドにおける制約（セントラル）

11. ハマりどころ 逆引き辞典

トラブル7: バックグラウンドのペリフェラルが見つからない

≫ ローカルネームで判定しようとしていないか？

Core Bluetooth のペリフェラルは、バックグラウンドではローカルネームをアドバタイズしないとされています。

そのため、下記コードのように、セントラル側で目的のペリフェラルを絞り込もうとしていると、ペリフェラルがバックグラウンド実行モードで動作している場合に判定から漏れてしまう可能性があります。

```
- (void)  centralManager:(CBCentralManager *)central
    didDiscoverPeripheral:(CBPeripheral *)peripheral
        advertisementData:(NSDictionary *)advertisementData RSSI:(NSNumber *)RSSI
{
    NSString *localName = advertisementData[CBAdvertisementDataLocalNameKey];

    if ([localName isEqualToString:kLocalName]) {

        self.targetPeripheral = peripheral;

        [central connectPeripheral:peripheral options:nil];
    }
}
```

◎ 関連項目

• 7-2-4. バックグラウンドにおける制約（ペリフェラル）

≫ セントラルもバックグラウンドでスキャンしていないか？

「トラブル6: バックグラウンドでのスキャンが動作しない→ 相手のペリフェラルがバックグ

ラウンドで動作していないか？」をご参照ください。

≫ サービスUUIDを指定せずスキャンしていないか？

　Core Bluetoothのペリフェラルがバックグラウンドで動作している場合、アドバタイズメントデータのキー CBAdvertisementDataServiceUUIDsKey に指定されるサービスUUIDは、「オーバーフロー領域」に入れられます。

　この**オーバーフロー領域にあるサービスUUIDは、セントラル側でスキャン開始する際に、そのUUIDを明示的に指定しないと取得できません。**

```
[self.centralManager scanForPeripheralsWithServices:serviceUUIDs
                                            options:nil];
```

◎ 関連項目

- 6-1-2. 特定のサービスを指定してスキャンする
- 7-2-4. バックグラウンドにおける制約（ペリフェラル）

≫ バックグラウンドでのアドバタイズ頻度は落ちることを考慮しているか？

　フォアグラウンドのときと比べ、**バックグラウンドではアドバタイズの頻度が落ちる**可能性があります。そのため、ペリフェラルの検出までにもう少し待つ必要があるかもしれません。

◎ 関連項目

- 7-2-4. バックグラウンドにおける制約（ペリフェラル）

トラブル 8: セントラルの 「状態の保存と復元」に失敗する

≫ CBPeripheral の delegate をセットしているか？

　セントラルの復元において、「接続を試みていた、あるいはすでに接続していたペリフェラル」は復元されますが、その CBPeriphral オブジェクトの delegate プロパティで保持していた参照は復元されません。必要に応じて、あらためてセットし直します。

```
- (void)centralManager:(CBCentralManager *)central
    willRestoreState:(NSDictionary *)dict
{
    // 復元された、接続を試みている、あるいは接続済みのペリフェラル
    NSArray *peripherals = dict[CBCentralManagerRestoredStatePeripheralsKey];

    // 接続済みであればプロパティにセットしなおし、delegateをセットしなおす
    for (CBPeripheral *aPeripheral in peripherals) {

        if (aPeripheral.state == CBPeripheralStateConnected) {

            // プロパティにセットしなおす
            self.peripheral = aPeripheral;

            // delegateをセットしなおす
            self.peripheral.delegate = self;
        }
    }
}
```

≫ 処理に必要な各種プロパティはセットしているか？

　システムがアプリケーションを起動してバックグラウンド状態にする際に行われる処理、たとえばUIApplicationDelegate の application:didFinishLaunchingWithOptions: や、イニシャルビューコントローラのviewDidLoad などは**復元時に実行される**ので、そこでのオブジェクトの生成・初期化やプロパティへのセットも復元時に実行されることになります。

　しかし、**それ以外のプロパティには、必要に応じて復元時に元に戻す（値をセットし直す）処理を明示的に行う**必要があります。

```objc
- (void)centralManager:(CBCentralManager *)central
      willRestoreState:(NSDictionary *)dict
{
    // 復元された、接続を試みている、あるいは接続済みのペリフェラル
    NSArray *peripherals = dict[CBCentralManagerRestoredStatePeripheralsKey];

    // 接続済みであればプロパティにセットしなおし、delegateをセットしなおす
    for (CBPeripheral *aPeripheral in peripherals) {

        if (aPeripheral.state == CBPeripheralStateConnected) {

            // プロパティにセットしなおす
            self.peripheral = aPeripheral;

            // delegateをセットしなおす
            self.peripheral.delegate = self;
        }
    }
}
```

トラブル9:ペリフェラルの「状態の保存と復元」に失敗する

≫ 復元時にサービスを二重登録していないか？

すでに登録済みのサービスをさらに**CBPeripheralManager**の**addService:**メソッドで登録しようとすると、実行時にエラーになります。

これが「状態の保存と復元」において問題となるのは、たとえば次のように「ペリフェラルマネージャの状態がCBPeripheralManagerStatePoweredOnになったらサービス登録を行う」ように実装してあるケースです。

```objc
// 復元時にサービスの二重登録となりうるためNG
- (void)peripheralManagerDidUpdateState:(CBPeripheralManager *)peripheral {

    switch (peripheral.state) {
        case CBPeripheralManagerStatePoweredOn:

            // サービス登録
            [self.peripheralManager addService:self.service];

            break;

        default:
            break;
    }
}
```

ペリフェラルマネージャ復元時にもCBPeripheralManagerStateUnknownからCBPeripheralManagerStatePoweredOnへ変化する際にここを通るわけですが、その場合は**登録されていたサービスも復元されている**ので、**二重登録エラー**になり、**以後システムによる復元も行われな**くなってしまいます。

そうならないよう、たとえば何らかの方法で復元時かどうかを判定しサービス登録処理をス

トラブル9: ペリフェラルの「状態の保存と復元」に失敗する

キップするなどの対策を講じてください。

```objc
- (void)peripheralManagerDidUpdateState:(CBPeripheralManager *)peripheral {

    switch (peripheral.state) {
        case CBPeripheralManagerStatePoweredOn:

            // 既にプロパティにオブジェクトがセットされていれば、復元により再度
            // ペリフェラルマネージャが初期化されたものと判断し、サービス登録をスキップ
            if (!self.characteristic) {

                // サービス登録
                [self.peripheralManager addService:self.service];
            }

            break;

        default:
            break;
    }
}
```

≫ 処理に必要な各種プロパティはセットしているか？

　システムがアプリケーションを起動してバックグラウンド状態にする際に行われる処理、たとえば UIApplicationDelegate の application:didFinishLaunchingWithOptions: や、イニシャルビューコントローラの viewDidLoad 等は**復元時に実行される**ので、そこでのオブジェクトを生成・初期化やプロパティへのセットも復元時に実行されることになります。

　しかし、**それ以外のプロパティには、必要に応じて復元時に元に戻す（値をセットし直す）処理を明示的に行う**必要があります。

409

```objc
- (void)peripheralManager:(CBPeripheralManager *)peripheral
        willRestoreState:(NSDictionary *)dict
{
    // 復元された登録済みサービス
    NSArray *services = dict[CBPeripheralManagerRestoredStateServicesKey];

    // キャラクタリスティックをプロパティにセットしなおす
    for (CBService *aService in services) {

        NSArray *characteristics = aService.characteristics;
        for (CBMutableCharacteristic *aCharacteristic in characteristics) {

            if ([aCharacteristic.UUID isEqual:self.characteristicUUID]) {

                self.characteristic = aCharacteristic;
            }
        }
    }
}
```

トラブル10: iBeaconが見つからない

≫ 位置情報取得の許可を得ているか？

iOS 8より、位置情報取得の許可を得る方法が変わりました。そのため、「iOS 7時代からあるコードを久しぶりにビルドしてみると、ビーコン検出ができない」というような事態になる可能性があります。

Info.plistにNSLocationWhenInUseUsageDescriptionキーもしくはNSLocationAlwaysUsageDescriptionを設定し、requestWhenInUseAuthorizationもしくはrequestAlwaysAuthorizationメソッドでユーザーの許可をリクエストします。

```objc
- (void)locationManager:(CLLocationManager *)manager didChangeAuthorizationStatus:(CLAuthorizationStatus)status {

    switch (status) {
        case kCLAuthorizationStatusNotDetermined:
        {
            if ([self.locationManager respondsToSelector:@selector(requestWhenInUseAuthorization)]) {
                [self.locationManager requestWhenInUseAuthorization];
            }
            break;
        }
        case kCLAuthorizationStatusAuthorizedWhenInUse:
        case kCLAuthorizationStatusAuthorizedAlways:
            // 認証OK
            break;

        default:
            break;
    }
}
```

411

≫ 他のアプリからは検出できるか？

iOS の LightBlue や Mac の Bluetooth Explorer でスキャンして検出されるか確認してみましょう。

検出されなければ、アドバタイズメントパケットを拾えない、ということなので、

- アドバタイズ開始処理に失敗している
- アドバタイズが停止している
- バッテリーが切れている

といったあたりを疑ってみます。

◎ 関連項目

- 10-2. 開発に便利な iOS アプリ「LightBlue」
- 10-3. Apple 製開発用ツール「Bluetooth Explorer」

≫ アドバタイズメントパケットは正しいか？

Mac の Bluetooth Explorer および Packet Logger でアドバタイズメントパケットの内容を見て、パケットのフォーマットが正しいかを確認しましょう。

iBeacon のビーコン側のアドバタイズメントパケットのフォーマットについての詳細は「9-2-2. iBeacon のアドバタイズメントパケット」をご参照ください。

◎ 関連項目

- 10-3. Apple 製開発用ツール「Bluetooth Explorer」
- 10-4.「PacketLogger」で BLE のパケットを見る
- 9-2-2. iBeacon のアドバタイズメントパケット

≫ アドバタイズ周期は適切か？

ビーコン本体のアドバタイズ周期が長すぎると検出されにくくなります。

市販のビーコンにはアドバタイズ周期を変更できるようになっているものもあるので、検出

されにくいと思ったらこの値を変えてみるのも手です。

　ただし、**アドバタイズ周期を短く（頻繁に）すると検出されやすくなる代わりにバッテリーの寿命が短く**なってしまうというトレードオフがあるので、提供しようとするサービスの性質に応じて（例：検出されやすさが最優先なのか、バッテリー交換なく長く放置できることが重要なのか）適切に設定しましょう。

◎ **関連項目**

- 9-2-1. ビーコン ＝ アドバタイズ専用デバイス

≫ 電波強度は適切か？

　ビーコンにより近づけば検出できるとすると、電波強度が足りず、期待する範囲まで電波が届いていない、ということが考えられます。

　市販のビーコンには電波強度が変更できるようになっているものもあるので、必要に応じて変更してみましょう。ただし電波強度を上げると当然電力消費も大きくなる点にはご注意ください。

　また逆に、「期待している範囲より遠くで検出できてしまう」「領域が重なってしまう」といった場合には、「電波強度を下げる」という手段をとることもできます。

◎ **関連項目**

- 9-2-1. ビーコン ＝ アドバタイズ専用デバイス

413

Part2. iOSプログラミング編 | 12章

BLEを使用する iOSアプリレシピ集

これまでの章では、何らかのAPIや機能を説明するための単機能サンプルを提示してきましたが、ここではそれらの機能を横断的に扱うアプリのレシピを提示し、その実装のポイントを解説します。4つのレシピはiOS×BLEの分野において人気のある題材を集めつつ、本書の内容がまんべんなく復習できるような内容にしてあります。

（堤修一）

12. BLEを使用するiOSアプリレシピ集

レシピ1: 心拍数モニタアプリ

心拍数を外部デバイスで計測し、iOS側でモニタリング、データ管理するアプリはBLEを使用するガジェット・アプリの中でもポピュラーな分野の1つです。

心拍数モニタリングは、「製品として人気がある」という以外にも、**心拍センサデバイスに接続し、データを収集するためのBluetooth SIGによる承認済みのプロファイル**がすでに存在する、という点でも、最初に挑戦するレシピとしておすすめです。

標準プロファイルがすでに存在すると、

- 自分でGATTを定義するところからやらなくてもよい
- 手元に対応デバイスがなくても、自分でペリフェラルを実装しなくても、簡単な方法で代用できる
- LightBlueなどのアプリでは、ペリフェラルとしてふるまう機能の中で標準プロファイルをひととおりサポートしている

といった理由から、開発の敷居がグッと下がります。

というわけで、最初のレシピとしてここでは

- 心拍センサデバイスと接続し、心拍情報を受け取る
- 心拍情報を可視化する

図12-1 「HeartRateMonitor」サンプル

といった機能を持つ図12-1のようなアプリを作成します。心拍センサデバイスから取得したBPM（beats per minites）の数値を表示し、心臓部分をそのBPMでアニメーションさせます。[※2]

[※1] LightBlueの仮想ペリフェラル機能の使い方は、「10-2. 開発に便利なiOSアプリ『LightBlue』」で解説しています。

[※2] 本サンプルはAppleのMac OS X向けサンプルコード「Heart Rate Monitor」をベースにしています。

416

用意するデバイス

本レシピでは、iOS デバイスを 2 台使用します。

セントラル用 iOS デバイス

本レシピで実装手順を説明する iOS アプリをインストールするための iOS デバイスです。

ペリフェラル用 iOS デバイス

本レシピでは、実際の心拍センサデバイスの代用として、iOS デバイスを使用します。とはいってもペリフェラル側のアプリの実装は不要です。LightBlue という App Store より無料でダウンロードできるアプリを使用します。[3] 使用手順は後述します。

手順 1: スキャン〜 Notify 開始

まず、BLE のセントラル側としての基本的な機能である、ペリフェラルデバイスを発見して接続し、データの取得を行うところまでを実装しましょう。

このあたりの解説は、4 章・6 章にあるので、ここではポイントのみにとどめます（関連ページは本節の最後にまとめてあります）。

定数宣言

HeartRate のサービス「Heart Rate Servie」の UUID と、心拍情報が入ってくるキャラクタリスティック「Heart Rate Measurement Characteristic」の UUID を定数として定義しておきます。

```
NSString * const kServiceUUIDHeartRate = @"0x180D";
NSString * const kCharacteristicUUIDHeartRateMeasurement = @"0x2A37";
```

前述のとおり、これらはすでに定義・承認されたものなので、Bluetooth の Developer Portal でこの UUID を含め詳細仕様を確認することができます。[4]

※3 　関連：「10-2. 開発に便利な iOS アプリ『LightBlue』」

※4 　https://developer.bluetooth.org/gatt/profiles/Pages/ProfileViewer.aspx?u=org.bluetooth.profile.heart_rate.xml

Heart RateサービスとHeart Rate Measurementキャラクタリスティックの関係を図示すると、図12-2のようになります。

プロトコル準拠、プロパティの定義

CBCentralManagerDelegate、CBPeripheralDelegateプロトコルへの準拠を宣言しておき、また各種オブジェクトを保持するためのプロパティを定義しておきます。

図 12-2　Heart RateサービスとHeart Rate Measurementキャラクタリスティックの関係

```
@interface ViewController () <CBCentralManagerDelegate, CBPeripheralDelegate>

// セントラルマネージャ
@property (nonatomic, strong) CBCentralManager *centralManager;

// ペリフェラル（心拍センサデバイス）
@property (nonatomic, strong) CBPeripheral *peripheral;

// HeartRateサービス
@property (nonatomic, strong) CBUUID *serviceUUID;

// HeartRateMeasurementキャラクタリスティック
@property (nonatomic, strong) CBUUID *characteristicUUID;

@end
```

それぞれのプロパティが何を保持するためのものかは、上記コメントの通りです。

ペリフェラルのオブジェクトをプロパティに保持しておく必要がある理由については、「4-2. BLEデバイスに接続する」でも簡単に説明していますが、それをしないとどういったトラブルがあるかは、「11. ハマりどころ逆引き辞典 - トラブル 2: 接続に失敗する」も併せてご参照ください。

セントラルマネージャ、UUIDオブジェクトの初期化

セントラルマネージャ、各UUIDのオブジェクトを作成しておきます。「HeartRateMonitor」

レシピ1: 心拍数モニタアプリ

サンプルではこれらを下記のように viewDidLoad で行っています。

```
- (void)viewDidLoad {
    [super viewDidLoad];

    self.centralManager = [[CBCentralManager alloc] initWithDelegate:self
                                                               queue:nil];

    self.serviceUUID = [CBUUID UUIDWithString:kServiceUUIDHeartRate];
    self.characteristicUUID =
    [CBUUID UUIDWithString:kCharacteristicUUIDHeartRateMeasurement];
}
```

CBCentralManagerDelegate プロトコルの実装

CBCentralManagerDelegate プロトコルの各種デリゲートメソッドを実装します。

```
// セントラルマネージャの状態が変化すると呼ばれる
- (void)centralManagerDidUpdateState:(CBCentralManager *)central {

    switch (central.state) {

        case CBCentralManagerStatePoweredOn:
        {
            // スキャン開始
            NSArray *services = @[self.serviceUUID];
            [self.centralManager scanForPeripheralsWithServices:services
                                                        options:nil];

            break;
        }
        default:
            break;
```

419

```
        }
}


// ペリフェラルを発見すると呼ばれる
- (void)    centralManager:(CBCentralManager *)central
    didDiscoverPeripheral:(CBPeripheral *)peripheral
        advertisementData:(NSDictionary *)advertisementData RSSI:(NSNumber *)RSSI
{
    self.peripheral = peripheral;

    // スキャン停止
    [self.centralManager stopScan];

    // 接続開始
    [central connectPeripheral:peripheral options:nil];
}


// 接続成功すると呼ばれる
- (void)    centralManager:(CBCentralManager *)central
    didConnectPeripheral:(CBPeripheral *)peripheral
{
    self.peripheral.delegate = self;

    // サービス探索開始
    [self.peripheral discoverServices:@[self.serviceUUID]];
}
```

慣れないうちは複雑に見えるかもしれませんが、やっていることを整理すると、

- セントラルマネージャのステータスがPoweredOnになったらスキャン開始
- ペリフェラルが見つかったら、接続開始
- 接続成功したら、サービス探索開始

と非常にシンプルです。

CBPeripheralDelegate プロトコルの実装

CBPeripheralDelegate プロトコルの各種デリゲートメソッドを実装します。

レシピ1: 心拍数モニタアプリ

```objc
// サービス発見時に呼ばれる
- (void)        peripheral:(CBPeripheral *)peripheral
   didDiscoverServices:(NSError *)error
{
    // （エラー処理のコードは省略）

    // キャラクタリスティック探索開始
    [peripheral discoverCharacteristics:@[self.characteristicUUID]
                             forService:[peripheral.services firstObject]];
}

// キャラクタリスティック発見時に呼ばれる
- (void)                          peripheral:(CBPeripheral *)peripheral
   didDiscoverCharacteristicsForService:(CBService *)service
                                  error:(NSError *)error
{
    // （エラー処理のコードは省略）

    // Notifyを開始する
    [peripheral setNotifyValue:YES
             forCharacteristic:[service.characteristics firstObject]];
}
// データ更新時に呼ばれる
- (void)                    peripheral:(CBPeripheral *)peripheral
   didUpdateValueForCharacteristic:(CBCharacteristic *)characteristic
                             error:(NSError *)error
{
    // （エラー処理のコードは省略）

    // データを処理する
    [self updateWithData:characteristic.value];
}
```

こちらも慣れないうちは一見すると複雑に見えても、やっていることは

- サービスが見つかったら、キャラクタリスティック探索開始
- キャラクタリスティックが見つかったら、データ更新通知（Notify）の受け取り開始
- データ更新されたらそのデータを処理

と非常にシンプルです。

ここでデータ処理時に呼んでいる`updateWithData:`メソッドは、次の手順で実装します。

421

手順 2: 心拍データを処理し、表示する

　次の表は、Bluetooth Developer Portalにある Heart Rate Measurement キャラクタリスティックの仕様[※5] から関連項目を抜粋し、整理しなおしたものです。

Names	Field Requirement	Format	Additional Information
Flags	Mandatory	8bit	※別表1（表12-2）
Heart Rate Measurement Value (uint8)	C1	uint8	None
Heart Rate Measurement Value (uint16)	C2	uint16	None

表12-1　Heart Rate Measurement キャラクタリスティックの Value Fields（抜粋）

Bit	Size	Name	Definition
0	1	Heart Rate Value Format bit	※別表2（表12-3）

表12-2　別表1

Key	Value	Requires
0	Heart Rate Value Format is set to UINT8. Units: beats per minute (bpm)	C1
1	Heart Rate Value Format is set to UINT16. Units: beats per minute (bpm)	C2

表12-3　別表2

　これを見ると、キャラクタリスティックの value 先頭の 8 ビットは "**Flags**" と呼ばれ、さらにその先頭ビット "**Heart Rate Value Format bit**" が 0 の場合、2 バイト目以降の 1 バイトが心拍の BPM を表し、"**Heart Rate Value Format bit**" が 1 の場合、2 バイト目以降の 2 バイトが心拍値を表すことがわかります。

　すなわち、次のようにすると Heart Rate Measurement キャラクタリスティックから心拍の BPM を取得できます。

[※5]　https://developer.bluetooth.org/gatt/characteristics/Pages/CharacteristicViewer.aspx?u=org.bluetooth.characteristic.heart_rate_measurement.xml

```
const uint8_t *reportData = [data bytes];
uint16_t bpm = 0;

// 先頭バイトの1ビット目で心拍データフォーマットを判別する
if ((reportData[0] & 0x01) == 0) {

    // uint8
    bpm = reportData[1];
}
else {

    // uint16
    bpm = CFSwapInt16LittleToHost(*(uint16_t *)(&reportData[1]));
}
```

心拍データ処理メソッドを実装する

取得したBPMを保持するメンバ変数と、心臓画像のUIImageView・BPMの数値表示用の
UILabelのアウトレットを定義を追加し、

```
{
    uint16_t currentHeartRate;
}
@property (nonatomic, weak) IBOutlet UIImageView *heartImageView;
@property (nonatomic, weak) IBOutlet UILabel *bpmLabel;
```

手順1でdidUpdateValueForCharacteristic:error:で呼ぶようにしたデータ処理メソッド
updateWithData:を次のように実装します。

12. BLEを使用するiOSアプリレシピ集

```objc
- (void)updateWithData:(NSData *)data {

    const uint8_t *reportData = [data bytes];
    uint16_t bpm = 0;

    // 先頭バイトの1ビット目で心拍データフォーマットを判別する
    if ((reportData[0] & 0x01) == 0) {

        // uint8 bpm
        bpm = reportData[1];
    }
    else {

        // uint16 bpm
        bpm = CFSwapInt16LittleToHost(*(uint16_t *)(&reportData[1]));
    }

    uint16_t oldBpm = currentHeartRate;
    currentHeartRate = bpm;

    // ラベルに数値表示
    self.bpmLabel.text = [NSString stringWithFormat:@"%u", currentHeartRate];

    // 心臓のアニメーション開始
    if (oldBpm == 0) {

        [self pulse];
    }
}
```

　処理の最後に呼んでいるpulseは、というメソッドは、取得したBPMに合わせて心臓が鼓動しているようにアニメーションさせるメソッドです。本書の範疇から外れてしまうので紙面上ではコードを割愛しますが、CABasicAnimationのキーパスアニメーションを用いて拡大・縮小するアニメーションを実現しています。

試してみる

サンプル	HeartRateMonitor

　iOSデバイスを2台用意します。

424

図12-3 「HeartRateMonitor」を試す際の機器構成

①まず、ペリフェラル側として、もう1台のiOSデバイスを用意し、LightBlueを起動します。
②トップ画面の右上にある「＋」ボタンをタップすると、仮想ペリフェラルとして選択できるプロファイルのリストが表示されるので、この中から「Heart Rate」を選択します。トップ画面の「Virtual Peripherals」セクションに「Heart Rate」セルが追加され、左端にチェックマークがついていればペリフェラル側の準備完了です。
③もう1台のiOSデバイスで、実装したサンプル「HeartRateMonitor」を起動すると、自動的にスキャンが開始されます。

　接続、サービス／キャラクタリスティックの取得等の諸々の処理が成功すると、LightBlueが送ってきている心拍データの数値が表示され、心臓部分がそのBPMでアニメーションするようになります。

◎ 関連項目

- 4-1. 周辺のBLEデバイスを検索する
- 4-2. BLEデバイスに接続する
- 4-6. 接続したBLEデバイスからデータの更新通知を受け取る（Notify）
- 6-1-1. スキャンを明示的に停止する
- 6-1-2. 特定のサービスを指定してスキャンする
- 6-2-1. 必要なサービスのみ探索する
- 6-2-2. 必要なキャラクタリスティックのみ探索する
- 10-2. 開発に便利なiOSアプリ「LightBlue」

レシピ 2: 活動量計デバイスとアプリ

　Jawboneの「UP」、Fitbitの「Fitbit One」、Nikeの「Nike+ FuelBand SE」のように、歩数や移動距離、消費カロリーなどさまざまな「活動量」を計測してくれるデバイス・アプリを、「活動量計」と呼びます。

図12-4　活動量計デバイスの一種、FuelBand

　本レシピでは、上記製品のように、**活動量を計測する機能を持つデバイスと、そのデータを受け取り表示するアプリを作成**してみます。
　セントラル側のCore Bluetooth周りの実装は「レシピ1: 心拍数モニタ」とほとんど同じなのですが、本レシピはレシピ1と大きく違う点が2つあります。

- 独自GATTを定義する
- ペリフェラル側もCore Bluetoothで実装する

の2点です。

　活動量データについては標準プロファイルがないため、独自でGATTのサービス・キャラクタリスティックを定義する必要があります。本レシピに限らず、独自デバイスを開発するプロジェクトでは、多くの場合独自GATTを定義する必要があるので、「活動量データを提供する

サービス・キャラクタリスティックをどのように定義するか」という直感的かつシンプルな事例で考えてみるのは良い練習になると思います。

また、標準プロファイルを使うわけではないということは、「レシピ1：心拍数モニタ」のように、LightBlueなどの既成アプリで代用することができません。かといって、独自デバイスを開発するのは敷居が高すぎます。

そこで、本レシピでは、**iOSの歩数・移動距離などのモーションデータを取得する機能を利用し、iOSデバイスをペリフェラルデバイスとして代用**することにします。[※6] したがって、本レシピでは、ペリフェラル側もCore Bluetoothで実装することになります。

これら2点のポイントを踏まえ、実装手順を見ていきましょう。

用意するデバイス

本レシピでは、iOSデバイスを2台使用します。

セントラル用iOSデバイス

本レシピの「手順2: セントラル側アプリを実装する」で実装手順を説明するiOSアプリをインストールするためのiOSデバイスです。

ペリフェラル用iOSデバイス

本レシピの「手順3: ペリフェラル側アプリを実装する」で実装手順を説明するiOSアプリをインストールするためのiOSデバイスです。

手順1: 独自のGATTを定義する

前述したとおり、歩数・移動距離データのやり取りについては、Bluetooth SIGによってあらかじめ定義されているGATTがないので、独自に定義します。

iOSデバイスからモーション情報を取得する手段はいくつかあるのですが、本レシピではiOS 8より追加されたCMPedometerを使用することにします。CMPedometerは**ユーザーの歩行活**

※6　モーションデータの取得は、M7またはM8コプロセッサを搭載するiOSデバイスでのみ可能です。

動データにアクセスするためのクラスで、得られるデータとして活動量計に求められるものに近いと考えられるからです。

CMPedometerを用いて取得できる歩行活動データはCMPedometerDataクラスで表されます。CMPedometerDataは、次のようなプロパティを持っています。

```
@property(readonly, nonatomic) NSDate *startDate;         // 開始日時
@property(readonly, nonatomic) NSDate *endDate;           // 終了日時
@property(readonly, nonatomic) NSNumber *numberOfSteps;   // 歩数
@property(readonly, nonatomic) NSNumber *distance;        // 距離
@property(readonly, nonatomic) NSNumber *floorsAscended;   // 登った階数
@property(readonly, nonatomic) NSNumber *floorsDescended;  // 降りた階数
```

このデータをBLEを用いてセントラル側に渡すことになるので、**GATTもCMPedometerDataの内容をやり取りできるように定義**します。

シンプルにするため、セントラル側で受け取った時点をそのデータのタイムスタンプとすることにして、startDateとendDateは省略することにします。また、floorsAscendedとfloorsDescendedも取得できるデバイスがかなり限られてしまうため、ここでは省略します。

残るはnumberOfStepsとdistanceですが、それぞれ互いに関連する値なので、セントラル側では同時に受け取ったほうが管理しやすいと考えられます。

というわけで、**1つのキャラクタリスティックで両データを扱う**こととし、次のようにサービス・キャラクタリスティックを定義することにします。

- **Activity サービス**
  - UUID: D85DA530-B707-41AE-B1D3-BA33A9A67DD8
  - 保有するキャラクタリスティック
    - PedometerData

- **Pedometer Data キャラクタリスティック**
  - UUID: 2CE9E5C4-8B42-4567-9547-6F3A21D23F0D
  - プロパティ：Notify
  - パーミッション：読み出し可
  - 値（value）には、**先頭から8バイトに歩数、次の8バイトに距離** を格納する

それぞれのUUIDは、uuidgenコマンドを用いて生成したものです。[※7]

また、1回の通信でやり取りできるキャラクタリスティックの値は一般的に20バイトまでなので（超過するとデータが失われる可能性がある）、Pedometer Dataキャラクタリスティックの値は「先頭から8バイトに歩数、次の8バイトに距離」で合計16バイトとしています。

手順2: セントラル側アプリを実装する

ペリフェラルデバイスからデータを受け取り、グラフ表示するセントラル側のアプリを実装します。

スキャン〜Notify開始までの実装は、「レシピ1: 心拍数モニタアプリ」の「手順1: スキャン〜Notify開始」とほぼ同様の実装内容（違う点はUUIDぐらい）なので、ここでは割愛します。

活動量データを処理するメソッドを実装する

キャラクタリスティックの値が更新されるたびにdidUpdateValueForCharacteristic:error:が呼ばれますが、そこで取得できるキャラクタリスティック値（value）を処理するメソッドを次のように実装します。

```
- (void)updateWithData:(NSData *)data {

    NSData *subdata1 = [data subdataWithRange:NSMakeRange(0, 8)];
    NSData *subdata2 = [data subdataWithRange:NSMakeRange(8, 8)];

    NSUInteger numberOfSteps;
    NSUInteger distance;

    [subdata1 getBytes:&numberOfSteps length:sizeof(numberOfSteps)];
    [subdata2 getBytes:&distance      length:sizeof(distance)];

    // グラフ更新
    [self updateChartWithNumberOfSteps:numberOfSteps distance:distance];
}
```

※7　uuidgenコマンドの使用方法は、10-1で解説しています。

手順1で、Activity Dataキャラクタリスティックの値には「先頭から8バイトに歩数、次の8バイトに距離を格納する」と定義したので、NSDataのsubdataWithRange:メソッドで8バイトずつ取り出し、歩数と距離を取得しています。

また、このメソッドの最後にグラフ描画を行うためのメソッドを呼んでいますが、その実装内容については本書の範疇から外れてしまう（一般的なUIコンポーネントライブラリの使用方法）ため、紙面上では割愛します。本節のサンプル「ActivityMonitorCentral」のソースコードをご参照ください。

手順3: ペリフェラル側アプリを実装する

活動量を計測する外部デバイス側にあたる、ペリフェラルアプリを実装します。

このあたりの解説は5章にあるので、ここではポイントのみにとどめます（関連ページは本節の最後にまとめてあります）。

定数宣言

手順1で定義したサービス・キャラクタリスティックのUUIDと、ペリフェラルのローカルネームを定数として宣言しておきます。

```
NSString * const kLocalName        = @"Activity";
NSString * const kSUUIDActivity     = @"D85DA530-B707-41AE-B1D3-BA33A9A67DD8";
NSString * const kCUUIDActivityData = @"2CE9E5C4-8B42-4567-9547-6F3A21D23F0D";
```

プロトコル準拠、プロパティの定義

CBPeripheralManagerDelegateプロトコルへの準拠を宣言しておき、また各種オブジェクトを保持するためのプロパティを定義しておきます。

```
@interface ViewController () <CBPeripheralManagerDelegate>
@property (nonatomic, strong) CBPeripheralManager *peripheralManager;
@property (nonatomic, strong) CBUUID *serviceUUID;
@property (nonatomic, strong) CBUUID *characteristicUUID;
@property (nonatomic, strong) CBMutableCharacteristic *characteristic;
@end
```

レシピ2: 活動量計デバイスとアプリ

セントラルマネージャ、UUIDオブジェクトの初期化

セントラルマネージャ、各UUIDのオブジェクトを作成しておきます。本サンプルではこれらを下記のようにviewDidLoadで行っています。

```
- (void)viewDidLoad {
    [super viewDidLoad];

    self.peripheralManager = [[CBPeripheralManager alloc] initWithDelegate:self
                                                          queue:nil];

    self.serviceUUID        = [CBUUID UUIDWithString:kSUUIDActivity];
    self.characteristicUUID = [CBUUID UUIDWithString:kCUUIDActivityData];
}
```

Activityサービス登録処理を実装する

手順1で定義した、活動量のデータを提供するためのサービス・キャラクタリスティックを生成し、登録する処理をメソッドとして実装しておきます。

```
- (void)publishService {

    CBMutableService *service =
    [[CBMutableService alloc] initWithType:self.serviceUUID
                                   primary:YES];

    self.characteristic =
    [[CBMutableCharacteristic alloc] initWithType:self.characteristicUUID
                                       properties:CBCharacteristicPropertyNotify
                                            value:nil
                                      permissions:CBAttributePermissionsReadable];

    service.characteristics = @[self.characteristic];

    [self.peripheralManager addService:service];
}
```

CBMutableCharacteristicオブジェクトの初期化メソッドinitWithType:properties:value:permissions:の引数には、手順1で定義したとおり、プロパティはNotifyのみ、パーミッ

431

ションは読み出し可として値を渡します。

アドバタイズ開始処理を実装する

アドバタイズを開始する処理をメソッドとして実装しておきます。

```objc
- (void)startAdvertising {

    // アドバタイズメントデータを作成する
    NSDictionary *advertisementData =
    @{CBAdvertisementDataLocalNameKey: kLocalName,
      CBAdvertisementDataServiceUUIDsKey: @[self.serviceUUID]};

    // アドバタイズ開始
    [self.peripheralManager startAdvertising:advertisementData];
}
```

セントラル側からスキャン時にActivityサービスのUUIDに絞って探索できるよう、CBAdvertisementDataServiceUUIDsKeyの値としてActivityサービスのCBUUIDオブジェクトを渡しています。

CBPeripheralManagerDelegate プロトコルの実装

CBPeripheralManagerDelegateプロトコルの各種デリゲートメソッドを実装します。

```objc
// ペリフェラルマネージャの状態が変化すると呼ばれる
- (void)peripheralManagerDidUpdateState:(CBPeripheralManager *)peripheral {

    switch (peripheral.state) {
        case CBPeripheralManagerStatePoweredOn:

            // サービス登録
            [self publishService];
            break;

        default:
            break;
    }
}

// サービス登録が完了すると呼ばれる
- (void)peripheralManager:(CBPeripheralManager *)peripheral
            didAddService:(CBService *)service
                    error:(NSError *)error
{
    // （エラー処理のコードは省略）

    // アドバタイズ開始
    [self startAdvertising];
}

// アドバタイズ開始処理が完了すると呼ばれる
- (void)peripheralManagerDidStartAdvertising:(CBPeripheralManager *)peripheral
                                       error:(NSError *)error
{
    // （エラー処理のコードは省略）

    // 活動量の計測開始
    [self startPedometer];
}
```

コードにすると少し量が多く見えますが、ここでやっていることは、

- ペリフェラルマネージャのステータスがPoweredOnになったらサービス登録開始
- サービス登録が成功したら、アドバタイズ開始
- アドバタイズ開始が成功したら、活動量の計測開始

12. BLEを使用するiOSアプリレシピ集

たったこれだけです。

ここで活動量の計測開始処理時に呼んでいるメソッドは、次の手順で実装します。

歩行活動データを取得する

手順1で決めたとおり、本レシピでは、「活動量」に相当するモーションデータの計測手段として、iOS 8より追加された**ユーザーの歩行活動データにアクセスする**ためのクラスCMPedometerを使用します。

CMPedometerを使用するには、まずCoreMotionフレームワークをインポートしておく必要があります。

```
@import CoreMotion;
```

また、CMPedometerを保持するプロパティも定義しておきます。

```
@property (nonatomic, strong) CMPedometer *pedometer;
```

CMPedometerオブジェクトを初期化します。本レシピでは歩数と距離のデータを使用する（手順1）ので、使用可能かどうかの判定処理を入れてあります。

```
if ([CMPedometer isStepCountingAvailable] && [CMPedometer isDistanceAvailable]) {

    self.pedometer = [[CMPedometer alloc] init];
}
```

歩行活動データの取得を開始するためのメソッドを実装します。歩行活動データの取得開始にはCMPedometerのstartPedometerUpdatesFromDate:withHandler:をコールします。

レシピ2: 活動量計デバイスとアプリ

```objc
- (void)startPedometer {

    // 歩行活動データの更新開始
    [self.pedometer startPedometerUpdatesFromDate:[NSDate date]
                                      withHandler:
     ^(CMPedometerData *pedometerData, NSError *error) {

         // 歩行活動データを処理する
         [self updateValueWithPedometerData:pedometerData];
     }];
}
```

　歩行活動データが得られるたびに、第2引数に指定したハンドラブロックが実行されます。その引数に入ってくるCMPedometerDataオブジェクトが歩行活動データで、それを処理するupdateValueWithPedometerData:は、次の手順で実装します。

歩行活動データでキャラクタリスティックの値を更新する

　得られたCMPedometerDataオブジェクトから歩数と距離のデータを取り出し、キャラクタリスティックの値を更新するメソッドを実装します。

```objc
- (void)updateValueWithPedometerData:(CMPedometerData *)pedometerData {

    // 歩数、距離を取り出す
    UInt64 numberOfSteps = [pedometerData.numberOfSteps unsignedIntegerValue];
    UInt64 distance       = [pedometerData.distance doubleValue];

    // 先頭8バイトに歩数、次の8バイトに距離を格納したNSDataオブジェクトを生成する
    NSMutableData *data = [NSMutableData dataWithLength:0];
    [data appendBytes:&numberOfSteps length:sizeof(numberOfSteps)];
    [data appendBytes:&distance length:sizeof(distance)];

    // Activityキャラクタリスティックの値を更新する
    self.characteristic.value = data;
    BOOL result = [self.peripheralManager updateValue:data
                                    forCharacteristic:self.characteristic
                                 onSubscribedCentrals:nil];

    NSLog(@"Result for update: %@", result ? @"Succeeded" : @"Failed");
}
```

435

なお、CMPedomeetrDataのdistanceは、距離がメートルを単位として小数値として入ってきますが、本レシピでは小数点以下の値は不要として切り捨てています。

また（手順1で定義したように）先頭8バイトが歩数、次の8バイトが距離となるよう、64ビット（=8バイト）の符号なし整数型に歩数、距離を代入した上で、NSMutableDataに順番に追加しています。

試してみる

サンプル	ActivityMonitorCentral, ActivityMonitorPeripheral

iOSデバイスを2台用意します。

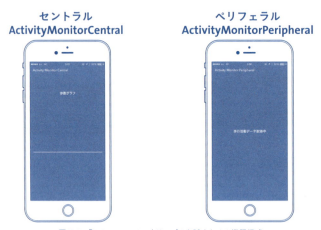

図12-5 「ActivityMonitor」サンプルを試すための機器構成

①M7またはM8コプロセッサを搭載したiOSデバイス（iPhone5s、iPhone6、iPhone 6 Plusなど）でペリフェラル側アプリ（ActivityMonitorPeripheral）を起動し、中央のラベルに「歩行活動データ取得中」と表示されたらペリフェラル側の準備はOKです。

②別のiOSデバイスでセントラル側アプリ（ActivityMonitorCentral）を起動し、「Conneccted」と表示されたら、セントラル側の準備もOKです。

③ペリフェラルのiOSデバイスと、セントラルのiOSデバイスを持って歩いてみます。もしくは、ペリフェラル側デバイスを振っても歩数はカウントされます。

セントラル側では、次のように、歩数グラフが更新されていきます（図12-6）。グラフを選択（グラフ上のどこかをタップ）すると、データの数値（取得日時・歩数・距離）が表示されます（図12-7）。

図12-6　歩数グラフ

図12-7　歩数グラフ選択

◎関連項目

- 4-1. 周辺のBLEデバイスを検索する
- 4-2. BLEデバイスに接続する
- 4-6. 接続したBLEデバイスからデータの更新通知を受け取る（Notify）
- 5-1. セントラルから発見されるようにする（アドバタイズの開始）
- 5-2. サービスを追加する
- 5-6. セントラルへデータの更新を通知する（Notify）
- 10-1. 128ビットUUIDを生成するコマンド「uuidgen」

12. BLEを使用するiOSアプリレシピ集

レシピ3: ジェスチャ認識
ウェアラブルデバイス&アプリ

Moffのようにリストバンド型で手首につけるタイプや、指輪タイプ、腕に取り付けるタイプ
など、さまざまな種類がありますが、**加速度センサやジャイロ、筋電センサを搭載し、動きや
ジェスチャーを認識するウェアラブルデバイス**も、スマートフォン連携ガジェットにおいて人
気のある分野の1つです。

ただ実際に加速度センサやジャイロの値から複雑なジェスチャを認識しようとすると、専門
的なアルゴリズムや数学の知識も必要になってきて本書の範疇を大きく超えてしまうので、本
レシピでは、シンプルに加速度センサを使用し、「デバイスを振ると、アプリ側でその動きを検
出し、音を出す」というものを作ってみます。

センサデバイス側の代用としては、レシピ2のようにiOSデバイスを用いてもいいのですが
（加速度センサも搭載しているので）、そのサイズだとあまりウェアラブルデバイス的な気分が
出ないので、本レシピではTexas Instruments社の「SensorTag」を使用してみます。

SensorTagとは？

SensorTagは、TI（Texas Instruments）社の製品で、**加速度・ジャイロスコープ・温度・湿
度・圧力・磁力計という6つのセンサを搭載し、BLEを通してそれらのセンサデータにアクセス
したり、コントロールできる**、というものです。

大きさは71.2 x 36 x 15.5 mmと非常に小型で、また$25.00[8]と価格的にも非常にこなれて
いる点も特徴です。

※**8**　2015年3月現在

図 12-8　SensorTag

　基板設計やファームウェア開発からはじめる必要がないので、今回のレシピのような「**小型のセンサデバイスとBLEで連携するアプリ**」をプロトタイピングしたい場合などに非常に役立ちます。

　TI storeで購入でき、海外からの発送になりますが、購入にあたってとくに煩雑なこともありませんし、日本市場向け認証（社団法人電波産業会の標準規格 ARIB STD-T66 の工事設計認証）も取得済みです。

用意するデバイス

セントラル用 iOS デバイス

本レシピで実装方法を説明するiOSアプリをインストールするためのiOSデバイスです。

SensorTag

ペリフェラル側センサデバイスとして使用します。ファームなどを書き換えるなどの作業は必要はなく、購入してそのままの状態でOKです。

実装準備：SensorTag の GATT 仕様を把握する

SensorTag の加速度センサにアクセスするため、その関連サービス、キャラクタリスティックの仕様を調べる必要があります。

ドキュメントとしては、以下の3つが参考になります。

- Simplelink SensorTag [9]
  SensorTag のアプリやドキュメントのリンク集
- SensorTag User Guide [10]
  SensorTag のハードやソフトの概要が説明されているユーザーガイド
- SensorTag attribute table (PDF) [11]
  SensorTag の GATT の詳細仕様がまとめられた表

これらのドキュメントから加速度センサ関連のサービス、キャラクタリスティックの仕様を抜粋・統合すると、下記のようになります。

- **Accelerometer サービス**
  - UUID: F000AA10-0451-4000-B000-000000000000
  - 保有するキャラクタリスティック
    - Accelerometer Data
    - Accelerometer Configuration
    - Accelerometer Period

- **Accelerometer Data キャラクタリスティック**
  - UUID: F000AA11-0451-4000-B000-000000000000
  - プロパティ：Read, Notify
  - 値の内容：加速度センサの値
  - 値のフォーマット：X, Y, Z（3bytes）

※**9** http://processors.wiki.ti.com/index.php/Bluetooth_SensorTag

※**10** http://processors.wiki.ti.com/index.php/SensorTag_User_Guide

※**11** http://processors.wiki.ti.com/images/a/a8/BLE_SensorTag_GATT_Server.pdf

レシピ3: ジェスチャ認識ウェアラブルデバイス＆アプリ

- **Accelerometer Configuration キャラクタリスティック**
  - UUID: F000AA12-0451-4000-B000-000000000000
  - プロパティ：Read, Write
  - 値の内容：加速度センサの設定
  - 値のフォーマット：1byte
    - 0x01: レンジ2G
    - 0x02: レンジ4G
    - 0x03: レンジ8G
    - 0x00: センサ無効

- **Accelerometer Period キャラクタリスティック**
  - UUID: F000AA13-0451-4000-B000-000000000000
  - プロパティ：Read, Write
  - 値の内容：加速度センサデータの取得間隔
  - 値のフォーマット：1byte
    - Period = [Input * 10] ms
    - 最小値 100ms
    - デフォルト 1000ms

この仕様をふまえ、実装手順を説明していきます。

なお、上述した通り、本レシピでは、**ペリフェラル側についてコードを書く必要はないため、セントラル側アプリの実装のみ**となります。

手順1: スキャン～サービス・キャラクタリスティック発見

スキャン～サービス・キャラクタリスティックの発見は、レシピ1、レシピ2の当該箇所とほぼ同等なのですが、違う点がいくつかあります。

まず、SensorTagでは今回のレシピで使用したい加速度センサのサービスUUIDをアドバタイズしていないため、**スキャン時にサービスUUIDを指定してスキャン対象を絞ることができません。** そのため、scanForPeripheralsWithServices:options: の第1引数にはnilを渡し、

441

```
[self.centralManager scanForPeripheralsWithServices:nil options:nil];
```

ペリフェラル発見時にSensorTagのローカル名かどうかを判定して接続します。[※12]

```
- (void)   centralManager:(CBCentralManager *)central
    didDiscoverPeripheral:(CBPeripheral *)peripheral
        advertisementData:(NSDictionary *)advertisementData RSSI:(NSNumber *)RSSI
{
    NSString *localName = advertisementData[CBAdvertisementDataLocalNameKey];

    // ローカル名がSensorTagのものであれば接続
    if ([localName isEqualToString:@"SensorTag"]) {

        self.targetPeripheral = peripheral;

        [central connectPeripheral:peripheral options:nil];
    }
}
```

もう1つの違う点は、使用するキャラクタリスティックが3種類ある点です。
それぞれのUUIDを定数として用意しておき、

```
NSString * const kCharUUIDAccData   = @"F000AA11-0451-4000-B000-000000000000";
NSString * const kCharUUIDAccConfig = @"F000AA12-0451-4000-B000-000000000000";
NSString * const kCharUUIDAccPeriod = @"F000AA13-0451-4000-B000-000000000000";
```

また、それぞれのCBUUIDオブジェクトを保持するためのプロパティも定義しておき、

```
@property (nonatomic, strong) CBUUID *characteristicUUIDData;
@property (nonatomic, strong) CBUUID *characteristicUUIDConfig;
@property (nonatomic, strong) CBUUID *characteristicUUIDPeriod;
```

※12 関連:「8-4. アドバタイズメントデータ詳解」

初期化しておきます。

```
self.characteristicUUIDData   = [CBUUID UUIDWithString:kCharUUIDAccData];
self.characteristicUUIDConfig = [CBUUID UUIDWithString:kCharUUIDAccConfig];
self.characteristicUUIDPeriod = [CBUUID UUIDWithString:kCharUUIDAccPeriod];
```

　キャラクタリスティック探索開始時に、3つのCBUUIDオブジェクトをdiscoverCharacteristics:forService:メソッドの第1引数に渡して探索を開始します。[※13]

```
NSArray *characteristics = @[self.characteristicUUIDData,
                             self.characteristicUUIDConfig,
                             self.characteristicUUIDPeriod];

[peripheral discoverCharacteristics:characteristics
                         forService:service];
```

手順2: 加速度センサの設定・データ更新通知の受け取り（Notify）開始

　Accelerometer DataキャラクタリスティックのNotifyを開始するだけでは、加速度センサの値を受け取れません。Accelerometer Configurationキャラクタリスティックの値が "0x00" の場合はセンサ無効、という仕様ですが、どうやらデフォルトではこの状態のようです。そのため、この値を変更し、センサを有効にする必要があります。

　また、**Accelerometer Periodキャラクタリスティック（加速度データの取得間隔）も、デフォルトでは1000ms、つまり「1秒に1回」となっており、これでは「振る」という動作の検出には遅すぎる**と考えられます。そこで、この値も変更することにします。

　これらの設定処理を、キャラクタリスティック発見時、すなわちデリゲートメソッドperipheral:didDiscoverCharacteristicsForService:error:で行うとすると、コードは次のようになります。

※13　関連：「6-2-2. 必要なキャラクタリスティックのみ探索する」

443

12. BLEを使用するiOSアプリレシピ集

```objc
// キャラクタリスティック発見時に呼ばれる
- (void)                        peripheral:(CBPeripheral *)peripheral
    didDiscoverCharacteristicsForService:(CBService *)service
                                   error:(NSError *)error
{
    // （エラー処理のコードは省略）

    for (CBCharacteristic *aCharacteristic in service.characteristics) {

        // 加速度データの取得間隔
        if ([aCharacteristic.UUID isEqual:self.characteristicUUIDPeriod]) {

            // Period = [Input*10] ms なので、100msに1回の更新になる
            uint8_t periodData = (uint8_t)10;

            // Periodキャラクタリスティックへ書き込む
            [peripheral writeValue:[NSData dataWithBytes:&periodData length:1]
                forCharacteristic:aCharacteristic
                             type:CBCharacteristicWriteWithResponse];
        }
        // 加速度センサの設定
        else if ([aCharacteristic.UUID isEqual:self.characteristicUUIDConfig]) {

            // レンジ2Gでセンサを有効にする
            uint8_t configData = 0x01;

            // Configurationキャラクタリスティックへ書き込む
            [peripheral writeValue:[NSData dataWithBytes:&configData length:1]
                forCharacteristic:aCharacteristic
                             type:CBCharacteristicWriteWithResponse];
        }
        // Notify開始
        else if ([aCharacteristic.UUID isEqual:self.characteristicUUIDData]) {

            [peripheral setNotifyValue:YES forCharacteristic:aCharacteristic];
        }
    }
}
```

コメントに書いていますが、Periodは100msとなるように、またConfigurationはレンジが2G（センサ値が-1.0 ～ 1.0の範囲で変化する）となるようにキャラクタリスティックへの書き込み（Write）を行っています。

444

手順3: 加速度データを処理するメソッドを実装する

キャラクタリスティックの値が更新されるたびにdidUpdateValueForCharacteristic:error:が呼ばれますが、そこで取得できるキャラクタリスティック値（value）を処理するメソッドを次のように実装します。

```objc
- (void)updateWithData:(NSData *)data {

    // 生データを変換する
    float x = [SensorHelper calcXValue:data];
    float y = [SensorHelper calcYValue:data];
    float z = [SensorHelper calcZValue:data];

    // 前回の値との差分が一定以上であれば、音を鳴らす
    if (abs(prevX - x) >= kThreshold ||
        abs(prevY - y) >= kThreshold ||
        abs(prevZ - z) >= kThreshold)
    {
        // 再生
        [self.player play];
    }

    prevX = x;
    prevY = y;
    prevZ = z;
}
```

SensorHelperは、加速度センサの生データを変換するためのメソッドを実装したヘルパークラスで、TI社の提供しているSensorTagのiOSサンプルコード「SensorTagEX」内にあるsensorKXTJ9クラスを移行してきたものです。

また、「前回の値との差分が一定以上」かどうかを判定するための閾値は、サンプルでは次のように定義しています。

```objc
#define kThreshold 1.0
```

そもそも本来は加速度センサの値を2段階に積分して一定時間内における変位量を求めたり、

445

動きを止めたときに反動で発生する加速度に対して何らかの対処をしたりといったことが必要なのですが、ここでは実装をシンプルにするため、「前回計測値との差分が一定以上であれば振ったと判定」という処理にしています。

なお、紙面では割愛しますが、サンプルでは音の再生にAVFoundationフレームワークのAVAudioPlayerクラスを用いています。上記のコード内で使用しているplayerはAVAudioPlayerオブジェクトを保持するためのプロパティです。

試してみる

サンプル	GestureRecognizerCentral

iOSデバイスと、SensorTagをそれぞれ1台ずつ用意します。

図12-9 「GestureRecognizerCentral」サンプルを試す際の機器構成

SensorTagのスイッチを入れ、「GestureRecognizerCentral」を起動すると、自動的にスキャンが始まり、SensorTagとの接続が確立されます。

あとはSensorTagを振るたびに「ブン」というスイング音が鳴ります。

◎ **関連項目**

- 4-1. 周辺のBLEデバイスを検索する
- 4-2. BLEデバイスに接続する
- 4-5. 接続したBLEデバイスへデータを書き込む（Write）
- 4-6. 接続したBLEデバイスからデータの更新通知を受け取る（Notify）
- 6-2-2. 必要なキャラクタリスティックのみ探索する
- 8-4. アドバタイズメントデータ詳解

レシピ4: すれちがい通信アプリ

「すれちがい通信」は、主にニンテンドーDSなどの携帯型ゲーム機において、プレイヤー同士がすれちがった際に自動でゲームのアイテムデータやメッセージなどを送受信する機能のことを指しますが、スマホアプリの世界でも、この「すれちがい通信」のように、「リアルにすれちがった人同士でプロフィールやメッセージを交換する」といった**近距離無線通信を利用したコミュニケーション**のアイデアはよく登場します。

こういった機能を実現する場合、従来は位置情報を元にサーバサイドでマッチングする設計が多かったのですが、現在ではCore Bluetoothでも**バックグランド状態で無線通信を行うことが可能**であり、かつCore Bluetoothは**サーバーのようなインフラを別途必要としない**というアドバンテージもあります。

そこで、本レシピでは**BLEを用いてユーザー同士のIDを交換**するアプリを作成してみます。

実装方式の検討 ～バックグラウンドでの「すれちがい通信」は可能か？

冒頭で、「Core Bluetoothではバックグランド状態で無線通信を行うことが可能」と書きました。実際に、「7-2-1. バックグラウンド実行モードでできること」で解説したように、

- スキャン、接続、データの読み取りや書き込み（セントラル）
- アドバタイズ、読み取り要求や書き込み要求への応答（ペリフェラル）

といった**BLEのひととおりのことがバックグラウンドでも可能**なので、一見すると、バックグラウンドでのすれちがい発生は十分に可能かのように思えるかもしれません。

しかし、7章で解説したとおり、バックグラウンドではさまざまな制約があるため、結論から言うと、**Core Bluetoothを用いてバックグラウンドですれちがいざまにBLE通信を発生させることはできません**。次項で詳しくその理由を解説します。

448

レシピ4: すれちがい通信アプリ

バックグラウンドのセントラルからは、バックグラウンドのペリフェラルを発見できない

まず、セントラル側のバックグラウンドにおける制約として、「バックグラウンドでのスキャンを行うには、スキャン開始メソッドscanForPeripheralsWithServices:options:の第1引数に**1つ以上のサービスのUUIDを指定**する必要がある」というものがあります。この場合、ペリフェラル側が対象としているサービスUUIDをアドバタイズしていなければ、セントラルはそのペリフェラルを検出することはできません。

また、ペリフェラル側のバックグラウンドにおける制約として、「**CBAdvertisementDataServiceUUIDsKeyに指定したサービスUUIDは、バックグラウンドではオーバーフロー領域に入る**」というものがあります。このオーバーフロー領域にあるサービスUUIDは、セントラル側がフォアグラウンドでスキャンしている場合には取得できるのですが、バックグラウンドでスキャンしている場合には取得することができません。

これらを総合すると、次のような結論になります。

- セントラル側はサービスUUIDを指定しないとバックグラウンドではスキャンできない
- ペリフェラル側がバックグラウンドでアドバタイズしている場合、そのサービスUUIDはバックグラウンドでスキャンしているセントラルからは見えない

→ バックグラウンドのセントラルから、バックグラウンドのペリフェラルを発見できない

可能なケース

ただし、両者ともバックグラウンドの場合にはできないというだけで、**どちらかがフォアグラウンドであれば、もう一方がバックグラウンドでも、BLEの通信を発生させることは可能**です。

たとえば、ペリフェラルがフォアグラウンドでアドバタイズしていれば、サービスUUIDがオーバーフロー領域ではなくアドバタイズメントパケットに収められるので、バックグラウンドでスキャンしているセントラルからも（そのサービスUUIDを指定してスキャンしていれば）発見できます。

また、セントラルがフォアグラウンドにあり、かつそのサービスUUIDを指定してスキャンしていればオーバーフロー領域にあるサービスUUIDも取得できるので、バックグラウンドでアドバタイズしているペリフェラルも発見可能です。

さらに、セントラルがフォアグラウンドでスキャンしていれば、サービスUUIDを指定していなくてもスキャン可能なので、バックグラウンドにあるペリフェラルのサービスUUIDがオーバーフロー領域にあろうが、そこにすらなかろうが、どちらにしても発見可能です。発見して接続しまえばサービスのリストを取得することもできます。

449

以上のことから、セントラル・ペリフェラルの状態と、すれちがい通信（セントラルがペリフェラルを発見し、データのやり取りを行う）の可否を表にまとめると、次のようになります。

		セントラルの状態	
		フォアグラウンド	バックグラウンド
ペリフェラルの状態	フォアグラウンド	○	○
	バックグラウンド	○	×

図12-10　セントラル・ペリフェラルの状態と、すれちがい通信の可否（○が可能、×が不可）

本レシピの実装方針

以上の検討を踏まえ、本レシピでは、次のようにアプリケーションを実装することにします。

- 1つのアプリでセントラル・ペリフェラル両方の機能を持つ
  - セントラルはフォアグラウンドでの動作を前提とする
  - ペリフェラルはバックグラウンドでも動作するようにする
- セントラルがペリフェラルを発見し、情報を受け取る（Readする）と、ペリフェラル側にも自分の情報を送る（Writeする）

このアプリをインストールしているユーザー同士がすれちがう際に、どちらかがアプリを立ち上げていれば、両者の情報交換＝すれちがい通信が発生するという挙動になります。

用意するデバイス

本レシピでは、iOSデバイスを（少なくとも）2台使用します。本レシピで実装するアプリはセントラル・ペリフェラル両方の機能を持つので、どちらにも同じアプリをインストールすることになります。

手順1: GATTを定義する

450

まず、ペリフェラル側で提供するサービス・キャラクタリスティックの仕様を決めます。
「本レシピの実装方針」で決めた指針のとおり、セントラル側がペリフェラル側の情報を受け取り、また自らの情報をペリフェラル側に送る必要があるので、Read用、Write用のキャラクタリスティックをそれぞれ用意します。

- **Encounter サービス**
  - UUID: 73C98F4C-F74F-4918-9B0A-5EF4C6C021C6
  - 保有するキャラクタリスティック
      - Encounter Read
      - Encounter Write

- **Encounter Read キャラクタリスティック**
  - UUID: 1BE31CB9-9E07-4892-AA26-30E87ABE9F70
  - プロパティ：Read, Notify
  - パーミッション：読み出し可
  - 値（value）には、ペリフェラル側のユーザー名が入り、セントラル側が読み出す

- **Encounter Write キャラクタリスティック**
  - UUID: 0C136FCC-3381-4F1E-9602-E2A3F8B70CEB
  - プロパティ：Write
  - パーミッション：書き込み可
  - 値（value）には、セントラル側がユーザー名を書き込む

手順 2: Background Modes を有効にする

ペリフェラル側がバックグラウンドでもすれちがいざまに通信できるよう、**ペリフェラルのバックグラウンド実行モード（Background Modes）を有効**にしておきます。方法については「7-1. バックグラウンド実行モードへの対応方法」をご参照ください。

手順 3: セントラル機能の実装

12. BLEを使用するiOSアプリレシピ集

大筋はレシピ1～3で説明してきた内容と同様なので、ポイントだけ解説していきます。

スキャンはサービスUUIDを指定せずに開始する

前項「可能なケース」で説明した通り、セントラルがフォアグラウンドで動作することを前提
とすれば、スキャン開始時にサービスUUIDを指定して「オーバーフロー領域」からそのUUID
を取得することは可能なのですが、Appleの「CoreBluetooth Framework Reference」のCBA
dvertisementDataOverflowServiceUUIDsKeyの項を読むと、「**オーバーフロー領域にある
UUIDのリストはベストエフォートであり、常に正確であるとは限らない**」旨の記述があります。

そこで本レシピでは、「できるだけすれちがい発生確率が上がるように」という観点から、sc
anForPeripheralsWithServices:options:メソッドの第1引数にはnilを指定し、いった
んすべての周辺にあるペリフェラルを発見することにします[14]

```
[self.centralManager scanForPeripheralsWithServices:nil options:nil];
```

そして、ペリフェラルを発見したら、参照を保持するため配列（NSMutableArrayオブジェ
クト）に格納し[15]、そのペリフェラルへの接続を開始します。

```
- (void)   centralManager:(CBCentralManager *)central
    didDiscoverPeripheral:(CBPeripheral *)peripheral
        advertisementData:(NSDictionary *)advertisementData RSSI:(NSNumber *)RSSI
{
    // 配列に保持
    if (![self.peripherals containsObject:peripheral]) {
        [self.peripherals addObject:peripheral];
    }

    // 発見したペリフェラルへの接続を開始する
    [central connectPeripheral:peripheral options:nil];
}
```

このデリゲートメソッドのadvertisementData引数に入ってくるアドバタイズメントデー

---

[14] バッテリー消費量を抑える観点からは、サービスUUIDを指定することが推奨されています。関連：「6-1-2. 特定のサービスを指定してスキャン
する」

[15] 「11. ハマりどころ逆引き辞典 - トラブル2: 接続に失敗する → 発見したCBPeripheralの参照を保持しているか？」

レシピ4: すれちがい通信アプリ

タのCBAdvertisementDataOverflowServiceUUIDsKeyキーで目的のペリフェラルかどう
かを判定しないのは、スキャン開始時にサービスUUIDを指定しないとオーバーフロー領域に
あるサービスUUIDは取得できないためです。

　接続が成功したらサービス探索を開始し、サービス発見時に初めて「目的のサービスを提供
しているペリフェラル（＝すれちがい対象）かどうか」の判定を行います。

```objectivec
// サービス発見時に呼ばれる
- (void)      peripheral:(CBPeripheral *)peripheral
    didDiscoverServices:(NSError *)error
{
    // （エラー処理は省略）

    // 目的のサービスを提供しているペリフェラルかどうかを判定
    BOOL hasTargetService = NO;
    for (CBService *aService in peripheral.services) {

        // 目的のサービスを提供していれば、キャラクタリスティック探索を開始する
        if ([aService.UUID isEqual:self.serviceUUID]) {

            [peripheral discoverCharacteristics:nil forService:aService];
            hasTargetService = YES;

            break;
        }
    }

    // 目的とするサービスを提供していないペリフェラルの参照を解放する
    if (!hasTargetService) {
        [self.peripherals removeObject:peripheral];
    }
}
```

　目的とするサービスを提供していればキャラクタリスティックの探索を開始し、提供してい
なければそのペリフェラルの参照を解放（配列から除去）する、ということを行っています。

すれちがい相手の情報を取得する
　「すれちがい相手の情報」（＝ペリフェラル側のEncounter Readキャラクタリスティックの
値）を読み出します。

453

```objectivec
// キャラクタリスティック発見時に呼ばれる
- (void)                      peripheral:(CBPeripheral *)peripheral
    didDiscoverCharacteristicsForService:(CBService *)service
                                   error:(NSError *)error
{
    // （エラー処理は省略）

    for (CBCharacteristic *aCharacteristic in service.characteristics) {

        if ([aCharacteristic.UUID isEqual:self.characteristicUUIDRead]) {

            // 現在値をRead
            [peripheral readValueForCharacteristic:aCharacteristic];
        }
    }
}
```

ペリフェラル側の情報（ユーザー名）取得に成功したら、次は自分のユーザー名をペリフェラル側に送ります。

```objectivec
- (void)                  peripheral:(CBPeripheral *)peripheral
    didUpdateValueForCharacteristic:(CBCharacteristic *)characteristic
                              error:(NSError *)error
{
    // （エラー処理のコードは省略）

    // キャラクタリスティックの値から相手のユーザー名を取得
    NSString *username = [[NSString alloc] initWithData:characteristic.value
                                               encoding:NSUTF8StringEncoding];

    // 自分のユーザー名をNSUserDefaultsから取り出す
    NSString *myUsername = [BSRUserDefaults username];

    // 相手のユーザー名が入っていて、自分のユーザー名も入力済みのときのみすれちがい処理を行う
    if ([username length] && [myUsername length]) {

        // 結果表示処理をViewControllerに移譲
        [self.deleagte didEncounterUserWithName:username];
```

レシピ4: すれちがい通信アプリ

```objc
        //  自分のユーザー名をペリフェラル側に伝える
        NSData *data = [myUsername dataUsingEncoding:NSUTF8StringEncoding];
        [self writeData:data toConnectedPeripheral:peripheral];
    }
}
```

```objc
- (void)writeData:(NSData *)data toConnectedPeripheral:(CBPeripheral *)periperal
{
    //  サービス・キャラクタリスティックをたどって目的のCBCharacteristicオブジェクトを探す
    for (CBService *aService in peripheral.services) {
        for (CBCharacteristic *aCharacteristic in aService.characteristics) {
            if ([aCharacteristic.UUID isEqual:self.characteristicUUIDWrite]) {

                //  ペリフェラルに情報を送る（Writeする）
                [peripheral writeValue:data
                    forCharacteristic:aCharacteristic
                                 type:CBCharacteristicWriteWithResponse];

                break;
            }
        }
    }
}
```

手順3: ペリフェラル機能の実装

こちらも大筋はレシピ2で説明した内容と同様なので、ポイントだけ解説していきます。

ペリフェラルマネージャの初期化

「状態の保存と復元」機能を利用するため、ペリフェラルマネージャ初期化時にCBPeripheralManagerOptionRestoreIdentifierKeyキーをオプションに指定します。

455

12. BLE を使用する iOS アプリレシピ集

```
NSDictionary *options =
@{CBCentralManagerOptionShowPowerAlertKey: @YES,
  CBPeripheralManagerOptionRestoreIdentifierKey: kRestoreIdentifierKey};

self.peripheralManager = [[CBPeripheralManager alloc] initWithDelegate:self
                                                    queue:nil
                                                  options:options];
```

> ⓘ 「状態の保存と復元」は、バックグラウンドでアプリが停止しても、代わりにタスク
> を実行するようシステムに要求できる、という強力な機能です。詳細は「7-3. アプリが
> 停止しても、代わりにタスクを実行するようシステムに要求する（状態の保存と復元）」
> で解説しています。

キャラクタリスティックの生成

手順 1 で決めた GATT の仕様のとおり、Read 用と Write 用のキャラクタリスティックを用意
し、サービスに持たせます。

```
- (void)publishService {

    CBMutableService *service =
    [[CBMutableService alloc] initWithType:self.serviceUUID
                                   primary:YES];

    // Encounter Read キャラクタリスティックの生成
    CBCharacteristicProperties properties = (CBCharacteristicPropertyRead |
                                             CBCharacteristicPropertyNotify);

    CBAttributePermissions permissions = CBAttributePermissionsReadable;

    self.characteristicRead =
    [[CBMutableCharacteristic alloc] initWithType:self.characteristicUUIDRead
                                       properties:properties
                                            value:nil
                                      permissions:permissions];

    // Encounter Write キャラクタリスティックの生成
    permissions = CBAttributePermissionsWriteable;
```

```
self.characteristicWrite =
[[CBMutableCharacteristic alloc] initWithType:self.characteristicUUIDWrite
                                   properties:CBCharacteristicPropertyWrite
                                        value:nil
                                  permissions:permissions];

service.characteristics = @[self.characteristicRead,
                            self.characteristicWrite];

[self.peripheralManager addService:service];
}
```

ユーザー名を更新するメソッドを実装

　自らのユーザー名を更新（= Encounter Read キャラクタリスティックの value に反映）するメソッドを用意します。

```
- (void)updateUsername {

    //  （エラー処理のコードは省略）

    NSData *data =
    [[BSRUserDefaults username] dataUsingEncoding:NSUTF8StringEncoding];

    // valueを更新
    self.characteristicRead.value = data;

    // Notificationを発行
    BOOL result = [self.peripheralManager updateValue:data
                                    forCharacteristic:self.characteristicRead
                                 onSubscribedCentrals:nil];

    NSLog(@"Result for update: %@", result ? @"Succeeded" : @"Failed");
}
```

　このメソッドは、ViewControllerでユーザー名入力画面が閉じられたとき（= ユーザー名が保存されるタイミング）で呼ぶようにします。

457

Read リクエストへの対応

セントラルから Read リクエストを受け取ったら、Encounter Read キャラクタリスティックの値、すなわち自らのユーザー名(前項で実装した updateUsername メソッドで更新したもの)を返すように実装します。

```objc
- (void)peripheralManager:(CBPeripheralManager *)peripheral
    didReceiveReadRequest:(CBATTRequest *)request
{
    // CBCharacteristicのvalueをCBATTRequestのvalueにセット
    request.value = self.characteristicRead.value;

    // リクエストに応答
    [self.peripheralManager respondToRequest:request
                                  withResult:CBATTErrorSuccess];
}
```

Write リクエストへの対応

セントラルから Write リクエストを受け取ったら、その value プロパティの値がセントラル側のユーザー名なので、Encounter Write キャラクタリスティックの値にセットし、成功(CBATTErrorSuccess)としてリクエストに応答します。

```objc
- (void)  peripheralManager:(CBPeripheralManager *)peripheral
    didReceiveWriteRequests:(NSArray *)requests
{
    for (CBATTRequest *aRequest in requests) {

        // CBCharacteristicのvalueに、CBATTRequestのvalueをセット
        self.characteristicWrite.value = aRequest.value;

        // 結果表示処理をViewControllerに移譲
        NSString *name = [[NSString alloc] initWithData:aRequest.value
                                               encoding:NSUTF8StringEncoding];
        [self.deleagte didEncounterUserWithName:name];
    }

    // リクエストに応答
    [self.peripheralManager respondToRequest:requests[0]
                                  withResult:CBATTErrorSuccess];
}
```

試してみる

サンプル	BLESurechigai

図12-11 「BLESurechigai」サンプルを試す際の機器構成

①2台以上のiOSデバイスに実装したアプリをインストールします。起動直後はバックグラウンドの許可と通知の許可が求められるので、どちらもOKしてください。
②初回はユーザー名入力画面が立ち上がるので、

図12-12 ユーザー名入力画面

入力し、画面を閉じるとスキャンがはじまります（アドバタイズは起動直後に開始）。
　同アプリをインストールしたiOSデバイスのうち、**いずれかがフォアグラウンドにあると、すれちがいが発生**し、リストに追加されます（図12-13）。このとき、バックグラウンドのユーザー側には、ローカル通知のバナーが表示されます（図12-14）。

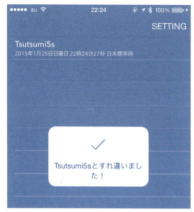

図12-13 すれちがい発生（フォアグラウンドの場合）

図12-14 すれちがい発生（バックグラウンドの場合）

◎関連項目

- 4-1. 周辺のBLEデバイスを検索する
- 4-2. BLEデバイスに接続する
- 4-5. 接続したBLEデバイスへデータを書き込む（Write）
- 4-6. 接続したBLEデバイスからデータの更新通知を受け取る（Notify）
- 5-1. セントラルから発見されるようにする（アドバタイズの開始）
- 5-2. サービスを追加する
- 5-3. サービスをアドバタイズする
- 5-4. セントラルからのReadリクエストに応答する
- 5-5. セントラルからのWriteリクエストに応答する
- 5-6. セントラルへデータの更新を通知する（Notify）
- 7-1. バックグラウンド実行モードへの対応方法
- 7-2. バックグラウンド実行モードの挙動
- 7-3. アプリが停止しても、代わりにタスクを実行するようシステムに要求する（状態の保存と復元）
- 10-1. 128ビットUUIDを生成するコマンド「uuidgen」

Appendix

BLEを使った
サービスを開発
するということ

本書ではPart1でBLEについて、Part2でCore Bluetoothプログラミングを解説してきました。
最後に、著者を含め、実際にBLEを活用した案件に携わった人たちに集まってもらい、
これからBLEサービスの開発に携わろうとしたときにどういう考え方が必要なのか、
また今後どういう方向性があり得るのかというところで意見を交換していただきました。
［松村礼央（モデレーター）×堤修一×小林茂×衣袋宏輝　2015年2月15日収録］
（文・大内孝子）

Appendix：BLEを使ったサービスを開発するということ

BLEサービス開発におけるプレイヤー

松村礼央（以下、松村）：私はBLEに対してハード側、サービスの設計で入っている立場です。具体的に何をやったかというと、BLEを活用したツールキットkonashiの開発に携わりました。フィジカルコンピューティングという考え方とBLEとの親和性が非常に高いということでBLEを使いました。[*1] その他の案件でもろもろBLEに絡むものもやっていますが、基本的にハードウェア側がメインでやっています。

堤修一（以下、堤）：僕は完全にアプリ開発をやっています。そもそもはじめからBLE自体に興味があったわけではなく、iOSから外のデバイスにつなぐことに興味があってiBeaconを試したりしているうちに、何となくBLEにつながっていって、そのうちにBLEについての知識がついていったという経緯です。BLEに興味があったわけではなく興味のある分野をやっていたら、それがBLEだったということになります。

　携わった案件としては、火鍋のレストランにiBeaconを導入するというものから始まって、電動車椅子「WHILL」で、WHILLをリモコンで動かしたり、その内部設定をiPhoneから変更するというアプリを実装しました。ウェアラブルおもちゃ「Moff」もアプリ実装を担当しています。真鍋大度さん、石橋素さん、照岡正樹さんと連名の「Music for the Deaf」という、耳の聴こえないダンサーに音楽を電気信号に変換して音を伝えるというプロジェクトにもiOSアプリの実装で参加しました。踊っているダンサーに送るので無線である必要があり、BLEで制御しました。そのほかにもBLEに絡む案件をいろいろやっています。

衣袋宏輝（以下、衣袋）：ソフトウェアエンジニアですが、展示、デジタルサイネージの案件がわりと多いです。その中で徐々に、2013、2014年あたりからBLEが増えてきました。最近は無線というとBluetoohが増えてきていますね。16labという、指輪型のデバイス「OZON」を作っているスタートアップの会社の展示をやらせていただいたりしています。

※1　**参照**：2章末のコラム「フィジカルコンピューティング・ツールキット『konashi』とその開発の背景」

小林茂（以下、小林）：最近はBLEの可能性に着目しています。以前、スマートフォンのアプリというマーケットが出てきたときに、リスクなしにちょっとした開発環境さえ整えれば誰でもその世界に参入できるというのがありました。そのときの変化に近いものを感じています。やはり、ハードウェアはそんな簡単にはできないんですが、スマートフォンというプラットフォームに、BLEがあれば、その先につなげられるハードウェアが作りやすくなってきたなというのがいまあります。大変は大変ですが、若干ハードルが下がったというタイミングを生かして、もっとおもしろいものが増えてくればいいんじゃないかなと思って、そういう観点からチームで短い期間で作るというイベントであったり、もっと可能性を探求するものであったり、iBeaconのハッカソンなどを他の人たちと一緒に運営したりしています。

松村：まず、BLEを活用したサービス、プロダクトの開発時の進め方についてお聞きしたいと思います。サービス側の小林先生、ハード側の松村、ソフト側の堤さんと衣袋さん、それぞれの立場からお聞きしたいと思いますが、最初にkonashiの場合を。企画の当初は、BLEの機能というより、フィジカルコンピューティングのツールキット「Gainer」的なものを作りたいというところから立脚して、最終的にBLEに落ち着きました。

　konashiの場合は、ハードが先かソフトが先かというとそのどちらでもなく、どちらかというとサービスが先というイメージです。構想としては、ハードとアプリケーションをつなぐためのフレームワークを作りたいと考えました。そのようなフレームワークを実現するにはどうすればいいか考えた結果、スマートフォンが隆盛してきたタイミングだったので、スマートフォンとハードウェアをつなぐフレームワークという切り口で連携できる何か、と考えました。

　BLEという技術起点ではなくて、Gainer的なサービスをどうやって作るかというのがベースで、その中でiOSと連携するデバイス、もろもろの条件、開発環境、敷居の低さ、そのあとにBLEの規格上の特徴が影響してきて、konashiらしい使い方に発展したと思います。

　分担はどうしたかというと、BLEの特徴としてアプリケーション側とハードウェア側ときれいにわけられないという特徴があるので、そのあたりは「えいや」で決めました。僕がこういう機能が欲しいというのをあらかじめあたりをつけて、こういう機能をGATTとして欲しいですという設計をある程度してしまった。それに合わせてエンジニアの竹井くんにSDKを作ってもらうという感じで、ハード側とソフト側で相談しつつ進めました。

　サービスとしてBLEとフィットしたのでそれがうまくいったと思います。サービスの設計がまずいとあとで大変だったと思います。

　堤さんや衣袋さんは、アプリケーション起点になるわけで、サービスからいきなり決めるということはされていないんじゃなかなと思いますが、どうでしょうか？

Appendix：BLE を使ったサービスを開発するということ

堤：僕はフリーランスという立場で関わるので、こういうことがやりたいというのは向こうから提示されるという形です。Moff は自分が参加した段階でデバイスの試作品がすでにできていたので GATT の仕様もほぼ固まっていました。ただ、デバイスをこれから作る場合やプロダクトのオーナーがエンジニアではない場合、外注のハードウェア開発の方に対して僕のほうから GATT を提示するというのもあります。

松村：そうすると、アプリケーションとこういうふうに連携して、とサービスはある程度固められた状態で進めるということですか？

堤：おおまかにやりたいことは基本的に向こうにあります。ただ、こういうこともできますけどどうしますか？ と聞きながら進めることもあります。クラッシック Bluetooth はやったことあるけど BLE は初めてというハードウェア開発の方と一緒にやることも多いので。GATT 仕様をこちらから出して、ハード側のこのステータスをとれるキャラクタリスティックを用意しておけばアプリ側でそれを表示できますとか、ハード側のこのパラメータを Write するキャラクタリスティックを 1 つ作っておいてもらえれば、あとでカスタマイズできるようになりますという感じで、BLE でできることを提案したりはします。

松村：衣袋さんの場合もそうですか？

衣袋：Ozone の場合まだ製品が出ていないので言える範囲で……になりますが。Ozone の展示に加わったんですが、展示では製品版と要件が違ったりするんです。大量な生の値を製品版とは異なるプロトコルで送る必要があったり、明日はちょっとこちらに変えてみようとか。そこは切り分けられないところで、このセンサーの値が電池を食うからなるべく使わないようにしようとか、本当はセンサーの値を見たいけれどハード的な理由で使えないとか、調整が必要になる場合はあります。

堤：あと、ハードウェア側に iOS の事情をくんでもらうときはあります。たとえば iOS では電話の着信イベントは取れるけれど、電話を受けるということをデベロッパは制御できない。そういう部分を含めてハードの仕様を決めていくというのはあります。

松村：それは BLE の特徴でもあると思います。サービスの設計自体を iOS の中のクラッシック Bluetooth はガチガチに固めていましたが、それをデータベースの部分だけを認証しようというのが GATT ですよね。データベースだけを認証の対象にしているので、そのデータベースをどう使うということは自由に定義できる。ただ、そうなったときに自由度が高すぎてどうしたら

464

いいかわからないというのがいまの状態だと思います。

　小林先生のところにもこんな案件をBLEでできませんかという話があると思うのですが、どうでしょうか？　たとえば僕の場合、カメラのデータを伝送したいのですが、どうすればいいですか的な相談が来たりします。BLEの難しいところで、サービスを考える側の人がBLEというデバイス自体についてどういうものか理解せずに考えていることもある。できなくはないけれど、それをやるために最適なソリューションは他にあるよねと、そういう話をするのですが。

小林：去年の9月にBLE Boot Campというイベントをやったんですね。1泊2日の短い合宿形式で、もう一度BLEを考えようよと。全国から参加してくれたんですが、いろいろ話をしていくと、意外にみんなBLEデバイスを使っていないということがわかってきた。当時、上原昭宏さんとかトリガーデバイスの佐藤忠彦さんとかと一緒にBLEのことばかり考えていたので、みんなもう使いまくっているものと考えていたらそうではなかった。そこで、そのときいくつかのBLEデバイスを使って、サービスまでどうつながっているかを図にしてみるというのを試してみました。すると、なんか使いにくいなというものは無理やりな転送をしていたり、ぱっと見、地味そうに見えたものけど、すごくBLEの特性を活かしていてよくできているものがあったり。

　どういうものを作りたいかという話をするときも同じで、システム図を書いてみると時間軸の概念が抜けていたりする。どこでいつ、どのくらいのデータをやり取りするかというUMLでいうシーケンス図で書いてみると、意外にすっぽり抜けているものがあったり、無理だということがあったりするので、最近は一度そういう整理をしてみましょうという話をするようにはしています。

　作りたいものがあるけどどうやってつなげばいいんだということが先行するとBLEはいいソリューションになると思うんですが、BLEを生かして何かしようという方向になるとなんかおかしな方向になるというのは感じますね。

松村：konashiもそのパターンで、最初に作りたいものがあってやっていたら自動的にBLEになりました。サービス起点だと楽に終わるというパターンが経験上多いです。BLE起点の場合、けっこう頭をかかえるタームが多いかなという気はします。

　どうしたらそれを防げるかという問題については、できないことをエンジニアが伝えていくことが重要だと思います。それにはBLEを知っておかないと反論ができない。アプリケーションエンジニアだから規格は知らなくてもいいということには、BLEの場合はならない。

堤：BLEがいいのか他の通信方法がいいのかという質問に的確に答えるにはけっこう知識が必要で、たとえば、最近iBeaconでこういうことをやりたい、という相談の中でビーコン側として

Appendix：BLE を使ったサービスを開発するということ

iPadを使おうと思っているという話がありました。iPadをビーコンにするというのはペリフェラルとしてふるまわせるということなんですが、iOSデバイスの場合、バックグラウンドになったときにビーコンとしてのアドバタイズが止まるんです。これは iBeacon の Core Location の実装方法だけ知っていてもわからないことです。そもそも、他の接続手段とどちらがいいかというときに、バックグランドでやりたいか、iOS以外ともつなぎたいか、通信速度は大体どれくらい必要か、電波的に厳しいシーンでの利用はあるか、いろいろな切り口で相手のやりたいこととBLEの制約や長所を比較できないと、適切に回答することが難しい。シンプルだけど、意外とその部分ではハードルが高いと思います。間違った答えをしてしまうと、一緒に違う方に進んで壁にあたってから気がつくことになります。

松村：ポイントはやはり、アプリケーションのエンジニアであっても、分野横断的に、ハードやサービスに関して理解がないと。代替案もわかった上でBLEに関わらないと。

小林：iBeacon が発表されたときはすごい夢の技術みたいな感じだったのが、蓋を開けてみたら、そもそも iOS7 の段階でまともに動かないみたいな技術だったんですけど、そういうのって一度やったことがないとわからない。その点、堤さんの火鍋の案件とか、すごくいい割り切り方をしていますよね。

堤：テーブルの識別という一番重要なところは iBeacon じゃなくて QR コードでやっている。

小林：あれくらいの割り切りで実装するというのが重要で、あれはビーコンを信じきった実装をしていたら現場でもう土下座するしかないという（笑）。そういうのって一度やっておくとわかると思います。この本を読んで、いきなりハードウェアスタートアップしようとする人ばかりではないと思いますが、一度やってみるとヤバイところがわかるというか、こんなもんなんだというのがわかる。次にそういう人と話ができると。そういうことが今後アプリエンジニアの生命線になるかもなと思ったりしています。

　どうにもならないことってありますよね。iBeacon が即座に反応しないとか、どうしようもない。OSを書き換えればどうにかなりますけど、ハード側やアプリの側でもどうにもならないということが、どうしても出てきます。そういうことがあったときに、いやいやこれはこういうものなんだと言えるか、おかしいな俺のせいかと思っちゃうか。そのへん、身体で覚えるというのが必要かもしれません。

松村：スマートフォンだけで閉じないということが、一番大きな要因になっているのかなと思います。非常に大きなシステムの「系」を考えたとき、スマホの箱の中で動くシステムだけで

考えていると詰んでしまうというパターンだと思います。

堤：僕は Core Bluetooth や iBeacon を触り始めてから、エンジニアとして物理的なものを意識するようになりました。それまでは、うまくラップしてくれている世界だけでものを作れたんですが、人がいっぱいいると動かないとか、へんなところをさわると壊れるとか、ものとしての部分を意識する必要がある。電波強度やアドバタイズ周期を意識するようになって、やっとサービスがいい感じに組めるようになる。

松村：iOS という遊園地の中で遊んでいたのが、BLE だと気がつくとサファリパークに放り出されている感じ。

小林：たとえば、この間デバイスが急に動かなくなって、ソフトがおかしいと思い込んで追いかけていったら、単に電池が切れているだけだったと（笑）。iOS だけでは起こらないことですが、外のものが絡むとそういうのも起きますね。

ハードが先？ アプリが先？ BLE サービスの開発の進め方

堤：Moff の場合はハードができていたんですが、だいたいの場合ハードのほうが遅いですよね。WHILL の場合は基板ができてくるのはまだまだ先で、やりたいことは決まっていたので GATT 仕様を一緒に決めて、先にアプリをつくっちゃいましょうという進め方でした。使用する BLE モジュールは決まっていたので、その開発キットを買って動作確認用の簡単なファームを書いて、それでつなげて、リモコンを動かしたらリモコンの値が飛んでいるということが確認できたものを作るというのが僕の範囲でした。また最近は、この本にも書きましたが、ペリフェラルデバイスの機能を代用する iOS アプリを別につくることも多いです。Xcode のコードスニペットを整備してサクッと代用アプリをつくれるようにしています。

松村：カヤックさんとサオリングという案件をさせていただいたとき、1ヶ月後の結婚式、披露宴で使うことは決まっていたにも関わらず、打ち合わせはたった一度でした。失敗が許されない状況にも関わらず、ハードもソフトもこれから作るという状況です。そのとき、私は BLE でやるしかないなと考えました。GATT の仕様が決まっている konashi を利用して、アプリ側はアプリ側で konsahi が動作するように作ってくださいとクライアントに伝え、ハード側も konashi を利用して、GATT の仕様に合わせて設計を進めました。結果的に、結合したのは結婚式の2日前でした。どういうサービスを開発するのかという点へのお互いの理解と、共通の GATT の

467

仕様をもとにして開発することで、ハード側とソフト側の工程をきれいに分離できる点もBLEの1つの大きな特色かなと思います。

堤：アプリもハードができる前から申請して、あとは基板ができてから申請済みのアプリでテストする、という順番でやったこともありますね。もし動かなかったら申請取り下げるしかないわけですが、GATTの仕様さえきちんと決まっていれば、けっこう、そのまま取り下げずにいけます。

松村：衣袋さんの場合はどうですか？ すでに決まっているのでしょうか？

衣袋：展示のために変えたりします。複数のサービスに分かれていたものを展示用のために特化したサービスに変えたり。やはり、使うシーンに応じて変わるので。

堤：サービスをまとめたというのは？ 複数のままだと何か不都合があったんですか？

衣袋：実際には、ジャイロセンサー、加速度センサー、バッテリーとかのサービスを1つにまとめて、それ専用のGATTにしました。というのは、通信する回数やバッテリーとか節約を考えて。ちょっと特殊な、展示のときだけしか使えない方法かもしれません。

松村：消費電力は最後の最後の詰めかなと思います。プロトタイプとか電力消費をあまりケアしなくていいパターンはそれで終われると思います。しかし一方で、電力消費を考える必要がある場合、製品版にしたタイミングでチューニングをかけないといけないというのは起こってくると思います。

堤：いろいろ案件をやっているとGATTの組み方もいろいろあるなと思っていて、そのあたりも聞いてみたいです。根強い勢力としてあるのが、キャラクタリスティックを細かく分けずに、Write用、Read用のキャラクタリスティックを各1個ずつだけ用意して、バイトごとに役割を決めて、バイトの先頭がこうだったときはこの機能になりますというようにまとめるパターン。向こう側で別のファームが動いているようなときに、BLEモジュールのファームで複雑なことやるんじゃなくトンネルでスルーさせたいと。そこで一度に全部渡して自分のファーム側でやりたいというパターンです。あとは普通に、BLE規格の思想に沿った、役割ごとにサービス、キャラクタリスティックと分けていくパターン。僕が経験した中ではその2つのパターンがあるんですが。

松村：それはシリアル通信でトンネルするかという話ですよね。僕のいまのイメージだと、外

に何かシステムが動いていて、そのシステムが BLE というトンネルを使うというパターンのときにそれをするというイメージがあります。そのときに、BLE の規格にあった通信の仕方をしているかというのはすごく気にする必要があるかなと思います。通信の頻度、それほど取らなくていいのか、そこは考えないといけないと思います。コマンドとか非同期で済むようなものであれば、別にいいと思うのですが。たとえば、関節角度の制御をしたいというようなデータのパケットを送るというのはけっこう筋違いで、それをやるくらいなら、クラシック Bluetooth や Wi-Fi でいいという話になる。そこのアプリケーションをどう考えているかというのを見ないとけっこう危ない。トンネルしたいというパターンは相手側がそれを考えてくれていないことが多いので、けっこう怖い。システムを設計する側の人が BLE をツールとして使うという感覚を持っていないと。

　ハードウェア的に見栄えとしての BLE というのも1つあるかなと思っています。シリアルでトンネルするから悪いとは思わないけれど、そういうデバイスを使う場合は BLE の思想にそわないケースのほうが多々あります。割り切って使うのなら仕方ないかなと思いますが、微妙ですね。一番いいのは、GATT の枠組みの中でちゃんと組むことが賢いかなという気はしますが。

なぜ、BLE なのか？

堤：Wi-Fi のない環境でも通信したい、かつ無線でやりたいとなると iOS ではほぼ BLE の一択になってきますよね。

衣袋：iPhone ありきで BLE というか、iPhone でやりたくなると BLE、Wi-Fi という選択肢になる場合も多い。

松村：そこで注意したいのは、選択肢がないから BLE となる場合に不釣り合いな状態が出始めるので。その可能性でいうと、いまのタイミングにそのデバイスが早すぎるということもある。タイミングを見る1つのパラメータになっているとは思います。

堤：そうですね、いまの技術に、いまのタイミングにそのデバイスが合っているのか。

松村：今後 BLE の活用は、社会の中に埋め込んでいくデバイスとしての利用が多くなるのではないかと思っています。その点で、僕はロボットが専門で研究としてやり始めたのが10年前で、その頃、センサネットワークがすごく流行っていました。センサフュージョンという、カメラのデータと床のセンサをフュージョンして、新しいセンシングをしましょう。これまで取れな

かったコンテキスト、文脈自体がわかるのではないかと言われていて、それがわかると、いよい
よロボットが日常の中に入ってサービスを提供できるのではないかという機運がすごくあった。
どうして実現できなかったかというと、環境側に埋め込むということに無理がありました。そ
のとき扱っていたデータはカメラの画像も含めたリッチなもので、センサも組み込み、電力も
十分に確保できるという前提のもと、センサネットワークを構築していた。実際に社会の中に
入れ込むときにマッチするようには、多くの人が考えることができませんでした。いまのBLE
はその問題を1つ解決できている。iBeacon、技術的にまだまだだよねという話は先ほどもあり
ましたが、1つ「埋め込める」というのはクリアできていると思います。その第一歩として低
定消費電力化をやったこと。これはBLEとしての成功の1つだと思います。次に何がくるのか
というと、BLEのセンサ自体を設置しなくてもいいくらい、適当にばらまくというのが実現さ
れるとおもしろいいのかなと思います。部屋の構造をわざわざBLEのために変更するとか、ま
ずないと思うので。設置系は社会全体がドラスティックに変わらないとないと思います。そう
いうというときに、捨てられてもいいからばらまくという形でくるのではないかなと。

衣袋：ウェアラブルでいえば、スマホとつなぐのではなく、完成系はスマホをなくすというと
ころまでかなと思います。

松村：ウェアラブル系は現状ではまだ大変なのかなと思います。ロボットと同じでコンテキス
トが重要になってくる。以前タチコマでロボットを作ったときのことですが、作画に無理があ
り、そのとおりでは動きません。少ない自由度でそれっぽくしか動けないのですが、でも動い
たら、それを見ているユーザーの人には「これ、あのときのあの動きですよね」と、喜んでも
らえる。コンテンツになり得る。それはどうしてかというと、ユーザーとデバイスの間にストー
リーがある。ストーリーとして、ユーザー体験を作った上で出さないといまのタイミングだと
難しいと思います。ただ、世の中に出ているのを見るとユーザーに体験を作らせようとしてい
るものが多い。しかし、商品を使い続けてもらうためのギミックが何か必要になる。

小林：プラットフォームを作ったので、あとはみなさんでどうぞ、というのはあまりよろしく
ないと思いますね。結構多いと思うんですけど。そういうのはあまりうまくいかない気はしま
すよね。最初はそれでいいと思うんです。たとえば、Pebble[※2]も前身のものは100個だけ作って
あちこちにばらまいて、みんなに使ってもらって、あ、みんなそういうふうに使うんだという
ところを見つけていった。たとえば、最初は時計の機能が付いていなくて、通知だけだったん
です。やはり時計いるよねという話は結構多くて、その辺がいまのPebbleに生かされている。

※2　https://getpebble.com/

最初の段階では、ターゲットがよくわからないからとりあえず作ってみるというのはいいと思いますが、確かにそのまま製品として出しちゃうというのはまずい気はしますよね。

松村：実は、使い続けているデバイスって少ないですね。いろいろおもしろがって買うんですが、ウェアラブル系は続かないですね。そこのつなぎ留めができているデバイスは売れる対象が狭い可能性がある。特定のコンテキストを共有している人にしか売れなかったり。

大きなターゲットで勝負しすぎかなという気がするんですね、kickstarter とかを見ていても。製品としていきなり出す。Pebble もスモールで始めたからこそうまくいっている気がします。最初のフィードバックの話も大きなところに対してやっていたら、もっと反応も厳しいものが来たのではないかなと思います。やり始めが激しいデバイスが多い気がします。コアのターゲットは本来は数十人かもしれないのに、何百万を集めて何千人にバックする。でも、そこまででした、と。BLE系でそういうものが増えるというのは、悪いとは思わないけど難しい気がします。

堤：BLE はまだ早かったという感じに落ち着きそうな流れですね（笑）。

松村：BLE という技術が悪いのではなく、ストーリーが作れていないと思っています。新しい文化を作るレベルのことをしないとデバイスが売れないところに来ているので。低消費電力化をやったことは正義だと思います。センサが埋め込まれた社会や次の技術が発展するための一歩になる可能性はすごく秘めているので。ただその中で、ストーリーが提示できないデバイスを作ってはダメだと思っています。新しい文化を入れようと思っているのに、その文化があったらこうなるというのをユーザーに委ねてしまっていると、買っても誰も使い続けることができない。楽しまない。そういうことまで考えて BLE 技術を使わないと売れるものにはならないと思います。

小林：いつか調査したいと思っているんですが、みんないつ使うのをやめるかという。自分の経験では「バッテリの切れ目が縁の切れ目」みたいなところあると思うんです。肝心のときにバッテリが切れて、それで使うのをやめてしまうと。活動量計もそれで使うのをやめたことがあります。それでも使い続けたいと思えるところにいけたら、使い続けるのかなという気はします。思い返せばスマートフォンが出てきたとき、ガラケーに比べて充電の頻度が上がったけどその手間を上回るくらい、スマートフォンのメリットがあった。だからこそ、あえてみんな受け入れている。そのくらい、魅力がある、メリットがある、ある種中毒性があるものなら使い続けるのかなと思います。ただ、何か可能性があるというだけだと、買ってきて、使ってみて、電池が切れたらもういいやってなってしまう可能性が大きい気がします。

Appendix：BLEを使ったサービスを開発するということ

　自分で意外と長期間使っているというのはPebbleですね。別におもしろくないなと思っていたんですが、素直な実装になっていて、わりとちゃんと動くんですよね。こなれているというか。

松村：Pebbleの場合はBLEがどうこうという感じじゃないですよね。ベースに通知の延長線上の話がある。

小林：そうですね、どうやって接続するんだと探していたら、たまたまBLEが出てきたからそれを使ったと創業者のエリック自身も語っています。だからあまり無理がないというか。AndroidとはクラシックBluetoothでつなぐようになっていたり。まあよくできているなあと思います。あとは低消費電力だということで、みんな電源のインジケーターをつけない。電源が入っているのかいないのかわからないというデバイスが多すぎて、動いているのかなと思うと動いていなかったり。その辺がかなり使いにくさを誘発していると思います。Pebbleはディスプレイが付いているので、生きているか、残量がどのくらいかがわかるので。他のものはいざというときに動かないということがよくある。

　通信技術としてのBLEはすでにいい感じのところまでできているけど、その周りのところのバランスが取れていないという製品が多いという気はします。それは、いままでにはなかったような超低消費電力のインジケーターみたいなものが必要とされてきたりするところだったり、新しいマナーを作り出すことだったりするのかもしれません。

　いま、そういうものだよねというのをわかった上で設計しないと、使いにくい製品になっちゃうというのはあると思います。あとはすごいニッチな製品が実現できるのはすごくいいなと思います。いままでだったらパイと合わなかったはずなんだけど、たとえばただのボタンじゃないかというものでも、ある特定の人にとってはすごく意味があるものが作れてマーケットに出て行く。そういう、うまいところを見つけられるとすごくいい気はします。

松村：BLE自体が周辺のデバイス単体では大きなシステムは組めない規格です。ただ、逆説的にいえば、ちょっとしたものを作ることができるという点で、BLEは非常に良いと思います。そういうものを、サクッと作って、作ったものをリーチしたい人に対してリーチするくらいの感覚が成功しやすいのかなと思います。

小林：話せば話すほど、BLEってこんな制限でいまの製品も早すぎるという話になってしまうんですが、いまの段階で、BLEっていったいどんなものなのか、身体で理解しておくのが必要というのはあると思います。それがわかっていれば、iBeaconだってできることはしれているけど、ちゃんとそれを理解して使えばいままでできなかったことができると思うんです。最近出てき

472

ている案件の中でも、これはわかっているなというのも、全然わからない人が設計しちゃった
んだなとか、痛い目にあったことがある人が見ればすぐわかるとかあると思うんです。ちゃん
と自分の身体感覚として持っていれば、BLE でなくとも、Wi-Fi や音声、RFID で済むものが結
構あると思います。自分の身体でわかっていないと、なんかできそうな気がするからやっちゃ
うとか、流行っているらしいからやってしまうということになる。一度、ひととおりやってみ
て、こういうものなのねということを体験しておくということが必要なんじゃないかな。

衣袋：そこについて地雷をわかっておかないと。

松村：サービスを設計する側もエンジニア的な視点が必要だということですよね。作っていな
い人が設計できる時代じゃないと。

473

索引

A

Access Address	82
ACK109	
Acknowledgement	109
Active Scannning	69
addService	246
ADV_DIRECT_IND	85,107
ADV_IND	85,106
ADV_NONCONN_IND	86,109
ADV_SCAN_IND	86,108
Advertising	57,69
Advertising Channel PDU	81,83
Advertising Channelにおける通信	105
Advertising Data	57,182
Advertising Interval	183,69
Advertising Packet	182,57
Advertising PDU	83,182
Advertising Pocket	70
Advertising イベント	70
Advertising チャンネル	69,70,182
ANCS	348
Appearance Characteristic 値	158
Apple Push Notification Service	348
Arduino	43
Arduino Fio	43
ATT（Attribute Protocol）	51,119,123
Attibute PDU	123,124
Attibute Protocol PDU	125
Attribute	54,119
Attribute Handle	121
Attribute Permission	122
Attribute type	120
Attribute Value	121

B

BAdvertisementDataIsConnectable	330
Basic Packet Format	81
BLE 16	
BLE デバイスとの接続を切断する	206

BLE

BLE の構造	49
BLE の特徴	19
BLE のネットワークトポロジー	56
BLE のパケットの制御	78
BLE のパケットフォーマット	79,81,
BLE のプロトコルスタック	50
BLE の無線通信の物理チャンネル	62
Bluetooth	56
Bluetooth 3.0	17
Bluetooth 4.0	17
Bluetooth Accessory Design Guidelines for Apple Products	181
Bluetooth Device Address	66
Bluetooth Device Address によるフィルタリング	105
Bluetooth Explorer	380
Bluetooth Low Energy	16
Bluetooth のバージョン	46
Bluetooth の無線仕様	59
Bonding mode/procedur	114,117
Broadcast mode	114,116
Broadcast mode および Observation procedure,	117
Broadcaster	114

C

Capalities（Xcode）	292
CBAdvertisementDataManufacturerDataKey	330
CBAdvertisementDataOverflowServiceUUIDsKey	330
CBAdvertisementDataServiceDataKey	330
CBAdvertisementDataServiceUUIDsKey	250,330
CBAdvertisementDataSolicitedServiceUUIDsKey	330
CBAdvertisementDataTxPowerLevelKey	330
CBAttributePermissions	246
CBAttributePermissionsReadable	246
CBAttributePermissionsWriteable	264
CBCentral	271
CBCentralManager	195,203,301,319

CBCentralManagerDelegate 196,197,203,301
CBCentralManagerOption
   RestoreIdentifierKey 301
CBCentralManagerOptionShowPower
   AlertKey 324
CBCentralManagerRestoredState
   PeripheralsKey 301
CBCentralManagerRestoredStateScan
   OptionsKey 301
CBCentralManagerRestoredStateScan
   ServicesKey 301
CBCentralManagerScanOptionAllow
   DuplicatesKey 298
CBCentralManagerState 196
CBCentralManagerStatePoweredOff 324,196,
CBCentralManager の初期化 197
CBCharacteristic 208,216,231
CBCharacteristicProperties 215,217,222,271
CBCharacteristicPropertyNotify 271
CBCharacteristicPropertyRead 215
CBCharacteristicPropertyWrite 222
CBCharacteristicPropertyWriteWithout
   Response 222
CBCharacteristicWriteType 222
CBCharacteristicWriteWithoutResponse
   223,227,
CBCharacteristicWriteWithResponse 222,223,
CBConnectPeripheralOptionNotify
   OnDisconnectionKey 316
CBConnectPeripheralOptionNotify
   OnNotificationKey 316
CBMutableCharacteristic 271
CBMutableService 246
CBPeer 319
CBPeripheral 196,200,208,215,222,231
CBPeripheralDelegate 208,209,222,231,343,
CBPeripheralManager 271,343,
CBPeripheralManagerDelegate 310
CBPeripheralManagerOption
   RestoreIdentifierKey 310
CBPeripheralManagerOptionShow
   PowerAlertKey 324

CBPeripheralManagerRestoredState
   AdvertisementDataKey 310
CBPeripheralManagerRestoredState
   ServicesKey 310
CBPeripheralManagerStatePoweredOff 324
CBPeripheralManager の初期化 241
CBService 208,212,215
CBUUID 216,246,329
CBUUID の生成 329
Central 114
centralManager:didConnectPeripheral:
   203,204,
centralManager:didFailToConnect
   Peripheral:error: 203,204,
centralManager:willRestoreState: 301
centralManagerDidUpdateState: 196,197,
Characteristic 54
Characteristic Decriptors 178
Characteristic Descriptor Discovery 168
Characteristic Discovery 167
Characteristic Value Indications 178
Characteristic Value Notification 172
Characteristic Value Write 172
characteristics 213
Characteristic ディスクリプタの Attribute 149
Characteristic の定義 148
Characteristic 宣言の Attribute 148
Characteristic 値の Attribute 149
CONNECT_REQ 88
Connection 75
Connection mode/procedure 114
Connection mode および procedure 117
Connection Parameter 183
Connection Parameters Characteristic 値 160
Connection イベント 76,77
connectPeripheral:options: 204,203
Core Bluetooth 21
Core Bluetooth 194
CoreAudioKit 364
CRC104
Cyclic Redundancy Check 104

D

data	329
Data Channel	109
Data Channel PDU	81,91
Data Channel PDU のヘッダ	91
delegate	208
Device Name Characteristic 値	158
didDiscoverPeripheral:advertisementData:	
RSSI	197,196
Discover All Characteristic Decriptors	169
Discover All Characteristics of a Service	166,167
Discover All Primary Servic	164
Discover Primary Services by ServiceUUID	164
discoverCharacteristics:forService:	211
discoverServices:	209
discoverServices: discoverCharacteristics:	
forService:	209
Discovery mode/procedure	114,116

E

Exchange MTU Request / Exchange MTU	
Response	126

F

FHSS	61
Find Included Services	166
Frequency Hopping Spread Spectrum	61
Frequency-Shift Keying	59
FSK 59	

G

Gainer	43,47
GAP	112
GAP Service 宣言	158
GAP (Generic Access Profile)	52
GAP による Service、Characteristic	157
GATT Service 宣言	156
GATT (Generic Attribute Profile)	
	47,53,55,56,119,14
GATT サーバ	186
GATT による Service Changed	155

GATT のイベント — Generic Attribute Proile

GATT のイベント	145
GATT プロファイル	162
GATT プロファイルの Attribute Type	161
Generic Access Profile	47
Generic Attribute Proile	47

H

High Duty Cycle,108	

I

iBeacon	21,357
iBeacon のアドバタイズメントパケット	359
identifier	319
INclude	147
info.plist	294
Initiating PDU	88
initWithDelegate:queue:	195,197
initWithDelegate:queue:options:	240,301
initWithType:primary:	246
initWithType:properties:value:	
permissions:	246
Interoperability	50
isEqual ・	329
isNotifying	231
isNotifying	233

K

konashi	24,42
電源を供給する	26
個体番号を確認する	27
iOS デバイスとの接続	28
デジタル入出力 (js)	29
RSSI の取得完了イベントを取得する	40
RSSI 取得のリクエストを送信する	38
RSSI の計測 (js)	30
Web サービスと連動させる (js)	31
接続完了時に LED を点灯させる (iOS SDK)	34
接続の完了通知を受け取る (iOS SDK)	35
デジタル入出力 (iOS SDK)	36
konashi 2.0 の仕様	28
Konashi addObserver	34

Konashi digitalWrite	34
Konashi find	32
Konashi initialize	32
Konashi pinMode	34,36
Konashi signalStrengthRead	36
Konashi signalStrengthReadRequest	36,39,
konashi-ios-sdk	32
KonashiEventReadyToUseNotification	35
KonashiEventSignalStrengthDidUpdate	
Notification	36,40
konashi クラスのインスタンスの生成 / 初期化	32
konashi の検索 / 初期化	32
Konashi addObserver	40

L

L2CAP 層	78
L2CAP 層でのパケットフォーマット	104
LE Physicak	59
LightBlue	374
Link Layer	64
LL Control PDU	93,94
LL Data PDU	92
LL_CHANNEL_MAP PDU	95
LL_CONNECTION_PARAM_RSP PDU	101
LL_CONNECTION_UPDATE PDU	94
LL_ENC_REQ PDU	97
LL_ENC_RSP PDU	97
LL_FEATURE_RSP PDU	98
LL_PAUSE_ENC_REQ PDU	100
LL_PAUSE_ENC_RSP PDU	100
LL_PING RSP PDU	103
LL_PING_REQ PDU	103
LL_REJECT_IND PDU	100
LL_REJECT_IND_EXT PDU	103
LL_SLAVE_FEATURE_REQ PDU	101
LL_START_ENC_REQ PDU	98
LL_START_ENC_RSP PDU	98
LL_UNKNOWN_RSP PDU	98
LL_VERSION_IND PDU	100
LL 層	63
LL 層のステートマシン	64
Logical Link Control and Adaption Protocol	78

Low Duty Cycle	107

M

Maximum Transfer Unit	122
MFi 48	
MIC（Message Integrity Check）	103
MIDI over Bluetooth LE	364
Mode	114
MTU	122
MTU の容量	126,185

N

MTU 拡張	191
Nofity	231
Non-Resolvable Private Address	67
Notification Source	353
Notify	271
Notify 開始リクエストを受け取る	272
Notify 停止リクエストを受け取る	273
NSUUID	319

O

Observation procedure	114,117
Observer	114
octet	46,190
opecode	93

P

Pairing	184
Passive Scannning,69	
PDU_TYPE	83
PDU（Protocol Data Unit），82	
Peripheral	114
Peripheral Preferred	160
Peripheral Privacy Flag 値	159
peripheral:didDiscoverCharacteristicsFor	
Service:error:	212,211,227
peripheral:didDiscoverServices:	210
peripheral:didModifyServices:	343
peripheral:didUpdateNotifi cationStateFor	
Characteristic:error:	231,232,233

peripheral:didUpdateValueForCharacteristic:

    error: 215,218

peripheral:didWriteValueForCharacteristic:

    error: 222,223

peripheralManager:central:didSubscribeTo

    Characteristic:,   271,272

peripheralManager:central:didUnsubscribe

    FromCharacteristic:,   271,273

peripheralManager:didAddService:error: 246

peripheralManager:didReceiveWriteRequests:

    264

peripheralManager:willRestoreState: 310

peripheralManagerDidStartAdvertising:error:

    240

peripheralManagerDidUpdateState: 240

PHY 層   59

PPCP   160

Preamble   82

Primary Service Discovery   164

Procedure   114

Public Device Address   66

R

Random Device Address   67

Read   215

Read Long Characteristic Values   170

Read Multiple Characteristic Values   172

readRSSI   196

readValueForCharacteristic: 215

Read リクエスト   256

Read リクエストを受け取る   258

Received Signal Strength Indicator   200

Reconnection Address 値   159

Relationship Discovery   166

removeService: 343

Required device capabilities   370

Resolvable Private Address   68

respondToRequest:withResult: 259

retrievePeripheralsWithIdentifiers: 319

RSSI   30,200

S

Scan Respones   70

SCAN_REQ   87

SCAN_RSP   88

scanForPeripheralsWithServices:options:

    195,199

Scanning PDU   87

Scannning   57,69,70

SensorTag   438

Server Configuration   164

Service   54,145

Service Changed Characteristic 宣言   156

Service Changed Characteristic 値   157

services   208

ServiceUUID   164

Service の構造   145

Service の定義   146

setNotifyValue:forCharacteristic: 231

setNotifyValue:forCharacteristic: 232

SMP（Security Manage Protocol）層   118

startAdvertising   68,240

stopScan   200

subscribedCentrals   271

U

updateValue:forCharacteristic:onSubscribed

    Centrals: 271,275

UUID   120,215,329

uuidgen   374

UUIDString   319,329,

UUIDWithString: 215

W

White List   105

writeValue:forCharacteristic:type:

    222,223,226,226

Write リクエスト   264

Write リクエストを受け取る   265

ア行

アクセサリ	181
アドバタイズの最適化	289
アドバタイズドチートメント	330
アドバタイズを開始する	240
アドバタイズを停止する	241
アドバタイズ周期	358
アーキテクチャ	49
イベントディスパッチ用のキューを変更する	287

カ行

確認応答	109
間欠動作による低消費電力化	169
既知のペリフェラルへの再接続	319
キャラクタリスティック	207
キャラクタリスティックの探索を開始する	211
キャラクタリスティックを作成する	248

サ行

再接続処理	324
サーバ上の Attribute Type を検索する	129
サーバ上の Attribute に書き込む	139,141
サーバ上の Attribute の値を読み出す	132
サービスの探索を開始する	209
サービスの変更を検知する	343
サービスをアドバタイズする	250
サービスを追加する	246
周波数シフト・キーイング	59
周波数ホッピング・スペクトル拡散	61
周辺の BLE デバイスの検索	195
受信信号強度	30,200
「状態の保存と復元」機能	301
スキャンの最適化	280
スキャンを開始する	199
スキャンを結果を受け取る	199
スキャンを停止する	200
スキャン間隔	298
セカンダリサービス	339
接続型トポロジー	57
接続結果を取得する	204
接続済みのペリフェラルに再接続する	319

接続を開始する	204
セントラル	207
セントラルへデータの更新を通知する	271

タ行

データの読み出し結果を取得する	218
データ通信専用チャンネルのホップ	63

ハ行

バックグラウンド実行モード	292,297
発見したデバイスに接続する	203
必要なキャラクタリスティックを指定して 探索する	283
必要なサービスを指定して探索する	283
フィジカルコンピューティング	42
プライマリサービス	339
プロトコル	49
プロファイル	47,50
ブロードキャスト型	57
ペリフェラル	203,207,238
ペリフェラルからデータの更新通知を受け取る	231
ペリフェラルからデータを読み出す	215
ペリフェラルとの接続の最適化（セントラル）	285,290
ペリフェラルとの通信の最適化	283
ペリフェラルにサービスを追加する	250
ペリフェラルの UUID	330
ペリフェラルへデータを書き込む	222
ペリフェラルマネージャの状態変化を取得する	241
メアドバタイズメントデータ	200

ヤ

役割	114

ラ行

リクエストに対してエラーを返す	261

堤修一 | Shuichi TSUTSUMI

京都大学にて電気電子工学、京都大学大学院にて信号処理を学び、NTTデータにて音声処理、キヤノンにて画像処理を専門として研究開発に従事。カヤックにてiOSアプリ開発者として30本以上のアプリを開発しリリースする。その後シリコンバレーの500Startupsのインキュベーションプログラムに参画。現在はフリーランス。BLEを用いて外部ハードウェアと連携するiOSアプリを多く手がけている。カンヌ国際広告祭やAppStore Best of 2012等受賞多数。著書『iOSアプリ開発 達人のレシピ100』(秀和システム／2013年)

Blog：『Over & Out その後』http://d.hatena.ne.jp/shu223/
Twitter：https://twitter.com/shu223
GitHub：https://github.com/shu223

松村礼央 | Reo MATSUMURA

博士(工学)。karakuri products 代表。東京大学 先端研 特任研究員。在学中は人型ロボットの開発・製造に従事、代表作は「robovie-mR2」。2012年にBLEを活用したツールキット「konashi」の企画、開発に従事。2013年に独立しkarakuri productsを設立。現在はセンサ・ネットワークから得た活動文脈を活用したインフラについて研究し、その成果展開を行っている。

E-mail：reo@krkrpro.com
Web：reomatsumura.jp
Twitter：@reo_matsumura

装丁・本文デザイン・イラスト：橘友希(Shed)、矢代彩(Shed)
本文DTP：石田毅(石田デザイン事務所)
写真：大金彰
編集：大内孝子

●本書の一部または全部について、個人で使用するほかは、著作権上、著者およびソシム株式会社の承諾を得ずに無断で複写／複製することは禁じられております。
●本書の内容に関して、ご質問やご意見などがございましたら、下記までFAXにてご連絡ください。
なお、電話によるお問い合わせ、本書の内容を超えたご質問には応じられませんのでご了承ください。

iOS × BLE
Core Bluetoothプログラミング

2015年3月30日　初版第1刷発行

著者　　　　堤修一、松村礼央
発行人　　　片柳秀夫
編集人　　　佐藤英一
発行　　　　ソシム株式会社
　　　　　　http://www.socym.co.jp/
　　　　　　〒101-0064 東京都千代田区猿楽町1-5-15 猿楽町SSビル
　　　　　　TEL：03-5217-2400(代表)
　　　　　　FAX：03-5217-2420
印刷・製本　株式会社 暁印刷

定価はカバーに表示してあります。
落丁・乱丁本は弊社編集部までお送りください。送料弊社負担にてお取替えいたします。
ISBN978-4-88337-973-6 ©2015 Shuichi TSUTSUMI, Reo MATSUMURA Printed in Japan.